ARCHITECTURE DRAWING
UNDERSTANDING

EASY EXPLANATION VERSION

건축설계
도면보는법

차상모 · 임기택 공저

Spacetime

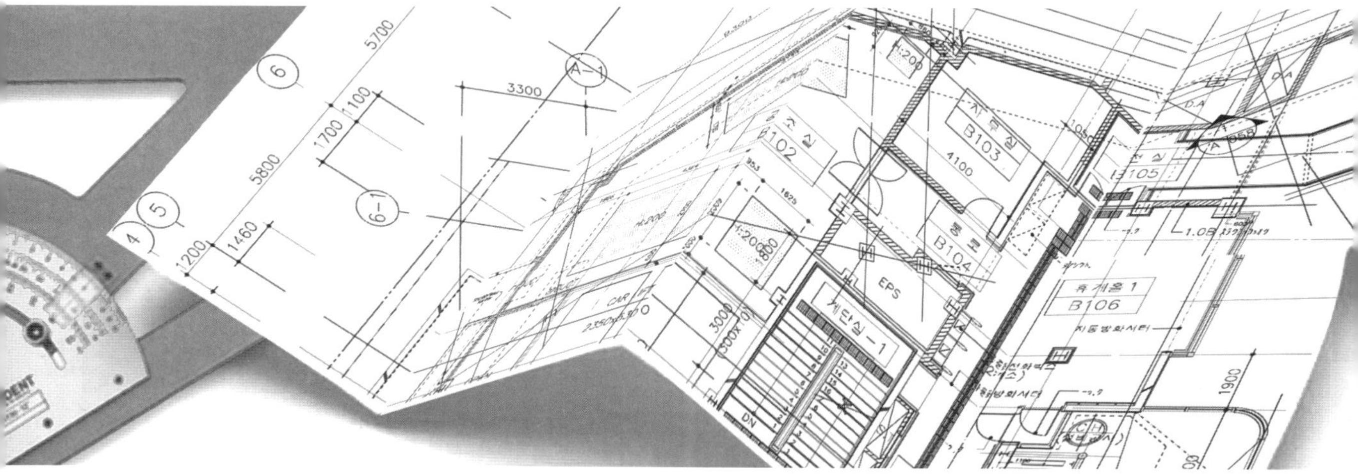

알기 쉬운 건축 설계도면 보는 법
차상모 · 임기택 공저

2010년 11월 25일 1쇄 발행
2011년 5월 20일 2쇄 발행
2012년 1월 31일 3쇄 발행
2013년 2월 28일 증보 1쇄 발행
2013년 8월 12일 증보 2쇄 발행
2014년 8월 12일 증보 3쇄 발행
2015년 5월 15일 증보 4쇄 발행
2016년 2월 15일 증보 5쇄 발행
2016년 9월 12일 증보 6쇄 발행
2017년 2월 12일 증보 7쇄 발행
2017년 9월 15일 증보 8쇄 발행
2018년 4월 17일 증보 9쇄 발행
2018년 12월 5일 증보 10쇄 발행
2019년 7월 10일 증보 11쇄 발행
2020년 3월 20일 증보 12쇄 발행
2021년 1월 11일 증보 13쇄 발행
2021년 11월 30일 증보 14쇄 발행
2023년 1월 20일 증보 15쇄 발행

발행인 김기현
발행처 시공문화사 ***Spacetime***
등 록 1993년 3월 12일
주 소 서울시 서대문구 독립문공원길 13 극동프라자 5층(03733)
전 화 02) 3147-1212, 2323
전 송 02) 3147-2626
ISBN 978-89-5592-256-1
http://www.spacetime.co.kr
spacetime@korea.com

정가 15,000원

건축설계
도면보는법

ARCHITECTURE DRAWING
UNDERSTANDING

EASY EXPLANATION VERSION

PROL

사람의 생활을 담아내는 건축물은 인류 문명의 발달과 함께 발전하여 왔다. 현대의 건축물은 다양한 건설공법, 장비, 재료, 행정제도 등의 발전과 변화의 영향으로 한 사람의 힘만으로 지어질 수 없는 복잡한 과정과 시간, 비용이 소요되는 특징을 나타낸다.

건축물의 건설과정은 짓고자 하는 사람의 의도를 반영한 기획과 그 기획안에 대한 구체적인 설계도면 작성, 관청에서의 인허가, 설계도면에 근거한 건축물의 공사, 설계도면 또는 인허가 사항과의 일치 여부에 대한 감독활동 등으로 하나의 건축물을 완성하기 위하여 대규모의 노동력과 시간, 그리고 자본이 요구되는 작업이며, 많은 전문적 지식을 갖춘 사람들이 모여 기획된 건축물을 완성하게 되는 것이 일반적 건축물의 건설과정이라 할 수 있다.

건축물을 건설하고자 하는 사람의 기획 의도를 정확하게 반영하기 위한 최선의 방법은 직접 건축물을 지어 보는 것이지만, 이것은 기획의도와 다를 경우 허물고 다시 지어야 하며, 이것은 많은 비용과 시간, 노동력의 낭비로 이어지게 된다.

따라서 비용과 시간, 노동력의 낭비를 최소로 줄이고 기획의도를 정확하게 반영하기 위한 가장 합리적인 방안이 설계에 의한 도면을 작성하는 것이다. 도면의 작성과정은 경험이 풍부할수록, 그리고 공간에 대한 창조적 능력이 뛰어날수록 구조와 기능, 그리고 미적 요소를 충족시킬 수 있게 되며, 이러한 능력의 차이에 따라 건축물의 가치가 달라지게 된다.

각각의 전문분야의 사람들이 모여 건축물의 완공에 대한 목표를 향해 기획된 건축물의 공사를 수행할 수 있는 것은 공통된 상호간의 언어가 존재하기 때문이며, 건설공사와 관련한 공통된 언어가 바로 도면이라 할 수 있다. 이러한 언어를 습득하기 위해서는 많은 노력과 시간이 필요하다.

도면을 이해하고 볼 수 있다는 것과 설계를 할 수 있는 것과는 다른 문제이며, 이 책에서는 설계를 하는 과정보다는 도면을 보고 이해 할 수 있는 가이드 역할을 할 것이다.

일반적으로 우리가 사용하는 언어는 사회적 약속과 관용적 습관의 산물이다. 건축도면 또한 약속된 기준과 관용적으로 사용되어지는 표현방법에 따라 작성되어지게 되며, 이러한 약속된 기준과 관용적 표현방법을 익히게 되면 누구나 쉽게 도면을 볼 수 있게 된다.

O G U E

이 책은 설계자들이 사용하는 약속된 기준과 관용적으로 사용하는 도면의 표현방법 등을 소개하였으며, 건축 도면을 쉽게 보고 이해할 수 있도록 도면의 표현방법과 관련된 기준과 분야별로 실제 종류별 도면 사례 등을 소개하여 설명하였으며, 설계 입문 학생이나 도면을 쉽게 보고자 하는 일반인의 도면의 이해력 향상에 도움이 되길 기대한다. 또한, 이 책이 나오기까지 정성을 다해 주신 시공문화사 관계자 여러분에게 감사의 뜻을 전한다.

2013. 2.

차상모 · 임기택

알기 쉬운 **건축 설계도면 보는 법**

C O N T

E N T S

1 _ 건축 제도 일반

GENERAL ARCHITECTURE STANDARDS

H O W T O

A R C H I T E C T U R E
D R A W I N G
U N D E R S T A N D I N G

PART 01

PART 01 건축 제도 일반 General Architecture Drawing

1-1 건축 도면 보기의 기초

DRAWING BASIC 1-1

1. 도면의 이해

1) 건축 도면이란 무엇일까?

우선 건축 도면의 사전적 의미를 보면,

'건축 도면 [建築圖面] : [명사] 건축물을 건설하기 위하여 만든 설계 도면'

이라고 표기되어 있다.

건축 행위를 하기 위해서는 건축 도면에 대해서 먼저 알아야 할 것이다. 건축 도면은 일종의 사회적 약속이다. 이 말은 약속만 알고 있으면 누구나 도면을 읽고 그릴 수 있다는 것이다.

사람이 살게 되는 건축물은 일반적으로 한 사람의 힘으로는 건축할 수 없는 대규모의 시간과 노동과 자본이 들어가는 작업이다. 따라서 짓고자 하는 사람과 계획하는 사람, 시공하는 사람, 감독하는 사람, 그리고 관청에서의 허가를 행하는 사람 등등의 많은 사람들이 관련을 맺어 작업이 이루어져 나가게 되어 있다.

그렇다면 이렇게 다양한 사람들이 모여서 건축에 관계된 사항을 협의하고 의도에 따라 정확하게 계획하고 시공하기 위해서는 어떠한 것이 있어야 할까? 그것이 바로 도면이다. 도면은 따라서 사회적 약속이다. 마치 영어를 통해서 전 세계인이 대화를 할 수 있는 것과 같이 도면을 통해서 전 세계 건축 관계자들은 협의를 할 수 있는 것이다.

그러나 도면을 보는 것이 그다지 쉬운 것은 아니다. 건축 도면을 이해하고 협의하기 위해서는 최소한의 기본적 약속에 대한 부분을 습득해야 한다. 그렇다고 아주 어려운 것도 아니다.

자, 지금부터 여러분은 이 책을 통해서 학습하면 현재 건축, 인테리어 업계에서 쓰이고 있는 도면을 쉽게 이해할 수 있게 될 것이다.

이제부터 건축 도면이 무엇인지 알아 보자.

우선, 건축물을 만들기 위해서는 건축 도면이 필요하다.

건축물이 어디에 어떻게 위치하고, 어떤 모양으로 만들어지고, 사람들이 들어가 생활하는 공간의 층고가 얼마나 되고, 기둥이 어디에 위치하고, 건물이 무너지지 않고 버티기 위해서는 보가 어떻게 배치되어야 하고, 철근이 얼마만큼 들어가야 하는지, 그리고 내부 및 외부 마감재가 무엇이고, 어떻게 마무리되는지를 알아야 할 것이다. 건축도면은 시공하는 사람이나 관리하는 사람이 이런 내용을 한 눈에 알아볼 수 있도록 그리는 것이다.

또한, 건축 관련 직종에 종사하려면 기본적으로 공사가 이루어지는 기본 설계 도면 뿐만 아니라 설비나 전기 도면에 대해서도 이해를 하고 있어야 한다. 설비배관이 어디서 어디로 어떻게 인입이 되는지, 전기배선이 어떤 식으로 연결되어 어디서 차단이 되는지 기본적으로 도면을 볼 수 있고 알고 있어야 할 것이다.

이렇게 도면 보는 법을 정확하게 인식하고 있을 때, 좋은 품질의 시공과 관리 감독이 원활해짐은 설명을 덧붙이지 않아도 충분히 짐작할 수 있을 것이다.

2) 도면의 구성

자, [그림 1-1]은 현재 건축현장에서 일반적으로 사용되고 있는 건축 도면의 실제 사례이다.

어떠한가?

건축에 처음 입문하는 분이나 건축분야에 관련이 있었지만 체계적으로 도면 보는 법에 익숙하지 않은 분들은 왠지 복잡하게 느껴질 것이다. 또한, 알 듯 말 듯한 여러 가지 기호로 인해 어렵게 느껴질 것이다.

그러나, 겁먹을 필요가 없다.

이제부터 차근차근 도면 보는 법을 익혀 나가도록 하자.

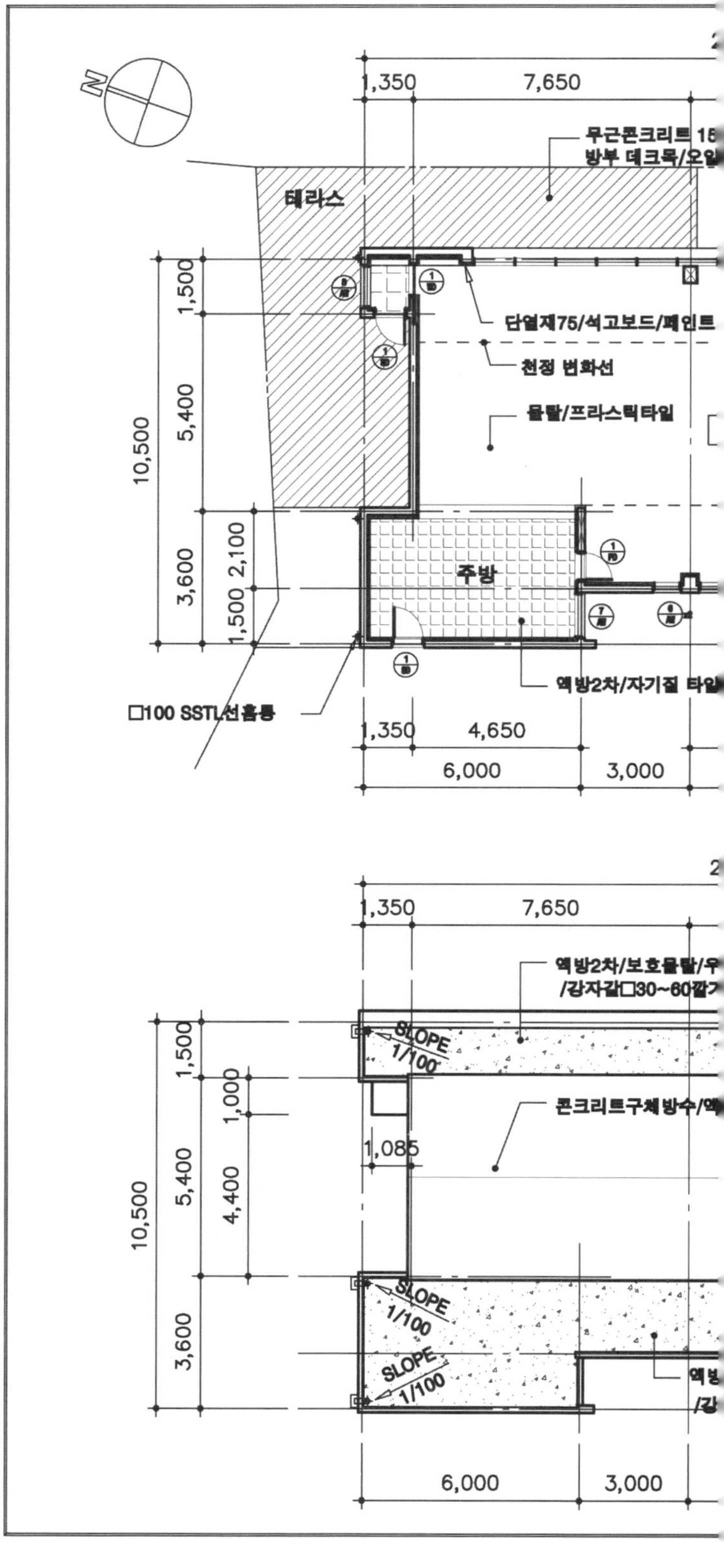

[그림 1-1] 건축 도면 사례

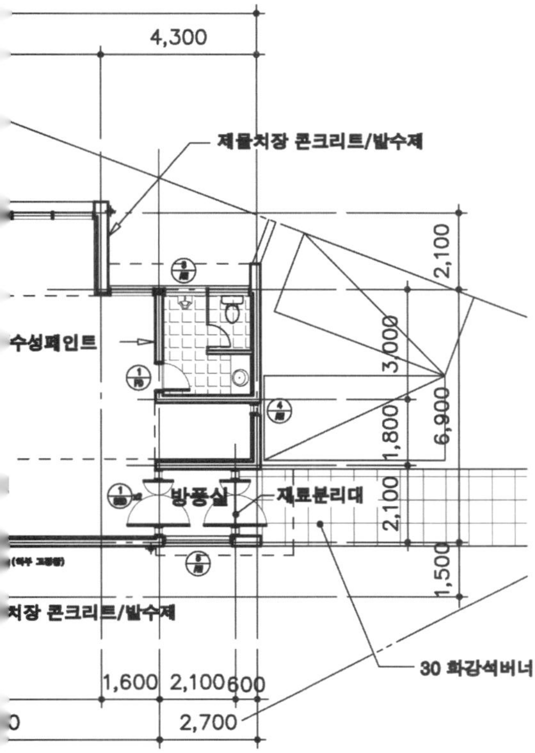

☒ 실내재료마감표

실 명	구분	재 료 명	비 고
근린생활시설 (일반음식점)	바닥	몰탈/프라스틱타일	
	걸레받이	몰탈(석고보드)/세라민페인트	H=100
	벽	몰탈(석고보드)/수성페인트	
	천정	경량철골천정틀 /석고보드/수성페인트	CH.=2670 CH.=3900
방풍실 (후문포함)	바닥	몰탈/30화강석물갈기	
	걸레받이	몰탈(석고보드)/세라민페인트	H=100
	벽	몰탈(석고보드)/수성페인트	
	천정	경량철골천정틀 /프라스틱천정재	CH.=2670
주 방 화장실	바닥	액방2차/보호몰탈/자기질타일	
	걸레받이	–	
	벽	액방2차/보호몰탈/도기질타일	방수높이 H.=1500
	천정	경량철골천정틀 /프라스틱천정재	CH.=2670

① 1층 평면도

SCALE=1/150

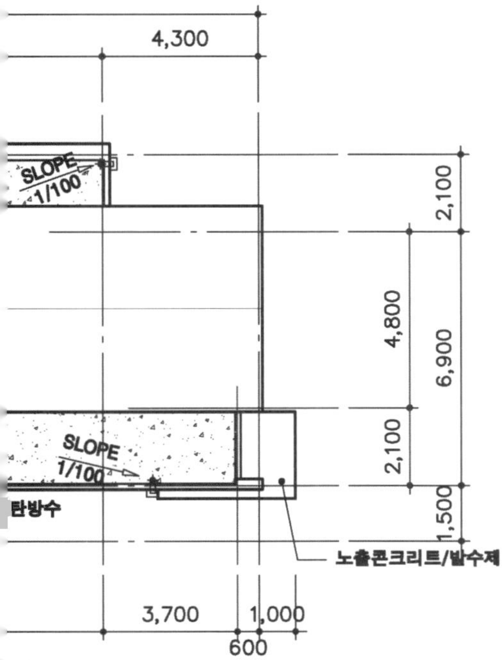

② 지붕 평면도

SCALE=1/150

PROJECT TITLE

PROJECT NO.

건우리 건축사사무소
KUNURI ARCHITECTURE PROGRAMMING

DRAWN BY

DESIGNED BY

CHECKED BY

APPROVED BY

1.

CONSULTANTS

DATE

DRAWING NO. A- 000

SCALE 1/150

DRAWING TITLE
1층 평면도
지붕 평면도

2. 건축 도면의 작성과정

1) 건축 도면의 작성자

우선, 건축 도면은 누가 작성하는 것일까?

일반적으로 건축 도면은 건축 설계사무소에 있는 건축 실무자들이 업무를 담당하게 된다.

물론, 소규모의 건축물 예를 들어 소규모 주택이나 창고 정도의 건물이라면, 주위에 흔히 있는 소규모 건축사무소에서 먼저 어떻게 지었으면 좋을지에 대한 아이디어를 주문하는 경우가 있다. 예를 들어 자신이 살고 싶은 집에 대해 생각하며 단선으로 어디가 방이고 어디가 어떤 공간이고 하는 간략한 도면을 그려 보라고 권유하는 경우도 있다. 그렇다면 건축 도면은 건축가가 아닌 건축주도 작성할 수 있는 것이다. 꼭 전문가만의 영역이 아니라는 이야기이다.

아주 소규모의 경우 건축주 자신이 직접 지을 수도 있다. 그런 경우에도 대략의 설계도는 그리게 마련이다. 실제로 한국전쟁 당시 피난민들은 대부분 그런 식으로 집을 지으며 살기도 했다. 이런 의미에서 건축주 역시 건축 설계에 깊이 관여하게 마련이다. 사실, 건축가는 건축주의 요구와 꿈꾸는 집에 대한 구축을 전문적 지식으로 더욱 훌륭하게 구체화시켜 주는 사람이다.

그러나, 오늘날 자본이 집적되면서 다양한 기능과 요구들이 늘어나게 되었다. 대규모 도시에서 보게 되는 대규모 빌딩, 병원, 대규모 상업시설 등등의 거대한 건물은 이미 건축 설계를 전문으로 하는 사람이 아닌 한 개인의 능력으로는 인지하거나 이해하기 힘든 정도의 크기와 기능을 포함하는 건물들이 많아지게 되었다.

다른 말로 하자면, 한 사람의 개인이 다루기에는 그 범위를 뛰어넘게 되었다는 뜻이다. 건축 설계를 하는 건축가에게도 마찬가지이다. 대규모 조직에서만 가능한 규모의 프로젝트가 있게 마련이다. 물론, 대규모 프로젝트를 소규모 사무실에서도 적절한 정보만 있다면 가능할 수 있겠지만, 경험과 노하우, 작업소요 시간과 경비절약 측면에서 상대가 되지 않는 경우가 많다.

대규모 회사인 법인 차원의 조직이 사용하게 되는 공장이나 사무소와 대규모 문화시설 등이 많아지면서 설계조직도 대규모화되는 경향이 있다. 혼자나 소규모 인력의 힘으로는 경험과 능력 및 일의 진행에 있어서 한계가 있기 때문이다.

건축물을 지어서 사용하고자 할 필요성이 생기면 건축주는 건축 설계를 수행할 사무소를 찾는다. 업무를 바로 주는 경우도 있고, 여러 설계사무소들이 공정하게 계획안을 내어 서로 겨루는 설계경기로 진행될 수도 있다.

그러한 과정을 통해 선택되면 이 도면을 기본으로 하여 실제 지어질 수 있는 도면을 만들게 된다.

이때, 건축가는 건축법규에 어긋나지 않는 한도 내에서 기능적이고 아름답고 경제적이면서 튼튼한 건물을 능력껏 설계하는 것이다.

이러한 도면을 바탕으로 해당 관청에서 건축허가를 맡게 되면 시공자는 설계도를 기본으로 하여 시공을 시작하게 된다.

2) 종이

도면을 작성할 때, 설계자들은 계획 단계에서 다양한 스케치를 통해 대략의 계획을 세우고 다양한 검토를 마친 후에 실제 도면을 작성하는데, 그 과정에서 다음과 같은 도면용지들을 사용하게 된다.

■ 켄트지

붓으로 그림을 그리거나 연필로 소묘를 하여 묘사 및 표현을 하는 종이로 초기에 연습용 도면으로 많이 이용한다.

■ 트레이싱지

실시 도면을 작성할 때 사용되는 원도지로 연필을 이용하여 각종 도면을 그린다. 투명성이 있고 경질이며 청사진 작업이 가능하고 오랫 동안 보존성이 있으며 수정이 용이한 종이로 건축 제도에 많이 이용된다.

■ 트레팔지

작품을 만들거나 인쇄용으로 잉킹하기에 적합한 종이로 트레이싱지와 비슷하나 강도가 크고 비싸며 질기다. 또한, 수명이 매우 길고 변형이 적다.

■ 방안지

종이에 일정한 크기의 격자형 무늬를 그려서 계획도면을 작성하거나 평면계획을 할 때, 사용하기 편리한 종이로 건축가들과 글자 연습에 적당하다.

■ 황색 트레이싱지

계획 초기 단계에서 바닥에 모눈 종이를 깔고 계획도면 작성에 많이 쓰이고 있다. 재질이 약하고 얇으나 투명성이 좋아 건축가들이 많이 사용하는 종이이다.

■ 스케치북

그림 그리기에 적당한 종이를 여러 장 묶어서 만들어 놓은 것으로 연필 묘사에 많이 쓰이고 있다.

그러나 위에서 설명한 종이는 사실, 건축가나 설계자 위주가 되는 종이 재질이고 실제로 현장에서 필요로 하고 쓰이고 있는 종이는 현재는 보통 A_3 용지로 프린트되거나 프린트된 것을 복사하여 사용하고 있고 때때로 청사진이 사용되기도 한다.

■ 청사진

예전에 건축 도면은 청사진(Blue Print)이 대부분이었다. 본래 청사진이란 언어적인 문법상의 의미는 미래의 밝은 모습을 뜻하지만, 건축 현장에서 청사진의 의미는 연필이나 잉크로 그린 도면의 보관의 기간을 늘리고자 열 전사를 통하여(복사와 비슷함) 청색의 연한 펄느낌의 색이 들어간 종이에 열을 쬐였을때 도면이 복사와 동일하게 남게 되는 것을 사용했다. 그러나, 이제는 이것도 컴퓨터 환경이 급속도로 발전하면서 빠르게 사용량이 감소되는 것이 현재의 추세이다.

하지만 청사진 역시 현장에서 아직도 사용하고 있는 경우도 많이 있다. 현재는 잘 사용하지 않으나 더러 현장에서 요구하는 경우도 있다. 물론, 경력이 오래된 현장소장일 경우에는 청사진이 더 익숙하기 때문일 수도 있다. 다른 말로 하자면, 이것은 일종의 습관이다. 오래 전에는 지금처럼 대형 복사나 손쉽게 도면을 출력/복사할 기구가 없었다. 그래서 설계사무실마다 청사진 기계를 가져다 놓고 청사진을 구웠다. 대부분의 색상이 청색을 띄고 있어서 청사진이라는 단어를 사용하게 된 것이다.

도면을 작성할 때, 설계자들은 계획 단계에서 다양한 스케치를 통한 대략적인 계획을 세우고 다양한 검토를 마친 후에 실제 도면을 작성하게 되는데, 그러한 과정에서 다음과 같은 도면용지들을 사용하게 된다.

■ 켄트지

기본적으로, 연필로 그리는 도면으로 많이 사용되었다. 또한, 일반적으로 사용하는 도화지를 켄트지로 부르고 있다.

■ 트레이싱지

지금도 스케치 및 기존 도면을 베끼는 경우, 이미지를 위에 놓고 달리 그릴 때 등에 사용하는 지금도 주도적으로 많이 사용하는 기본 종이이다.

■ 방안지

방안지는 기본적인 그리드 격자 무늬가 프린트되어 있는 종이이다. 건축 설계실무를 하는 사람들에게는 주거 등을 계획할 때 많이 사용하는 편이다. 한 칸 등을 일정 단위로 만들어 환산하면 면적 및 길이 등이 매우 정확하게 계산하면서 계획할 수 있는 편리함이 있기 때문이다.

[그림 1-2] 켄트지

[그림 1-3] 트레이싱지

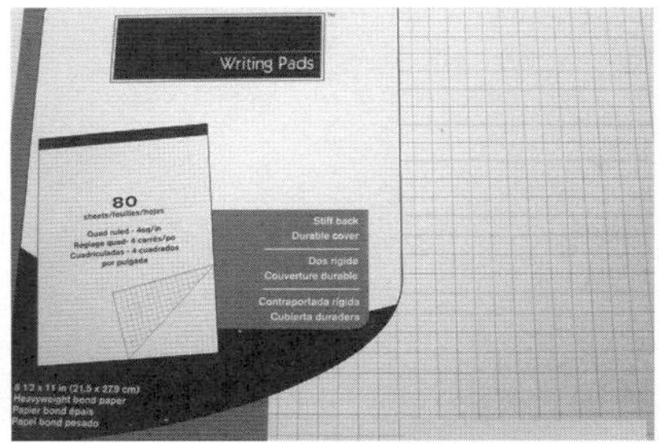

[그림 1-4] 방안지

[그림 1-5] 황색 트레이싱지

■ 황색 트레이싱지

건축가에게 있어서 스케치와 함께 트레이싱지의 기능도 겸하면서 그 위에 바로 도면을 그려도 충분한 도면화가 가능한 종이이기 때문에 계획설계 시기에 많이 사용하는 종이이다.

[그림 1-6] 청사진

■ 청사진

3. 도면의 구성

1) 도면의 구성

이제 일반적으로 사용되고 있는 도면을 살펴 보자.

보통 현재 컴퓨터상에서 작업하여 출력되어 사용되고 있는 도면은 왼쪽에 실제 필요한 도면을 그려놓은 넓은 칸이 있고 오른쪽에는 표제란이라는 부분이 있다. 도면에는 반드시 표제란을 설정해야 하는데, 이곳에는 도면 번호, 공사명칭, 축척, 설계책임자의 서명, 설계자의 성명, 도면 작성 날짜, 도면 분류 번호 등을 기입하게 되어 있다. 표제란의 위치는 일반적으로 도면의 오른쪽 아래로 하며, 또 오른쪽 끝 일부를 하는 경우와 도면 아래쪽 일부를 표제란으로 사용하는 것이 일반적이다.

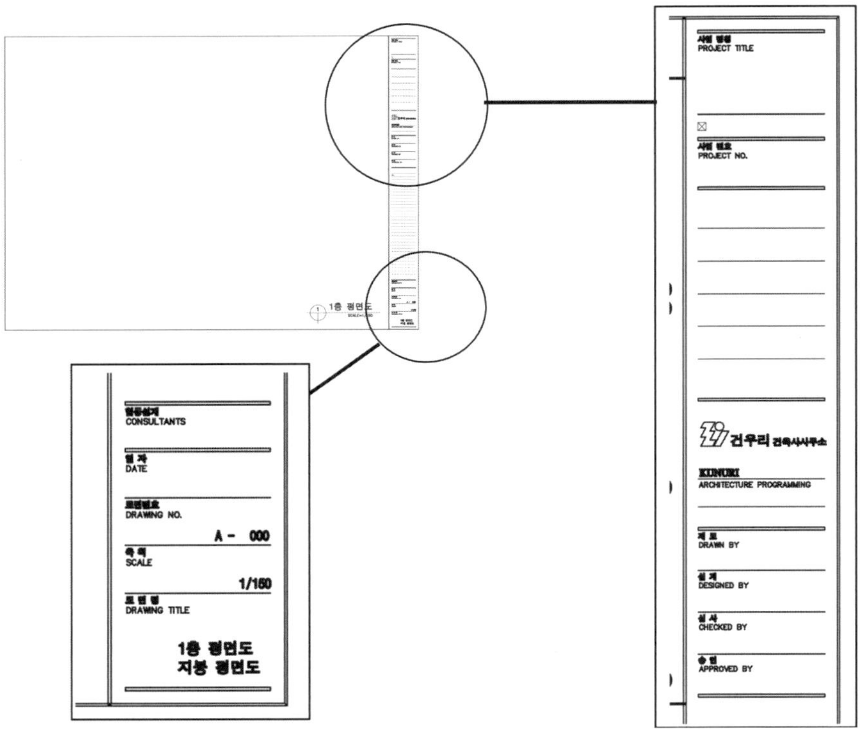

[그림 1-7] 도면양식의 설명

2) 제도용지와 표제란

건축 도면에는 기본적인 건축 도면 외 설비 도면, 전기 도면이 추가된다. 일반적으로 건축 도면이라 하면 배치도, 평면도, 입면도, 단면도, 구조도, 상세도가 있다. 그러한 도면을 나타내기 위해서 쓰이는 도면의 용지를 살펴 보면 다음과 같은 사이즈가 있다.

■ 도면의 용지

동일 건물의 설계도면은 도면이나 모두 일정한 크기의 종이로 통일하는 것이 도면의 정리나 보관상 편리할 것이다. 제도용지의 크기는 다음 표와 같이 규정하고 있으며, 필요에 따라 길이방향으로 연장할 수 있다. 제도용지의 세로와 가로의 길이 비는 $1:\sqrt{2}$이고 A_0의 넓이는 $1m^2$이며, B_0의 넓이는 약 $1.5m^2$이다. 큰 도면을 접을 때에는 A_4의 크기로 접는 것을 원칙으로 하고 있다.

제도용지의 치수		A_0	A_1	A_2	A_3	A_4	A_5	A_6
a×b		841×1,189	594×841	420×594	297×420	210×297	148×297	105×148
c (최소)		10	10	10	5	5	5	5
d (최소)	철하지 않을 때	10	10	10	5	5	5	5
	철할 때	25	25	25	25	25	25	25

[도면용지의 크기(단위: mm)]

다양한 도면 사이즈가 있다. A_0으로 올라갈수록 도면의 크기가 커지고 있음을 확인할 수 있을 것이다.

건축 현장에서는 위의 표에서와 같은 다양한 사이즈의 도면을 사용하고 있지만, 실제 현재 대부분의 현장 휴대의 편이와 복사와 보관의 편리성, 출력의 편이성을 이유로 A_3 용지 사이즈의 도면이 가장 널리 사용되고 있다. 그 이유는 시중에서 가장 구하기 쉬운 값싼 용지이기 때문이다. 현재 시중에서 구할 수 있는 컴퓨터용 프린터 중에서 A_4 용지는 적절한 도면 사이즈로 보여주기 힘든 면이 있고 더 큰 도면은 보관과 출력비용 및 플로터 구매비용이 상당히 많이 나가기 때문에 가격대 성능비에 따라 A_3 용지가 현재 건축계의 현장에서 사용되고 있는 도면의 거의 대부분을 차지하고 있다.

4. 도면의 역사 및 CAD화 과정의 이해

1) CAD의 사용과 편리함

요즈음 캐드(CAD) 도면이라는 말을 많이 들을 수 있다. CAD는 설계분야를 컴퓨터의 도움을 얻어 발전시키는 개념으로, 캐드(CAD)란 말은 Computer Aided Design 또는 Computer Aided Drafting의 약어로서 영어 뜻 그대로 컴퓨터가 도와줘서 그린 디자인 도면 내지는 컴퓨터로 작업한 도면이라는 뜻이다. CAD는 실제 또는 가상의 물체를 설계하는데 있어서 컴퓨터를 도구로 사용하여 수행하는 모든 창작활동이라고 말할 수 있다. 그러나 말이 컴퓨터가 도와준다는 뜻일 뿐, 실제로는 상당한 노동력이 필요한 작업이다. 어떤 경우는 손으로 그리는 것이 더욱 속편하고 빠른 경우도 있다.

전술한 것처럼 10여 년 전만 하더라도 현장에서는 청사진 복사를 뜬 푸른색의 꽤 두툼한 도면이 대부분이었다. 그러나 이제는 컴퓨터 설계시스템인 CAD의 도움으로 인하여 설계의 기본개념 단계에서서부터 최종 마무리 단계인 해석까지의 전 과정에 걸쳐서 컴퓨터를 활용하여 설계하는 방식이 되고 있다. CAD에서는 이외에도 컴퓨터의 강력한 데이터 처리능력을 이용하여 설계에 필요한 자료를 그림의 형태로 나타내어 사용자 혹은 설계자의 이해를 돕게 해주는 역할을 하기도 한다.[그림 1-8]

AutoCAD와 같은 설계용 프로그램이 1982년 처음 개발된 이후 다양한 프로그램을 통해 모든 종류의 설계도면을 작성할 수 있으며 광범위하게 활용되고 있다. 이렇게 도면을 그리는 프로그램으로 도면을 작성한 파일을 삼차원으로 만들고 이것에 재질과 빛, 다양한 효과를 통해 실제감을 극대화시키는 3D Studio, PhotoShop 등과 같은 CG 프로그램이 개발되어 이제는 실로 다양하고 실제보다도 더욱 실제같은 그래픽을 만들어내고 있다.

인테리어 분야의 CAD 활용은 1990년대에 들어서면서 본격화되기 시작했다. 건축 분야도 다른 분야와 마찬가지로 치열한 경쟁에 따른 수주활동의 일환으로 프레젠테이션의 중요성이 어느 때 보다 높아지고 있고 이러한 현상은 앞으로 더 가속화될 것으로 예상되고 있다. 이러한 과정에서 필수적인 분야가 건축 그래픽이다. 이제 현상설계나 공모전에서만이 아닌 일반 건축주들에게 제출하는 도면의 수준도 예전의 CAD에 의한 도면 보다는 투시도 뿐만 아니라 배치도나 평면도, 입면도 등도 그래픽을 이용하여 보다 현실감이 있고 이해가 쉬운 도면을 제출하는 경향으로 변화하고 있다. CAD 도면을 컴퓨터 상에서 보고 출력하기 위해 설치에서부터 보는 법, 본인이 원하는 부분과 크기대로 출력하는 방법 등은 이 책의 마지막에서 상세히 설명하도록 한다.

2) 건축사무소에서의 CAD 사무환경

[그림 1-9]는 일반적인 설계사무소의 작업환경이다. 이제 어떻게 대략의 도면이 나오게 되는지 실제

[그림 1-8] 컴퓨터화된 오늘날의 사무실 개인 환경

[그림 1-9] 설계사무실 환경

사진을 보면서 설명하기로 한다. 거대한 면적을 차지했던 제도판과 용지를 보관하는 보관용 철제 가구 등이 거의 사라지고 컴퓨터가 그 자리를 차지하고 있다. 대부분 직원 한 사람당 한 대의 컴퓨터가 자리하고 있는 것을 볼 수 있을 것이다. 또한, 예전과는 달리 현재의 건축 사무소에는 각종 프린터와 플로터들이 있어서 도면을 쉽게 출력하여 클라이언트에게 보여주고 직원간에 도면의 세부사항에 대해서 토의하기 쉬운 구조로 되어 있다.[그림 1-10]

[그림 1-11]은 개인 컴퓨터에 설치되어 있는 CAD 프로그램 중 하나이다. 이 것을 이용하여 도면 작성을 하게 된다. CAD는 컴퓨터가 도와주어서 하는 많은 프로그램 중에 가격과 성능을 고려하여 사무소에서 선택하여 사용하는 것일 뿐, 실제 특정 컴퓨터 프로그램을 지칭하는 것은 아니다. 물론 세계적으로 많이 사용되는 몇몇 프로그램이 있기는 하다.

사무소에서는 각 도면을 그려서 용도에 맞는 사이즈로 도면을 출력하게 된다. A_0, A_1 사이즈의 큰 도면으로 보는 경우도 있으나 현재 중소규모 현장에서 대부분 사용하고 있는 도면은 A_3 용지로 출력한 것이다. 건축 설계사무소에서 종이와 잉크와 출력시간을 고려했을 때, A_3 용지 사이즈가 현재 가장 가격대 성능비가 좋다고 할 수 있다. 따라서 CAD 프로그램에서 각 도면을 작성하면 이제 A_3 용지로 출력하여 묶어서 하나의 도면집으로 완성하게 된다. 물론, 기능에 따라 여러 사이즈의 도면집이 있을 수 있다.

이러한 도면들은 컴퓨터와 프린터가 설치되어 있다면, 공사현장에서도 필요하다면 다시 출력하여 사용할 수 있도록 되어 있다. 따라서, 여러분도 궁극적으로는 공사현장에 있으면서 출력장비가 갖추어져 있는 경우, 캐드(CAD) 파일을 열어 보고 그것을 적절한 스케일로 출력할 수 있는 실력을 갖추어야 할 것이다. 이제는 그러한 능력을 요구하는 시대이다. 이 책은 그러한 실력까지 갖출 수 있도록 인도해 나갈 것이다.

[그림 1-10] 설계도면 출력 플로터와 사무환경

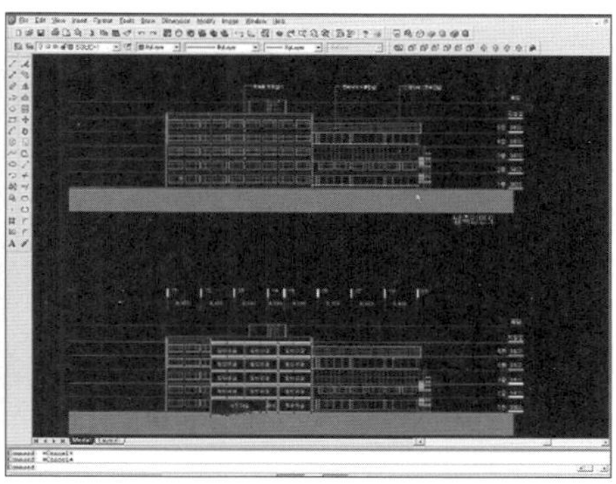

[그림 1-11] CAD 프로그램

3) CAD작업으로 인한 변화

그렇다면 CAD화가 진행됨으로써 변화하게 된 것은 무엇일까?

가장 현격한 변화를 꼽자면, 저장하기가 쉬워졌다는 점일 것이다. 엄청나게 큰 도면보관함을 마련할 필요없이 쉽게 작은 디스크나 저장장치에 저장할 수 있다는 점이다. 또한, 저장한 파일은 오랜 시간이 지난다고 해도 그 품질 그대로 다시 되살아나게 된다. 그리고 다시 출력하면 그 품질 그대로의 도면을 출력시킬 수 있다.

또한, 도면을 수정하기도 매우 쉬워졌다. 예전의 도면의 일부를 고치려면 거의 새로 다시 그려야만 했다. 그러나, CAD도면으로는 그런 부분을 쉽게 고치고 다시 처리할 수 있다. 또한, 필요한 부분을 쉽게 복사하여 갖다 붙여서 자신의 데이터로 쓰기도 매우 쉽다. 비슷한 것은 무한 증식시킬 수 있다.

특히, 이 점이 매우 효율적이라고 말할 수 있다. 무한 증식시킬 수 있는 부분에 있어서 시간을 혁명적으로 개선시킨 점이 CAD의 가장 큰 미덕이라고 할 수 있다. 또한, 경영의 효율화와 합리화를 꾀할 수 있고, 심볼 및 설계기법의 표준화, 데이터베이스의 구축 등을 통해 후속 프로젝트에 활용함으로써 생산성 향상과 원가 절감, 품질과 신뢰성을 크게 향상시킬 수 있다. 그러나 단점도 분명 존재한다.

CAD화로 인한 장단점을 살펴 보면 다음과 같다.

■ 장점

① 손쉬운 '수정, 업데이트'

'수정, 업데이트가 신속하게 이루어질 수 있다' 는 점을 꼽을 수 있다. 수작업으로 도면을 그렸다면 수정하기 위해서는 다시 처음부터 그려야 할 것이다. 프로젝트가 진행되면서 계속해서 조금씩 수정되기 마련인데 계속해서 도면을 처음부터 그려야 한다면 엄청난 노동력이 소요될 것이다.

② 간편한 보관

예전의 건물도면은 매우 두껍고 무겁다. 더군다나 보관하기 위해서는 많은 공간과 보관용 가구가 필요하였다. 그런데 CAD화가 된 이후에 이러한 보관이 매우 간편하여 작은 CD 한 장에도 모두 들어가게 되었다.

③ 손쉬운 검토

설계시 3차원상에서 돌려볼 수 있어서 디자인에 있어서 공간의 느낌을 잘 검토할 수 있다. 손으로 그리면 일일이 투시도를 그린다는 것은 매우 번거로운 작업이며 노동력이 많이 소비될 것이다. 또한, 그렇게 그렸다고 하더라도 실제 공간의 흐름, 시각, 전망 등을 일반인들이 인식하기란 사실상 불가능했다.

④ 프레젠테이션의 편리함과 훌륭한 효과

CAD로 도면을 작성하여 다른 3D(삼차원 모델)프로그램과 연동하여 보게 되면 바로 3차원 형태로 공간감을 느끼는 것이 가능하다. 또한, 시각화시키는데 있어서 각종 그래픽 작업을 덧붙인다면 더욱 효과적이고 느낌이 좋은 그래픽 이미지를 얻을 수 있다. 이것은 결국 건축주에게 더욱 확신을 주게 되어 일을 수주하는데 있어서 결정적인 역할을 하게 될 것이다.

⑤ 빠른 도면작성

도면을 빠른 시간 내에 그릴 수 있는 가능성이 높아졌다. 공식과 같은 코어와 기본 사항들이 이미 자료화되어 저장되어 있기 때문에 간단하게 복사하여 가져다가 쓸 수 있는 가능성이 높아졌으므로 그만큼 시간절약을 하면서 복제할 수 있게 된 것이다.

■ 단점

① 획일화, 몰개성화

컴퓨터의 가장 큰 장점은 무한 복제가 손쉽게 가능하다는 점이다. 그러나 반대급부적으로 이 장점은 가장 큰 단점이기도 하다. 이전에 만들어진 설계요소들을 무분별하게 반복 재생산 시켜서 갖다 붙이는 행위들이 공공연히 이루어지게 된다는 점이다. 고민하면서 만드는 것이 아니라 가장 경제적인 공간이 끊임없이 획일적으로 재생산된다는 점이다.

이 이야기는 달리 말해 기존에 자료로 축적된 것들을 손쉽게 쓰고자 하는 유혹에 쉽게 빠지게 된다는 의미이다. 그렇다면, 건축공간에 있어서는 발전보다는 오히려 기존의 공간요소들이 계속 복제되고 반복될 수 있다는 의미이기도 하다. CAD의 발전은 오히려 개성있는 건물들이 줄어들 가능성도 많아졌음을 의미하는 것이기도 하다.

② 스케일감의 상실

스케일(축척)은 이후 설명하겠지만, 실제 크기의 100분의 1(100배), 200분의 1(200배)로 축소시켜서 작업을 한다는 의미이다. 엄청나게 큰 건물을 지어지는 크기대로 설계도면을 작성할 수는 없을 것이다. 예전에 수작업으로 도면을 그릴 당시에는 상당 시간 동안을 100분의 1 혹은 200, 300분의 1 등의 도면 스케일에 따라서 작업을 하게 된다. 계속해서 그 스케일상에서 작업을 하게 되므로 공간감 내지는 크기를 적절하게 자신이 인지한 상태에서 작업을 하게 된다.

그러나 CAD 프로그램상에서는 자신이 원하는 만큼 크기를 늘였다 줄이는 것이 마우스 스크롤에 의해 자유롭게 조절가능하기 때문에 고정된 스케일상에서 작업하는 것이 사실상 불가능하게 되었다. 그에 따라 적절치수를 알고 작업하는 것이 힘들어지게 되고, 그만큼 적절한 사이즈를 모르는 상태에서 작업이 이루어질 가능성이 많아졌음을 의미하게 되는 것이다.

③ 수정할 부분의 발견 어려움

CAD로 그린 도면을 보면 틀린 점을 발견하기 어려운 경우가 자주 생기게 된다. CAD로 그려서 출력한 도면은 인쇄한 책과 같이 깔끔해 보이면서 오류나 실수를 발견하기가 그만큼 더 힘들어지게 된다.

④ 드로잉 실력의 저하

컴퓨터 도면에만 익숙하면 때때로 필요한 제도도면이나 스케치 실력이 상대적으로 약해지는 경향이 있다. 도구에 따른 자연스런 변화라고 생각할 수도 있지만, 기본적으로 건축가들은 설계를 할 때, 손쉬운 스케치 능력 및 간단한 제도 등이 반드시 필요한 순간이 있다. 지나친 CAD화는 이러한 능력을 저하시키는 면이 있고, 이것은 건축설계와 건축물의 질의 저하라는 결과와 연결될 가능성이 많다.

⑤ Tool의 특성에 의한 사고의 제약

여러분이 목수라는 직업을 가지고 있는 가운데, 어떤 기계와 도구를 가지고 있느냐에 따라서 만들 수 있는 것이 다를 것이다. 마찬가지로 컴퓨터 프로그램에 따라서 만들어질 수 있는 사고의 한계가 늘어날 수 있을 것이다. 그러나, 다른 한편으로, 한 프로그램만 고집할 경우, 그 프로그램의 한계로 인해 사고가 제약되면서 더 많은 가능성을 만들 수 없는 것과 같은 이치일 것이다.

1. 건축 사무소의 설계과정 이해

그렇다면 여기서 간단하게 건축사무소에서 어떤 방식으로 계획과정을 거쳐서 도면이 최종적으로 나오게 되는지에 대해서 기술하도록 한다.

1) 클라이언트(건축주)와의 만남

[그림 1-12] 클라이언트와의 미팅

건축은 여러 분야의 사람이 만나서 하게 되는 작업이지만, 기본적으로 설계를 의뢰하려는 의지를 지닌 클라이언트의 필요가 있을 때 업무가 진행된다는 특수성이 있다. 설계경기 역시 그러한 단체의 필요에 따라 조직된 이벤트 가운데 하나라고 할 수 있다.

이러한 만남을 통해, 각종 정보가 교환된다. 클라이언트의 상황, 건물의 용도, 크기, 각종 해결문제, 고려사항, 제한사항, 예산 등등을 협의하여 건축가는 기능과 용도에 맞게 합목적적이고 아름답고 기능적이고 튼튼한 건물을 설계할 수 있는 기본 정보를 받아들인다. 클라이언트(건축주)의 의뢰에 따라 건축물을 설계하는 경우도 있으며, 시행사의 요구에 의해 설계를 하는 경우도 있다. 또한, 설계경기와 같이 불특정 다수의 건축 사무소들에게 현상금이 걸려 있는 경우 응모하는 경우도 있으며 특정한 경우에는 먼저 계획을 하고 이후 이러한 계획을 실행시킬 수 있는 건축주를 찾는 경우도 간혹 있다.

2) 현장 대지분석

설계를 하기 위해서 건물이 들어서게 될 현장을 직접 가서 각종 주위 여건과 제한사항, 그 지역에 어울리는 건물을 설계하기 위한 정보들을 습득하게 된다. 이것은 매우 중요한 일로, 지역에 어울리는 건물을 짓기 위해서는 필수적인 작업이라고 할 수 있다.

3) 대강의 스케치

[그림 1-13] 대강의 스케치

클라이언트의 요구사항과 그것을 실현시키기 위한 대지상황분석이 끝나게 되면 이제 건물을 설계하는 것은 전적으로 건축가의 몫으로 남게 된다. 이러한 여러 가지의 정보를 바탕으로 하여 기능, 구조, 미라는 3개 항목에 가장 합당한 경제적인 건물을 짓기 위해 설계를 시작하게 된다. 우선 건축가가 바로 도면을 그리는 것이 아니라 대강의 스케치를 통해 끊임없이 머릿속으로 생각한 것을 도면이 되기 전의 대강의 모습으로 결정되기 전까지 계속해서 스케치를 하게 된다.

4) 계획설계

설계에는 크게 3가지 단계가 존재한다. 계획설계, 기본설계, 상세설계가 그것인데 계획설계에는 배치와 가장 간단한 정도의 실의 구획과 입면(파사드) 등의 그야말로 건물의 윤곽을 알 수 있는 최소한의 요소들로 구성하여 도면을 구성하게 되는 것을 말한다.

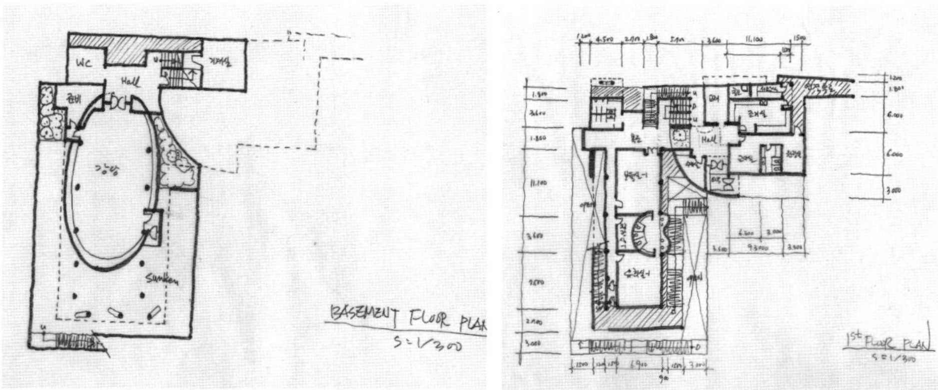

[그림 1-14] 계획설계 도면

5) 기본설계

기본설계 도면은 계획설계를 통하여 드러난 문제점 및 보완사항들과 함께 다양한 재료와 고려사항들이 함께 들어 가면서 좀 더 세밀하게 도면을 그리는 것을 말한다. 계획설계에는 포함되지 않는 각종 재료와 세부치수 등이 들어가게 되고, 구축시 필요한 내용까지도 적게 된다.

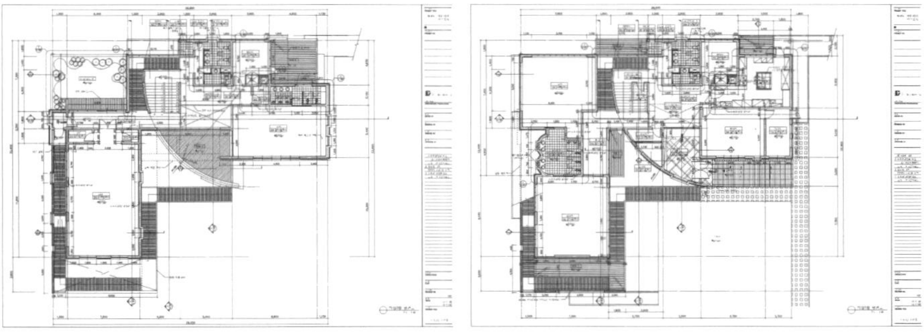

[그림 1-15] 기본설계 도면

6) 상세설계

구조, 디테일(각종), 설비 등등의 각종 내용들이 빼곡히 들어가서 실제 시공자들이 이 도면에 맞추어 세밀하게 시공이 가능할 수 있도록 도면화시킨다.

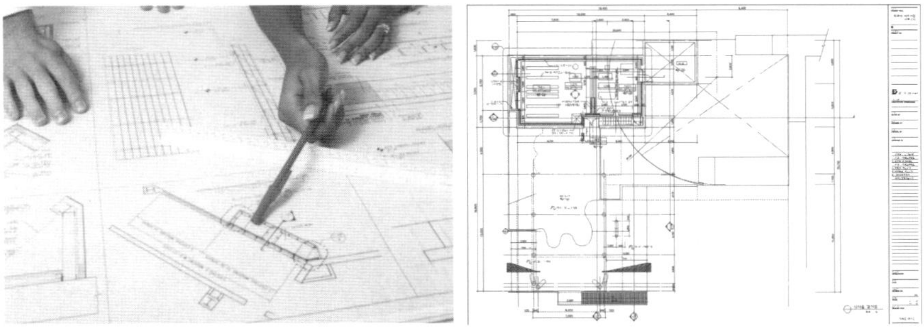

[그림 1-16] 상세설계

7) 모델화

모델에도 여러 가지 모델이 있는데, 스케치 모델(싼 재료와 손쉽게 만들 수 있는 재료로 대강의 매스 덩어리와 감을 볼 수 있게 하는 모델)이 있는 반면, 최종적으로 모든 도면이 완성이 되고 최종적인 모

[그림 1-17] 모델화

델을 통해, 건축주나 일반인이 쉽게 이해할 수 있도록 만드는 세부 모델 등이 있다.

8) 그래픽화

요즘은 각종 설계와 시공관계에 있어서 그래픽 기술이 발전함에 따라 컴퓨터 그래픽에 의한 시뮬레이션시킨 건물의 컴퓨터 그래픽 사진을 첨부하는 것이 일반화되었다. 이것은 현실과 가장 흡사하여 최근 많이 사용되고 있다.

[그림 1-18] 그래픽화: 예수로교회, 두루미어린이집 - 차상모, 임기택

9) 프레젠테이션

보여줄 작업과 도면작업이 다 끝나면 효과적으로 최상의 상태에서 클라이언트(건축주)를 설득할 수 있도록 보여주는 작업을 하게 된다. 이 작업을 프레젠테이션이라고 부른다.

[그림 1-19] 프레젠테이션 장면

2. 설계사무소에서의 컴퓨터 표현방식의 이해

앞서 서술한 방식대로 처음 건축주와의 만남에서 시작해서 토의와 디자인 과정을 거쳐서 도면화시키고 프레젠테이션 및 현재의 표현방식에 맞추어 표현하게 되는데, CAD의 영향으로 요즈음의 모든 표현 및 프레젠테이션 방식은 컴퓨터화되어 있다. 지금부터는 설계사무소 내에서 이러한 컴퓨터화 방식으로 어떻게 표현되는지에 대해서 간략하게 알아보도록 하자. 이것 역시 도면 보는 법에 있어서 일부라고 할 수 있다.

■ 우선 설계사무소에서는 배치도를 그리고 그에 맞추어 배치도와 기준이 되는 평면도를 그린다.

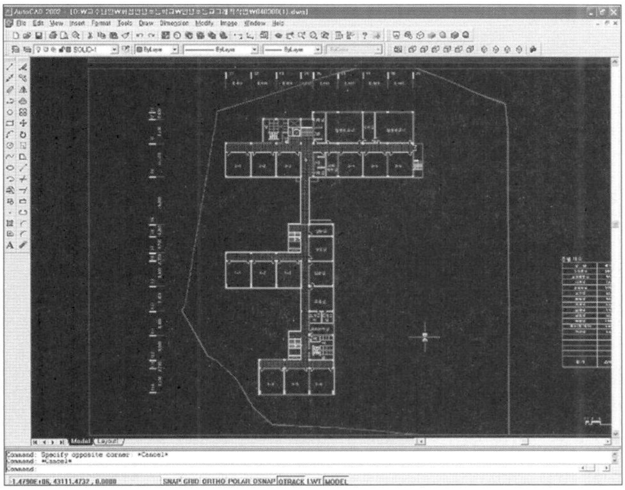

[그림 1-20] 컴퓨터 표현방식-1

■ 다음에는 각층의 평면도를 그리게 된다. 평면도는 기본 1층에서 변형되는 형태이므로 선의 종류를 구분하여 같은 1층의 평면도를 복사하여 공간을 고치면서 작업하여 빠른 시간내에 작업을 하게 된다.

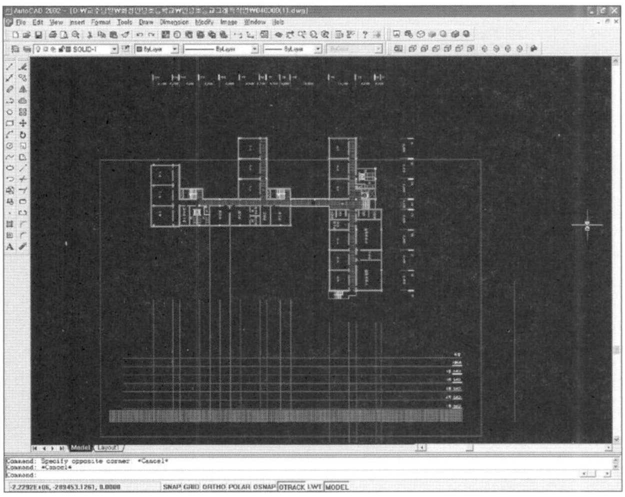

[그림 1-21] 컴퓨터 표현방식-2

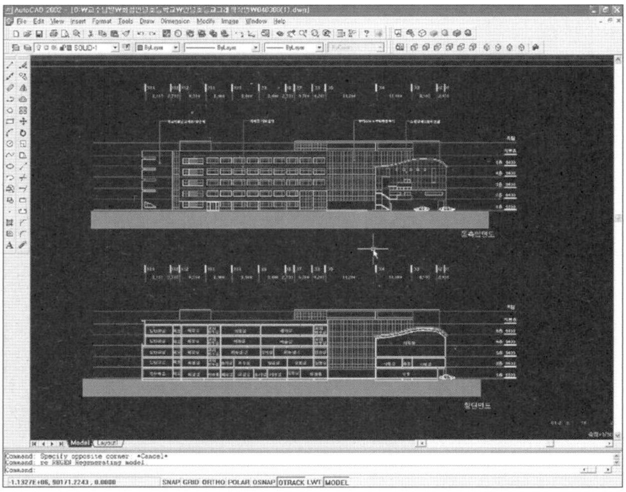

[그림 1-22] 컴퓨터 표현방식-3

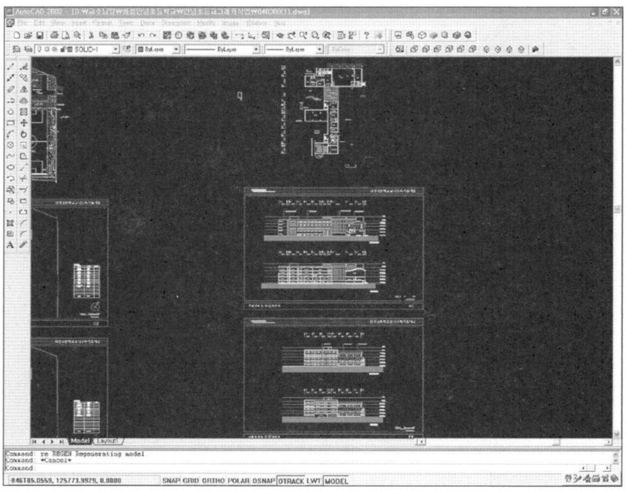

[그림 1-23] 컴퓨터 표현방식-4

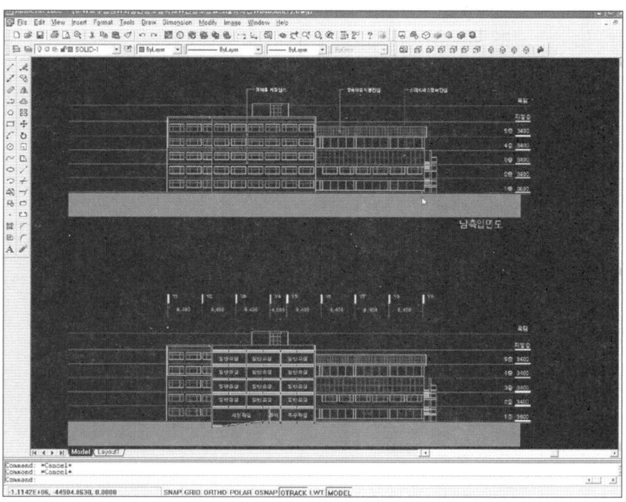

[그림 1-24] 컴퓨터 표현방식-5

■ 입면도를 편하게 그리기 위해서 평면도를 이용해 가이드 라인을 그린 이후에 벽선을 그려서 입면도를 작성한다.

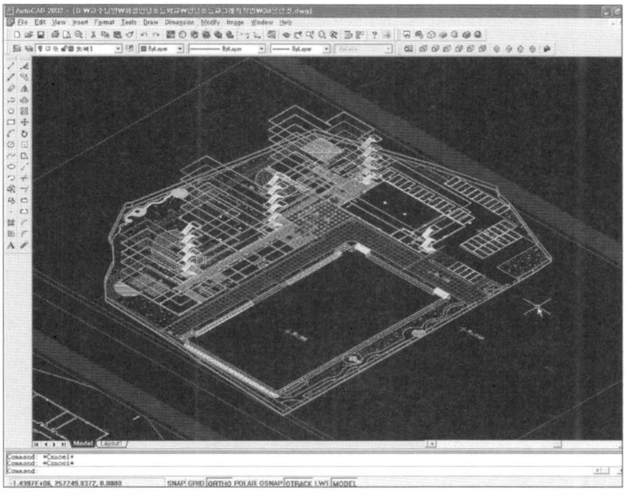

[그림 1-25] 컴퓨터 표현방식-6

■ 2차원 도면을 3차원 상태로 전환하여 각 부의 슬래브를 만들고 입면도를 이용하여 입면도의 부재들을 만들어준 다음 3차원상에서 조립을 한다.

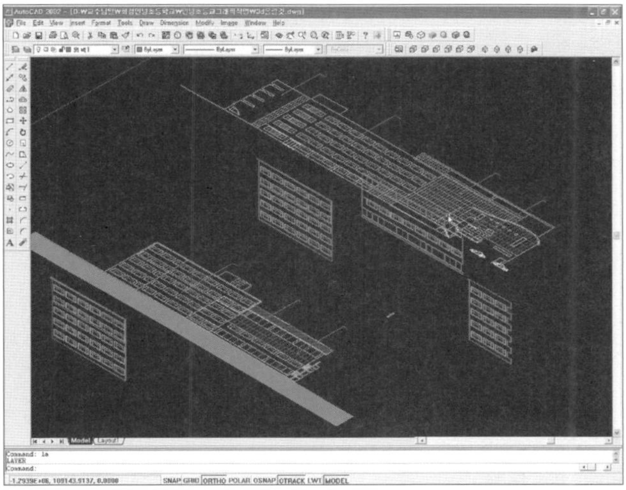

[그림 1-26] 컴퓨터 표현방식-7

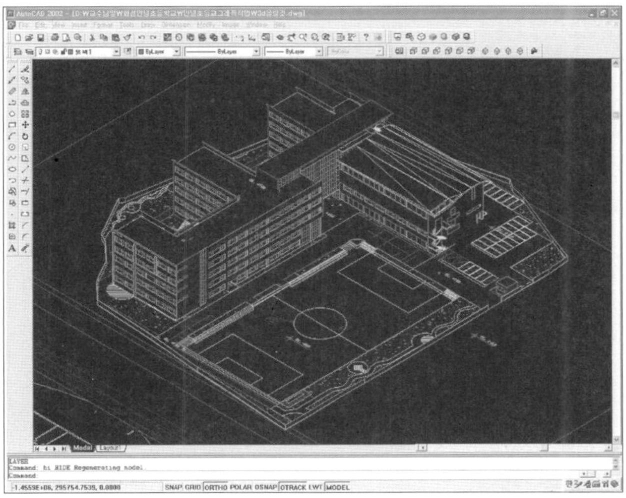

[그림 1-27] 컴퓨터 표현방식-8

■ 각 Object 부분을 생성시켜준 후에 각 부재들을 각자 원래 계획된 위치에 조립하듯이 복사하거나 Move시켜서 조립시켜 준다.

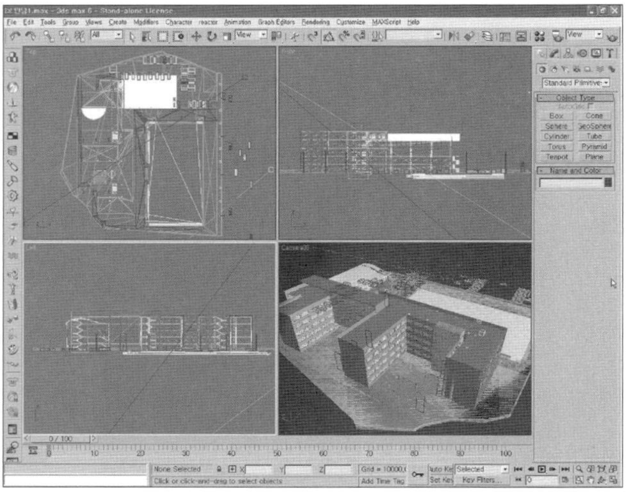

[그림 1-28] 컴퓨터 표현방식-9

■ 설계 프로그램인 CAD에서 이렇게 기본적으로 3차원 모델링을 끝내면 이 파일을 저장한다. 이후 효과를 주는 3차원 프로그램에서 다시 이 파일을 불러들여온다.

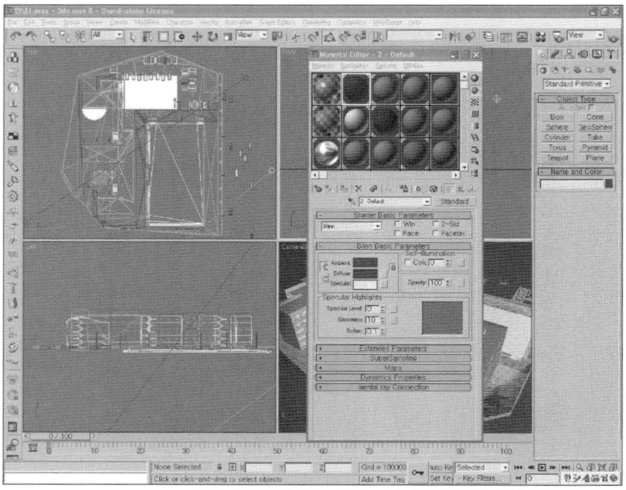

[그림 1-29] 컴퓨터 표현방식-10

■ 이곳에서 적절한 빛과 조명을 조정해주고 적절하게 보는 시점과 재료를 지정하여 준다.

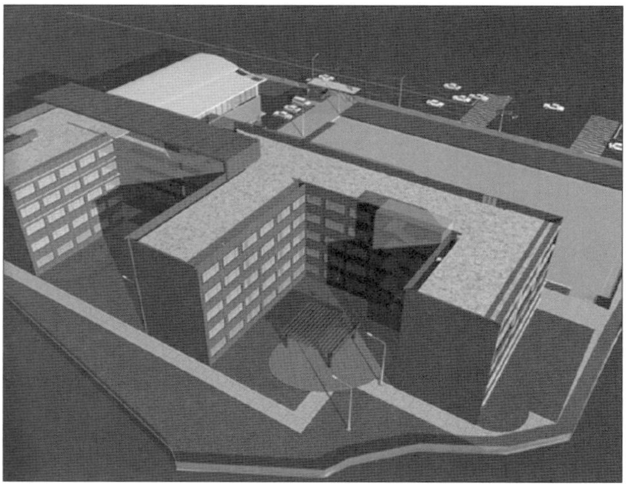

[그림 1-30] 컴퓨터 표현방식-11

■ 적절하게 조정하여 일반적으로 많이 컴퓨터상에서 사용하는 이미지파일인 JPG 파일로 저장한다. 그러나 이 이미지만으로는 부족하므로 이 JPG 사진 파일을 다시 이미지 편집프로그램에서 불러들인다.

(보통 Photoshop이라는 프로그램)

[그림 1-31] 컴퓨터 표현방식-12

■ 이 프로그램에서 각종 수목, 차량, 사람들을 적절하게 기존의 파일에서 복사하여 갖다 붙이고 크기를 조정하여 최종적인 한 컷의 이미지를 만들어낸다.

[그림 1-32] 컴퓨터 표현방식-13

■ 이 이미지는 3차원 모델링 프로그램에서 갓 만들어진 이미지이다. 아직 많은 것이 부족한 상태이다.

[그림 1-33] 컴퓨터 표현방식-14

■ 이후 작업에서는 이미지 편집 프로그램에서 저장된 이미지를 불러 들여와서 전경의 이미지에 나무와 각종 이미지들을 갖다 붙였다. 이것은 조절 후 완성된 모습이다. 어떠한가? 완성도에서 많은 차이가 있음을 여러분도 쉽게 느낄 수 있을 것이다. 이미지 조정작업은 최종 이미지를 만드는 과정에 있어서 이미지의 완성도 측면에서 매우 중요한 의미를 지니고 있다.

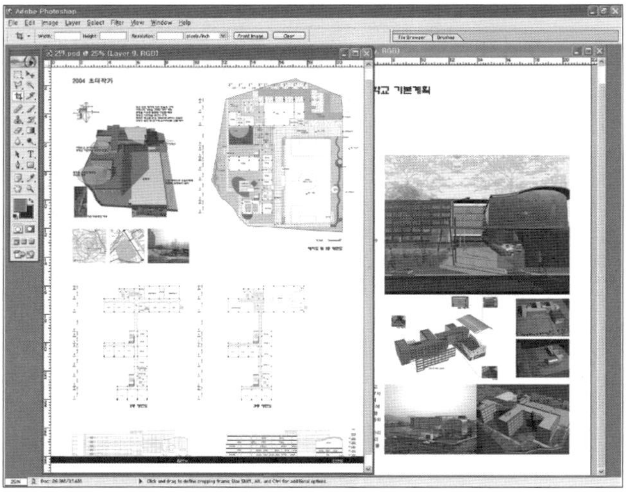

[그림 1-34] 컴퓨터 표현방식-15

■ 각 이미지들과 함께 도면을 불러와 판넬링 내지는 책자를 만드는 과정이 다음으로 펼쳐지게 된다.

3. 건축 설계분야와 도면 보는 법의 필요성

이제 심도있게 들어가서, 도면을 어떤 사람들이 어떤 방식으로 보고 이해하고 작업하게 되는지에 대해서 간략하게 알아보도록 하자.

도면을 볼 줄 안다는 것은 직접 설계를 전문으로 하는 경우가 아니라면 도면상에서 자신이 작업해야 할 해당 분야를 뽑아서 보고 이해하고 행동할 수 있다는 것을 의미한다. 건축 분야는 크게 설계(계획), 구조, 시공, 시행으로 나눠 볼 수 있다.

우선 여러 가지 대지에 대한 기본적인 서류검토나 해당 법규검토가 끝나면 사업이나 수지분석 토지작업을 진행하게 된다. 이런 기본적 작업이 끝나게 되면 본격적으로 배치계획부터 평면계획이 진행된다. 흔히 우리가 이야기하는 시행사라고 표현하는 대형 건설사나 시행사들은 앞에서 언급한 작업들을 하게 된다. 규모가 그리 크지 않은 곳은 설계(계획)를 설계사무소에 용역으로 맡겨서 의뢰를 한다.

도면을 보게 되는 각종 공사관계자들은 기본 도면을 보고 물량 등과 공사과정을 예상하여 견적을 산출하게 된다. 한 예로 실내 인테리어를 하는 업자들은 도면을 그리거나 구조나 설비부분을 공간적으로 정확하게 분석하는 것이 힘들다. 이들의 경우, 우선 실내인테리어(마감)가 되어질 공간을 제일 먼저 파악하기 위해서 평면과 단면을 가지고 전체 작업량을 파악한다.

초심자들은 이러한 과정이 매우 어렵게 느껴질 것이다. 그러나 어느 정도 경험과 노하우가 쌓이게 되면 평면도만 보고도 대략적인 물량과 마감계획이 잡히는 수준에 이르게 된다.

그러한 점에서 도면을 접하고 정확하게 인식하고 습득하는 것은 매우 중요하다고 할 수 있다.

- 건축 자재는 흔히 구조재와 마감재로 나눌 수 있다. 구조재는 요즘은 구조설계사무실에서 적산팀이 있거나 업무 병행을 하게 되면 같이 일을 처리하는 경우가 있다. 건축물의 규모에 따라서 시행사나 시공사에서 따로 그 부분을 파악해서 견적에 포함시키기도 한다. 대개 일정 규모 이상의 대형 건물은 시공사에서 하는 일로 되어 있다.

- 전기설비나 급배수설비, 난방설비 전문가들도 우선적으로 견적을 산출할 때 기본도면을 근거로 한다. 이들의 경우는 평면상의 계통도(설비라인이 지나가는 공간)와 섹션(단면도)상의 상하 거리를 먼저 파악해서 들어가는 자재량을 산출하고 중간 기기들의 설치 여부와 그 물량을 산출한다.

- 마감재의 경우는 지정된 혹은 마감공사를 도급받은 업체가 별도로 하여 자재납품을 재하도급을 맡기면서 시공을 한다. 마감공정이 1차 마감과 2차 마감까지 다하는 경우와 그 두 가지를 다시 분리해서 별도로 업체 선정해야 할 때는 인테리어 부분을 재하도급을 주는 경우가 있다. 이러한 모든 업체들이 협의를 할 때 기준이 되는 것은 결국 도면이 된다.

1. 축척의 개요

이제 본격적으로 도면보는 법의 첫단계에 들어가면서 가장 중요한 스케일(축척) 개념에 대해서 알아보도록 한다.

1) 개요

건축설계도에서 표현되는 다양한 내용 중에 축척(Scale)이라는 용어가 있다. 이것은 일정한 비율로 축소 또는 확대되어 표현되었다는 표시이다. 건축설계도는 건축가나 설계자가 집을 짓고자 하는 사람인 건축주의 요구나 주문의 내용을 전문가의 입장에서 구조적 문제, 기능적 문제, 법규적 문제, 조형성, 경제성, 또는 건축주의 특성 등을 재해석하여 가장 합리적인 범위에서 작성되게 마련이다. 이러한 가장 합리적인 범위의 집을 만드는 것이 설계자의 의무이며 책임이며 직능이다.

건축주의 요구사항과 다양한 문제 등을 가장 확실하게 확인하여 볼 수 있는 것은 실제의 크기로 집을 지어보며 요구내용과 다른 경우 헐고, 다시 수정하여 지어보며 집을 짓는 것이 건물의 문제요소를 없애며, 건축주의 요구와 설계자인 건축가의 의도를 가장 확실하게 완성시킬 수 있는 방법이다. 그러나 이것은 엄청난 비용과 시간을 허비해 버리는 결과를 초래할 수 있어 사실상 채택이 불가능한 방법이다. 그래서 가장 효과적으로 비용과 시간을 절약하며, 문제요소와 건축주의 요구사항 등을 반영한 공간을 미리 체험해 볼 수 있는 대안으로 설계도를 이용하는 것이다. 이러한 설계도는 일정한 규격의 용지(종이) 안에 지어질 집의 형태가 그려지게 되는 것이다.

따라서 제한된 제도 용지 안에 커다란 집의 형태를 실제의 크기로 그릴 수가 없기 때문에 일정한 비례에 따라 집의 형태를 축소하여 제도용지에 그리게 된다. 반면 물체가 너무 작아 실제의 모습으로 도면에 그렸을 때 물체의 표현이 어려울 경우 확대를 하여 표현하게 된다. 이렇게 일정한 비례에 따라 축소 또는 확대하는 행위를 축척이라고 한다.

2) 축척의 종류

도면을 일정한 비례에 따라 축소 또는 확대하는 것이 축척이며, 이러한 축척에는 배척, 실척, 축척 등의 3가지 종류가 있다.

■ 배 척

배척은 실제의 물체를 확대하여 표시하는 것이다. 배척을 표시하는 방법은 2:1, 2/1, $\frac{2}{1}$ 등으로 앞의 숫자나 분모를 크게 표시한다.

■ 실 척

실척은 실제의 물체를 실제의 크기로 표시하는 것이다. 실척의 표시방법은 1:1, 1/1, $\frac{1}{1}$ 등으로 앞의 숫자나 분모를 모두 동일하게 표시한다.

■ 축 척

축척은 실제의 물체를 일정한 비례에 따라 축소하여 표시하는 것이다. 표시 방법은 1:2, 1/2, $\frac{1}{2}$ 등으로 뒤의 숫자나 분모를 크게 표현한다.

축척의 개념을 바로 알아야 도면을 바로 볼 수 있다. 거의 모든 도면이 확대 또는 축소되어 그려지기 때문이다.

2. 축척 보는 방법

1) 축척자(scale ruler)

도면을 일정한 비례에 따라 축소 또는 확대하는 방법은 계산하여 그릴 수 있다. 그러나 도면을 그리는 것에 대한 능률과 도면을 보는데 따르는 효율이 떨어지기 때문에 능률을 높이기 위하여 만들어진 제도용품 중의 하나가 축척자(scale ruler)이다.

축척자(scale ruler)는 가장 많이 사용하는 축소 또는 확대의 비율을 표시해 놓아 실제의 모양을 도면으로 작성할 때 크기를 줄이거나 늘릴 때 효율적으로 사용할 수 있다. 축척자는 평형과 삼각형의 두 종류가 있고, 재료는 대나무와 합성수지가 사용된다.

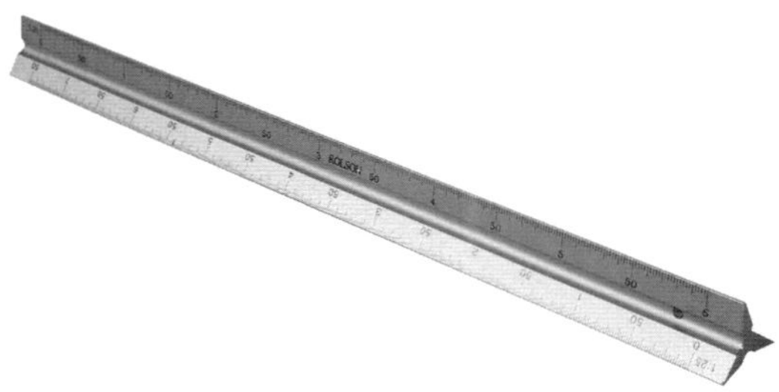

[그림 1-35] 축척자

국내에 나와 있는 스케일 자인 삼각 스케일 자는 삼각형 각 변의 위아래에 $\frac{1}{100}$, $\frac{1}{200}$, $\frac{1}{300}$, $\frac{1}{400}$, $\frac{1}{500}$, $\frac{1}{600}$의 축척 눈금이 있고, 삼각 스케일 자의 길이는 100, 150, 300mm 등의 종류가 있다.

2) 축척자(scale ruler) 보는 법

삼각 스케일에 표기되어 있는 $\frac{1}{100}$, $\frac{1}{200}$, $\frac{1}{300}$, $\frac{1}{400}$, $\frac{1}{500}$, $\frac{1}{600}$의 축척 눈금은 실제 척도의 길이를 미리 계산하여 간편히 사용할 수 있도록 미리 축척을 계산하여 만들어 놓은 자이다.

도면에 10,000으로 표시된 치수가 있다면, 이것은 실제로 10,000mm, 측, 10m에 해당한다. 이것을 도면의 축척 표시가

- 1/100 으로 표현된 경우 1/100 스케일 자에서 10눈금에 해당
- 1/200 으로 표현된 경우 1/200 스케일 자에서 10눈금에 해당
- 1/300 으로 표현된 경우 1/300 스케일 자에서 10눈금에 해당
- 1/400 으로 표현된 경우 1/400 스케일 자에서 10눈금에 해당한다.

이것은 10m인 실제 크기를 1/100으로 축소한다는 것은 100배 줄인다는 의미이다. 그래서 10m를 100배 축소를 하면 10cm 가 되며, 이것을 200배 축소를 하면 5cm에 해당하게 된다.

이것을 스케일 자에 비교하여 보면, 1/100일 때 실제 10m인 건물이 10cm로 표시되며, 1/200일 때에는 5cm에 해당하는 1/200의 10눈금에 표현된다.

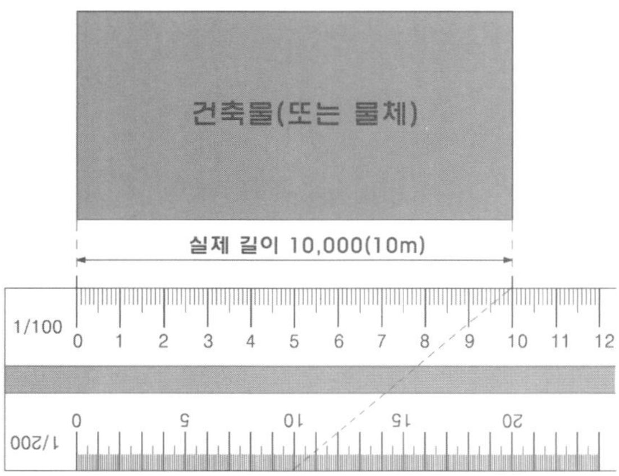

[그림 1-36] 축척자 보는 법

3. 축척 표현 방법

도면에서 축척을 나타내는 방법은 문자로 표현하는 방법 이외에 도면 구성요소의 하나인 디자인적 측면에서 설계자의 선호도에 따라 다음과 같은 표시기호를 사용하기도 한다.

어떤 건축 도면을 보면 숫자로 축척(스케일)을 표현하지 않고 아래와 같은 [그림 1-37]과 같이 막대기가 연결된 듯한 느낌으로 표현되어 있음을 볼 수 있다. 도면을 처음 접하는 초보자들은 이런 축척 표시에 당황하지 않을 수 없다. 제일 아래 부분에 있듯이 숫자가 쓰여져 있는 경우라면, '대략 이정도가 1m이고 3m, 5m이구나' 라고 짐작할 수 있을 것이다.

그러나 아무런 숫자도 쓰여져 있지 않은 경우에는 직접 스케일을 바 스케일(막대 축척표시)에 대 봐야 그것이 1:100인지 1:300인지를 확인할 수 있다. 그렇지만, 여러분이 도면의 축척에 어느 정도 익숙해지게 된다면, 많은 건축가가 일반적으로 가지고 있는 능력과 같이 도면만 보아도 그것이 1:100인지 다른 축척인지를 쉽게 짐작할 수 있는 수준까지 도달할 수 있을 것이다.

일반적으로 축척은 상세도(디테일)의 경우 1:30, 1:50을 주로 사용하며, 주택의 경우 1:100, 1:200을 주로 사용하고, 규모가 큰 건물의 경우, 1:500 혹은 1:600의 경우도 사용한다. 이렇듯, 건축 도면에서는 1:148 등과 같은 축척을 사용하지 않는다. 혼란을 막기 위해서이다.

일종의 사회적 약속과 같은 것이다. 사용되는 일반적인 축척이 몇 개 되지 않다 보니 자연스럽게 어느 정도 익숙해지면 이 도면이 어떤 축척으로 그려졌는지를 알 수 있는 것이다. 여러분도 빠른 시간에 도면 축척에 익숙해지기를 기대해본다.

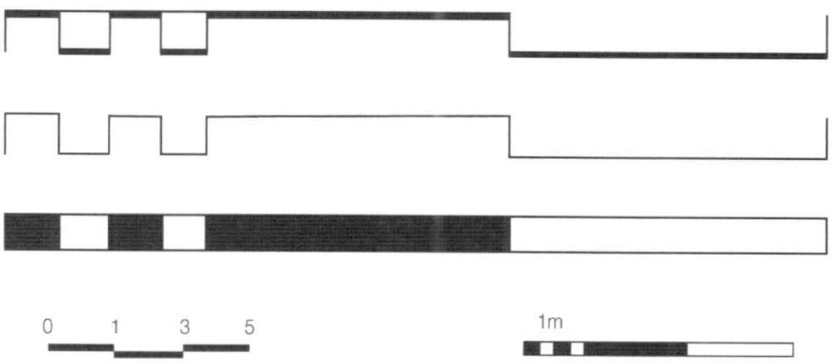

[그림 1-37] 척도를 나타내는 표시기호

4. 건축 제도용구

다음은 건축설계를 할 때, 수작업으로 도면을 작성할 때 필요한 용구를 기술한 것이다. 직접 설계와 관련이 없다면 간단하게 살펴보고 넘어가도 무방하다.

1) 제도대와 제도판

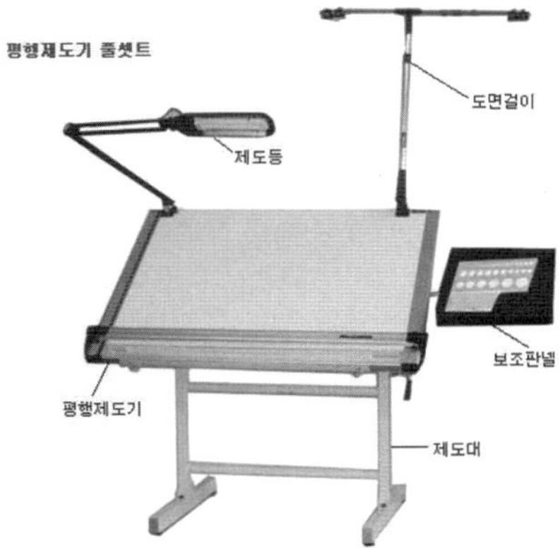

[그림 1-38] 제도판

■ 제도판

제도판은 10~15° 경사지게 하며, 제도판의 테두리는 T자의 움직임이 잘 되도록 단단하고 매끄러우며, 직각이 정확히 되도록 만들어져 있다. 제도판의 크기는 대판 1,050×750, 중판 900×600, 소판 600×450 크기가 있으며, 제도대와 의자 조명기구 등이 조합되어 사용된다. 제도대는 고정식과 높이와 경사를 조절하는 제도 전용 제도대가 많이 사용되고 있다.

■ 만능 제도기

만능 제도기는 T자, 삼각자, 물매자, 각도기, 축적자 등의 기능을 모두 갖춘 것이다. 이것은 구조상 암(arm)식과 트랙(track)식이 있다. 건축 제도에서는 평행 트랙식이 많이 사용되고 있다. 평행 트랙식은 I자가 제도판에 부착되어 사용이 편리하고 작업에 능률적이다. 어느 것이나 제도판에서의 움직임이 용이하고, 약간 조작기술이 있으면 사용이 쉽고, 제도 효율이 매우 좋은 기계이다.

■ 투사대

조명을 넣은 상자 윗면에 유리와 유백 아크릴판을 끼우고, 그 위에서 투광을 이용하여 도면의 트레이스, 도면 점검 및 도면 수정 등을 하게 된다. T자의 사용은 물론 만능 제도기도 부착시킬 수 있다.
투사대는 도면의 트레이스 이외에 슬라이드를 정리할 때도 편리하다.

■ 제도대의 배치

제도대와 제도판의 조합은 주어진 공간에서 여러 기구와 자료를 두는 곳, 의자 주위의 여유와 채광, 조명장치 등을 종합적으로 고려하여 자신의 작업방식과 어울리게 배치하게 된다. 몇 명이 책상을 나

란히 할 경우에는 서로의 커뮤니케이션을 고려하고, 통로나 협의 장소 등 유효한 공간 이용을 꾀하여 배치하는 일이 중요하다.

2) T자와 삼각자 사용법

■ T자

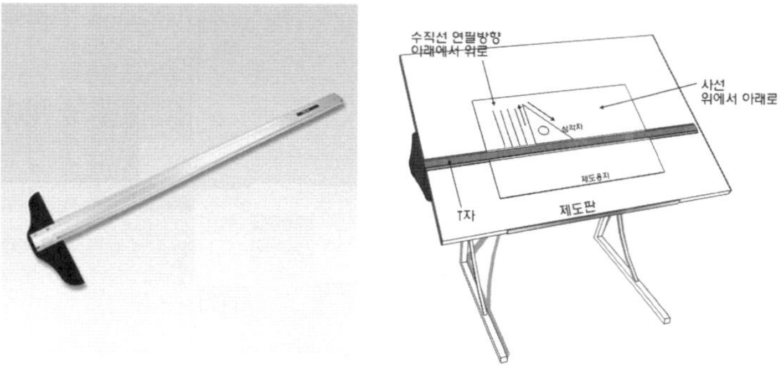

[그림 1-39] T자와 삼각자 사용법

T자는 평행선을 그리거나 삼각자와 조합하여 수직선이나 사선을 그릴 때 사용한다. T자의 크기는 1,200, 1,050, 750, 600mm 등이 있다. 이 밖에 자의 양끝이 제도판에 고정되어 위아래로 조작이 가능한 평행자 (I자)가 있다. T자를 사용하여 선을 그을 경우에는 자의 머리를 제도판 가장자리에 밀착시켜 움직이지 않도록 한 후 왼쪽에서 오른쪽으로 선을 긋는다. 선을 그릴 때에 연필은 T자의 날에 꼭 닿아야 하며, 선을 긋는 방향으로 약간 기울인다. T자는 몸체와 머리가 직각이 되어 흔들리지 않도록 제도판에 밀착시켜 사용한다. 일정한 힘을 가하여 일정한 속도로 긋게 된다.

■ 삼각자

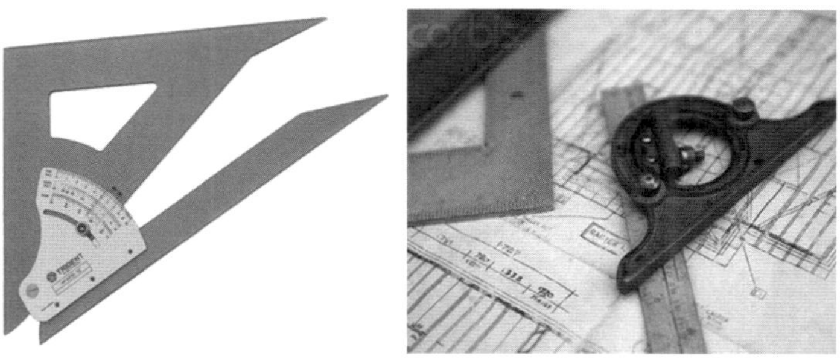
[그림 1-40] 삼각자

삼각자는 45°자와 30°(60°)자의 두 종류가 한 조로 되어있다. 크기는 30cm 정도인 것이 많이 사용되며, 이 밖에도 45, 36, 25, 18, 10cm 등이 있다. 그리고 각도를 임의로 조절할 수 있는 자유 삼각자가 있다. 삼각자의 수직변을 T자 날에 밀착시키고 수직선과 사선을 긋는다. 일정한 각도를 나타내고 있는 시선을 그을 때에는 정확한 삼각자를 준비하는 것이 중요하며, 제도용 삼각자는 눈금이 없는 것을 사용한다. 수직선을 그을 때는 아래(밑)에서 위로 긋는다. 사선을 그을 때는 아래에서 위로, 위에서 아래로 긋는다.

1. 기준선

우리가 수학이나 공학에서 배우는 바와 같이 X축, Y축(2차원)으로 좌표화시켜서 2차원을 표현하고 공간화가 되기 위해서는 Z축을 설정하여 계산을 했던 것을 기억할 것이다. 3차원상에서 행해지는 건축 행위 역시 이러한 X, Y, Z축 좌표가 기본이 된다. 평면도를 살펴 보면, 기본적으로 X, Y 좌표축으로 도면이 작성되어 있는 것을 확인할 수 있을 것이다. 물론, 이것이 가장 일반적이고 보기에 편한 방식일 것이다.

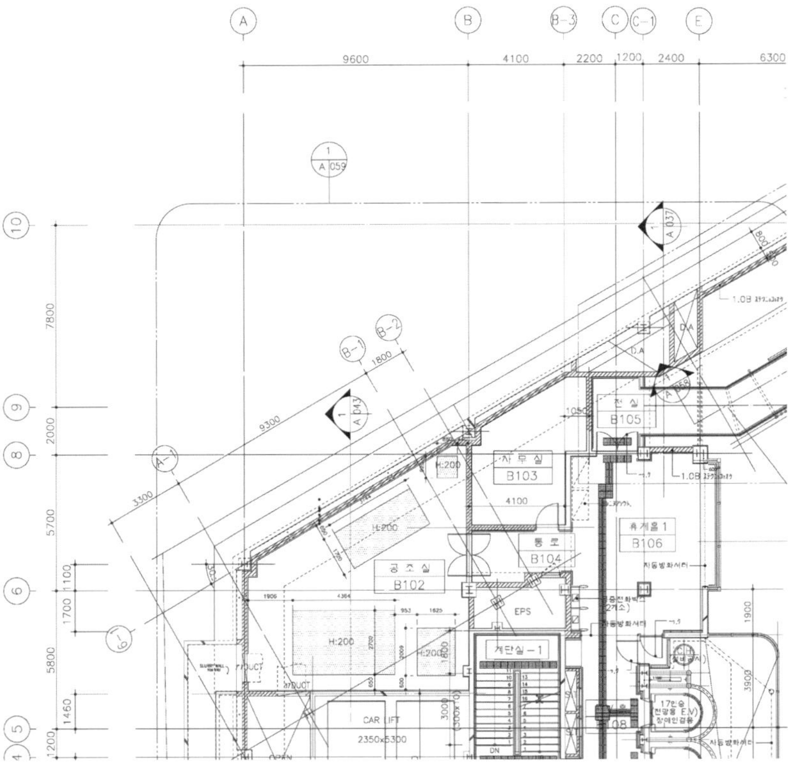

[그림 1-41] 기준선이 표시된 평면도

[그림 1-41]은 일반적인 도면이다. 도면의 상부와 좌측에 보면 A, B, C, C−1, E 등의 표시가 되어 있고 왼쪽은 1, 2, 3부터 10까지 되어 있는 것을 볼 수 있다. 이것이 기준선이다. 사무소에 따라서는 이것을 X, Y 좌표축의 의미로 X_1, X_2, X_3, …과 Y_1, Y_2, Y_3, … 등으로 표현하기도 한다. 이것이 기준선이다. 건축물은 대개 일정규모의 건축인 경우 관리와 계획 및 시공의 편리성을 위해 일정간격으로 모듈을 정하여 계획하는 경우가 많다. 따라서 예를 들어 7.5m×7.5m의 공간을 하나의 단위로 생각하여 계획하면, X_1과 Y_1은 7.5m의 간격이 되는 것이다. 면적을 계산하기도 쉽고, 계획하기에도 용이한 측면이 있어서 이런 방식이 많이 사용되곤 한다.

일반적으로 기준선은 [그림 1-41]과 같이 평면적으로는 X방향과 Y방향으로, 입체적으로는 Z방향으로 잡고 1점쇄선으로 나타낸다.

기준선은 필요에 따라 여러 개를 선정할 수 있는데, 이 때 가장 기준이 되는 선을 주기준선, 이것에서 측정한 다른 기준이 되는 선을 보조기준선이라 하며, 평면도에는 X_C, X_1, X_2 ⋯, Y_C, Y_1, Y_2, ⋯ 등을, 입면도와 단면도 등에는 높이 방향으로 Z_C, Z_1, Z_2, ⋯ 등을 붙이고 주기준선 단부에는  표, 그리고 보조기준선 단부에는  표를 하게 된다.

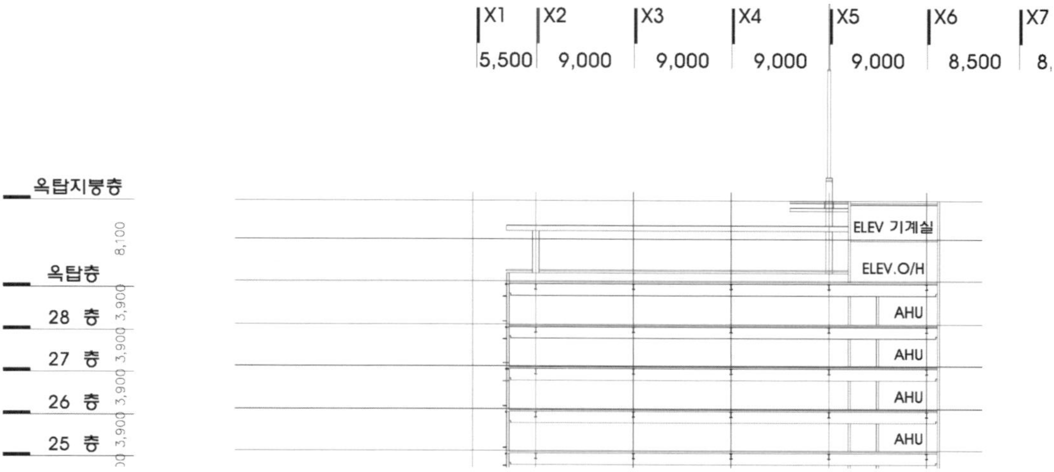

[그림 1-42] 기준선 표시방법

기준선의 위치를 표시할 때 보조기준선은 [그림 1-43]의 왼쪽 그림과 같이 반드시 주기준선으로부터의 거리를 표시하며, 치수선의 단부는 주기준선 쪽을 측정, 보조기준선 쪽을 삼각 화살표로 하고, 치수 숫자는 기준선의 위쪽 화살표의 왼쪽에 기입하는 것을 원칙으로 한다.

기준선과 관련시켜 세부적인 위치를 표시하는 데에는 [그림 1-43]의 가운데와 오른쪽 그림과 같이 되도록 가까운 기준선이나 보조기준선으로부터의 거리로 표시하고, 치수보조선을 그어 보조기준선인 때의 기법에 준하여 기입한다.

[그림 1-43] 보조기준선

2. 도면에서 사용하는 표시 및 기호

■ **치수선**

치수보조선은 치수를 나타내는 부분의 양끝에서 치수선과 직각이 되도록 긋되, 도면에서 2~3mm정도 떨어져서 표현되는 것이 보통이다. 치수보조선의 끝도 치수선과의 교점을 지나서 3mm 정도 더 나오는 것이 또한 일반적이다.

[그림 1-44]에서 (a), (b)의 표시는 두 선 사이의 거리를 나타내는 치수로서, 간격이 좁을 때에는 그림의 a′, b′, c′, d′와 같이 표시한다.

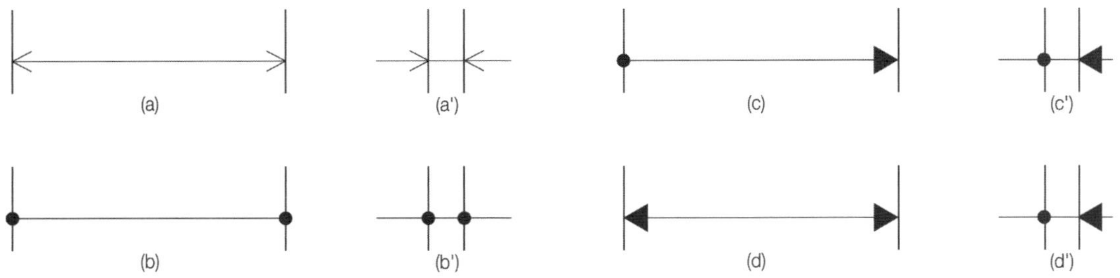

[그림 1-44] 치수선의 표시

[그림 1-44]의 (c)는 기준선과 관련되는 위치의 표시로 기준선 쪽에는 검정 동그라미, 치수 보조선 쪽은 화살표로 하고, [그림 1-44]의 (d)는 벽체 간격, 부재의 장변의 치수표시에 사용된다.

■ **치수의 기입방식**

치수가 기입되는 방식은 원칙적으로 치수선에 따라 도면에 평행하게 쓰여지고 도면의 아래로부터 위로, 또는 왼쪽에서 오른쪽으로 읽을 수 있도록 치수선의 윗부분에 기입되거나 치수선을 긋고 그 위에 치수를 기입한다.

■ **원호, 현, 물매, 각도의 표시**

원호나 현의 치수표시법은 [그림 1-45]와 같이 표시되고 있으며, 지름 기호 ø, 반지름 기호 R, 정사각형 기호 □은 치수 앞에 적는다.

① 기울기 각도의 표시는 직각 삼각형의 직각을 낀 두 변에 대하여 높이/밑변, 즉 나타내려는 각도의 정접으로 표시하거나 각도로 표시된다.

② 지면의 물매나 바닥의 배수 물매가 작을 때에는 분자를 1로 한 분수로 표시된다.[그림 1-45]

③ 지붕처럼 비교적 물매가 클 때에는 분모를 10으로 한 분수로 표시한다.

④ 각도에 의한 표시는 [그림 1-45]와 같이 표시하며, 접합되는 두 부재 간의 교각의 각도로 표시하는 것보다 [그림 1-45]에서와 같이 접합부의 치수로 나타내는 것이 좋다.

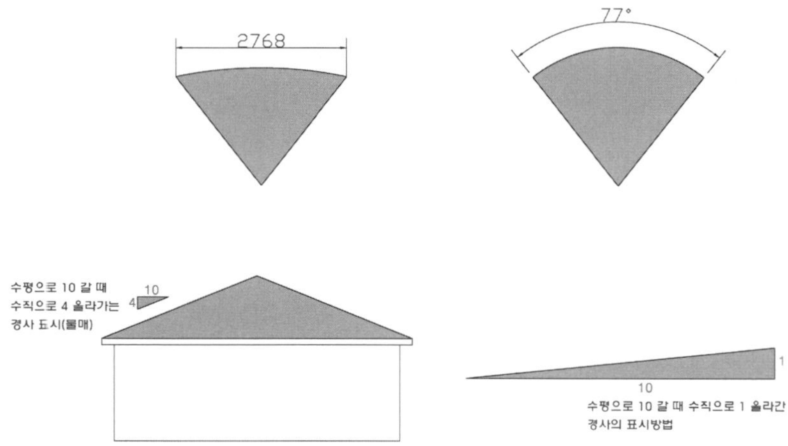

[그림 1-45] 원호, 경사의 표시

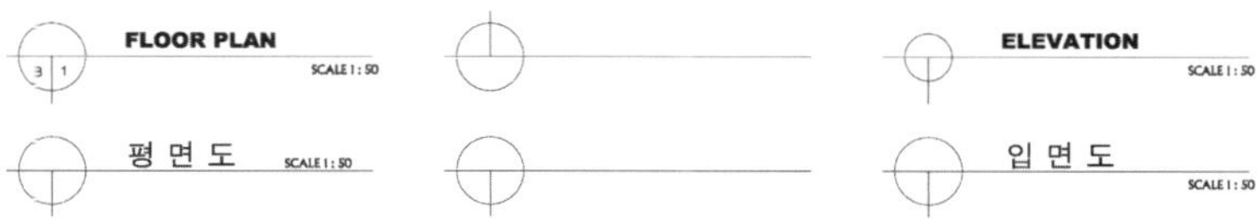

[그림1-46] 도면명 표시방법

■ 도면명, 절단 위치, 전개도

도면명과 창호도는 어느정도 도면 지식이 없더라도 인식하는데 큰 지장은 없을 것이다. 그러나 절단 위치를 나타내는 다음의 표시는 잘 알아두어야 한다. 나중에 단면과 기타사항을 이해하는데 중요하기 때문이다.

[그림 1-47]의 네 개의 절단 위치를 나타내는 기호 가운데 4번째 기호를 가장 많이 사용한다. A−A′, B−B′ 등의 문자 등으로 사용한다. 물론 단면을 한곳만 절개한다면 A−A′만 있으면 되고 이후, 더 많은 단면절개가 필요하여 그릴 경우 B−B′ 그리고 C−C′… 등으로 표현하게 된다.

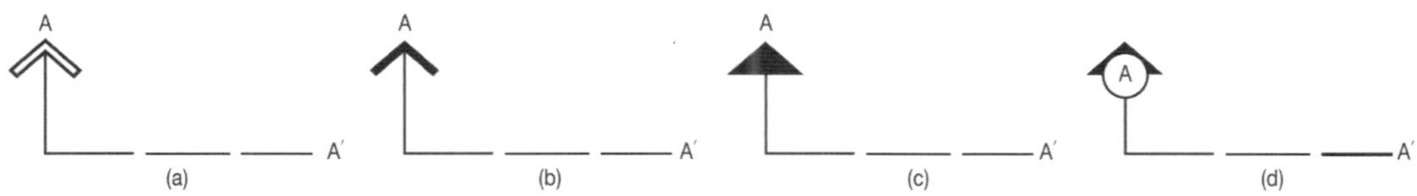

[그림 1-47] 절단 표시방법

■ 평면도에 절단 위치를 나타낼 때는 일점쇄선으로 자르는 방향을 표시하여 단면도를 그리는 방향을 설정한다.

■ 내부 입면도 또는 전개도 방향 표시기호 ➞ 평면도 내부에 기재

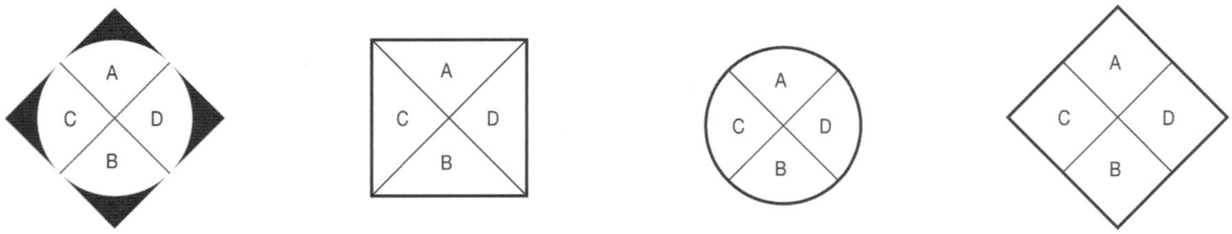

[그림 1-48] 전개도 표시방법

■ 평면도에 입면을 그리기 위해 그리는 방향을 설정하는데 4면을 A, B, C, D 또는 1, 2, 3, 4로 나타낸다.

3. 방위 표시 기호

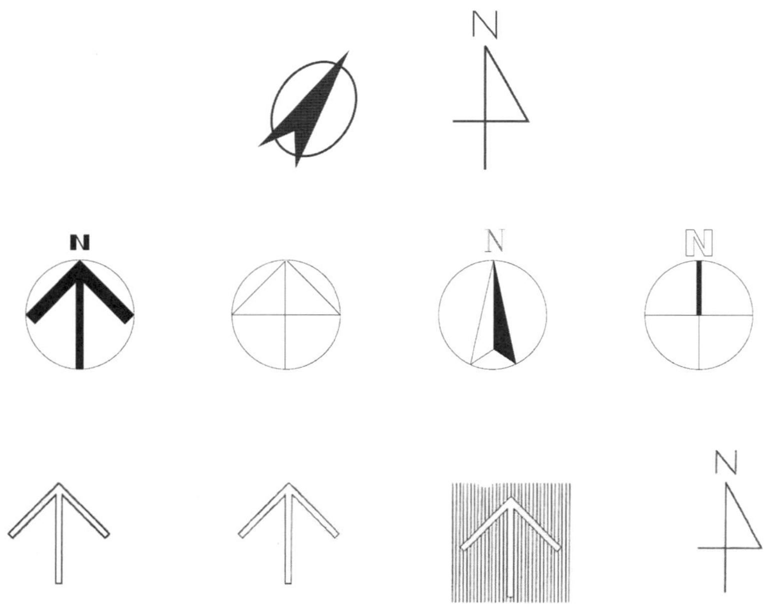

[그림 1-49] 방위 표시방법

4. 치수의 표현과 기호

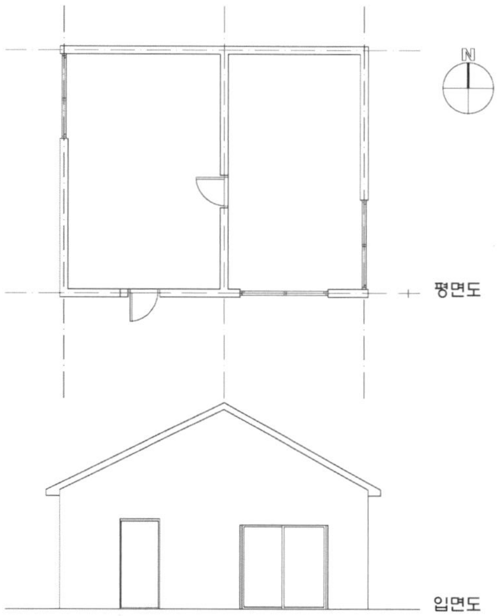

[그림 1-50] 도면의 방향 표시방법

■ 도면의 방향

① 평면도, 배치도 방향

– 북쪽을 상부 방향으로 함이 원칙이다.

– 도로가 있을 경우 도로를 하단, 건물을 상부 방향으로 배치한다.

② 입면도, 절단도 방향

– 방향에 따라 남측 입면도, 북측 입면도, 동측 입면도, 서측 입면도로 구분한다.

– 바라보는 방향에 따라 관찰자의 입장에서 향과 관계없이 바라보이는 전면을 정면, 좌측을 좌측 입면 등으로 구분한다.

– 위 아래 방향을 도면지의 위 아래와 일치시키는 것을 원칙으로 한다.

■ 척 도

① 도면에는 스케일(축척)을 기입하여야 한다. 만일, 한 도면에 서로 다른 축척을 사용하였을 때는 각 도면마다 또는 표제란의 일부에 척도를 기입해야 한다. 그림의 형태가 치수에 비례하지 않을 때는 "비례가 아님" 또는 "NS(Non Scale)"로 표시하게 된다. 스케일은 매우 중요하기 때문에 도면을 작성하는 사람 뿐만이 아니라 보는 사람 입장에서도 먼저 스케일이 얼마인가를 체크하고 도면 보는 습관을 들이는 것이 좋다.

② 사진으로 축소 또는 확대하는 도면에는 그 척도에 의해서 자의 눈금의 일부를 기입하게 된다.

③ 척도의 종류는 실척, 축척, 배척으로 구별하며 목적에 따라 다음의 것에서 선택하여 사용한다.

– 실척 : $\frac{1}{1}$

– 축척 : $\frac{1}{2}$, $\frac{1}{3}$, $\frac{1}{4}$, $\frac{1}{5}$, $\frac{1}{10}$, $\frac{1}{20}$, $\frac{1}{30}$, $\frac{1}{40}$, $\frac{1}{50}$, $\frac{1}{100}$, $\frac{1}{200}$, $\frac{1}{250}$, $\frac{1}{300}$, $\frac{1}{500}$, $\frac{1}{600}$, $\frac{1}{1{,}000}$, $\frac{1}{1{,}200}$, $\frac{1}{2{,}000}$, $\frac{1}{2{,}500}$, $\frac{1}{3{,}000}$, $\frac{1}{5{,}000}$, $\frac{1}{6{,}000}$

– 배척 : $\frac{1}{2}$, $\frac{5}{1}$

■ 경사

① 경사로와 같이 비탈진 부분의 표시방법은 경사표시를 분수($\frac{1}{6}$)로 표시하거나 각도(15°), 백분율(17%)로 표시한다. 이 때 100% 경사는 45° 각도의 경사이다.

② 지붕의 경사 표시방법은 분수($\frac{3}{10}$)로 표시하거나 삼각형(10 3)으로 표시한다.

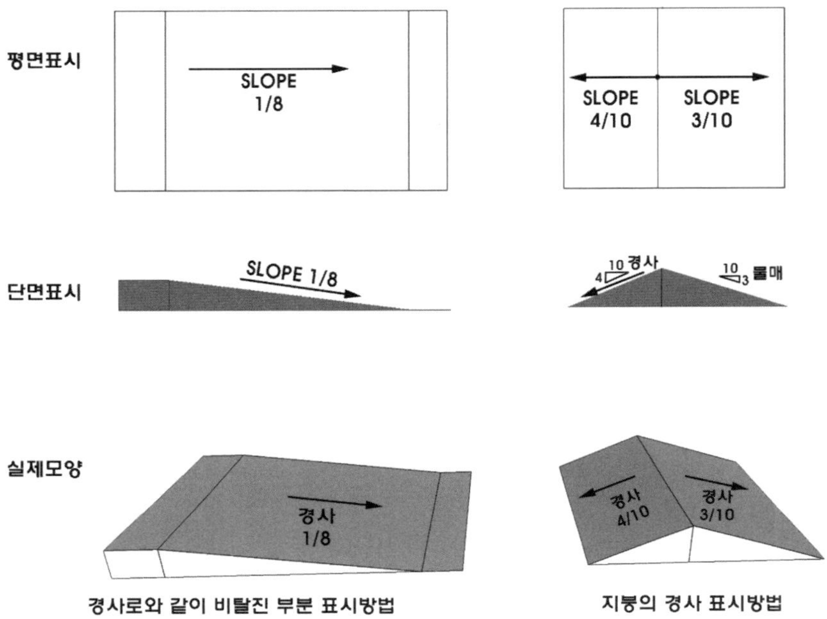

[그림 1-51] 비탈면과 지붕의 경사 표시방법

■ 선

① 선의 종류: 선의 종류는 [그림 1-52]와 같으며 배치도, 구조도, 계통도, 외형도, 측량도 등에는 필요에 따라 이외의 선을 사용할 수 있다.

	선의 종류
실선	————————————
점선(파선)	— — — — — — — —
1점쇄선	—·—·—·—·—·—·—
2점쇄선	—··—··—··—··—

[그림 1-52] 선의 종류

② 선의 용법

- 실선은 보이는 부분의 모양을 표시하는 선이며 치수선, 치수 보조선, 인출선, 파단선, 윤곽선 등에 사용한다.
- 점선은 보이지 않는 부분의 모양을 표시하는 선 등에 사용한다.
- 1점쇄선은 중심선, 절단선, 기준선, 경계선, 참고선 등에 사용한다.
- 2점쇄선은 상상선 또는 1점쇄선과 구별할 필요가 있을 때에 사용한다.
- 선은 단면선, 윤곽선, 평면상의 구획선, 부조설명선의 차례로 가늘게 함을 원칙으로 하고 있다.

③ 글자의 크기는 높이 20, 16, 12.5, 10, 8, 6.3, 5, 4, 3.2, 2.5 및 2mm의 11종류를 표준으로 한다.

④ 4위 이상의 수는 3위마다 휴지부를 찍든지 간격을 둠을 원칙으로 한다. 단, 4위의 수는 이에 따르지 않아도 좋다. 소수점은 밑에 찍는다.

⑤ 협소한 간격이 연속될 때에는 인출선을 써서 치수를 쓰고 있다.

⑥ 치수선의 양 끝은 [그림 1-44]와 같이 표시하게 된다. 치수선의 양끝 표시는 화살 또는 점으로 표시할 수 있다. 같은 도면에서 2종을 혼용하지 않는다.

⑦ 치수의 단위는 mm를 원칙으로 하고 이 때에 단위 기호는 쓰지 않는다. 치수의 단위가 mm가 아닌 때에는 단위기호를 쓰거나 기타의 방법으로 그 단위를 명시하는 것이다.

■ **조립 기준선의 표시**

조립 기준선의 표시는 원칙적으로 가는 실선으로 한다. 또한, 조립 기준선의 끝에는 도면을 이해하기 쉬운 위치에 [그림 1-53] 중 하나의 기호를 붙이며, 하나의 도면에 2 이상의 기호를 동시에 사용해서는 안된다.

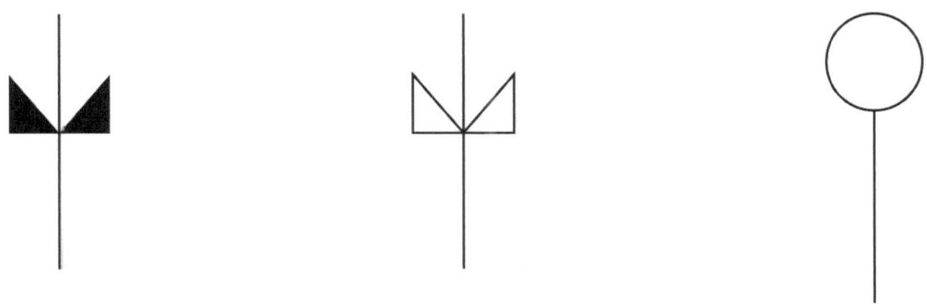

[그림 1-53] 조립 기준선 표시방법

5. 재료 표시 기호

도면은 약속된 기호와 형태로 표시된 건축물을 건축하기 위한 관계자간의 언어이다. 도면에서 사용되는 약속된 언어를 익히는 것이 도면보기의 첫걸음이다. 도면은 건축부분, 설비부분, 토목 부분, 조경부분 등 표시 기호가 다양하나 여기서는 건축부분을 중심으로 나타낸다.

■ **평면, 단면에서 표시방법**

재료명 \ 축척	1/10 이상	1/20–1/40	1/50	1/100
지 반 선	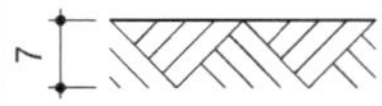	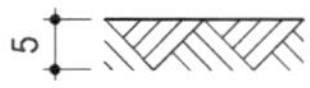		 Free Hand로 표시함
잡 석	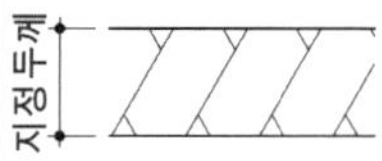	좌동	좌동	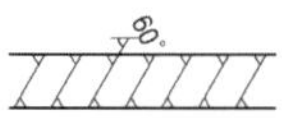 Free Hand로 표시함
모 래 시멘트모르타르 회 반 죽	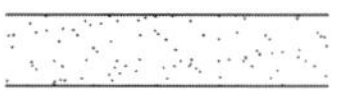	좌동	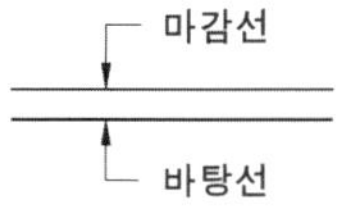	바탕선만 표시
자 갈	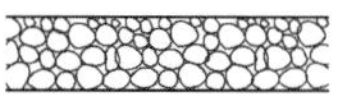	좌동	부분적으로 표시 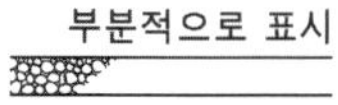	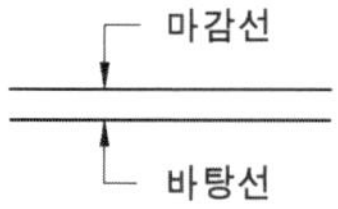
철근콘크리트	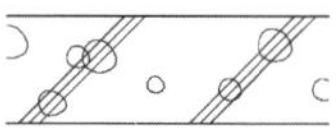	좌동	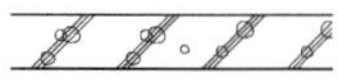	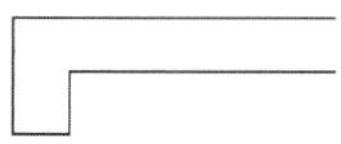
목 재 (마 감 재)	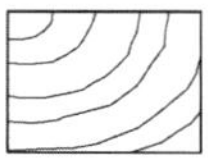	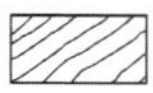	좌동	 클 경우  작을 경우
목 재	구조재 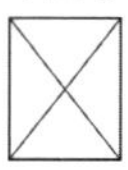 보조재 	좌동	구조재 보조재  클 경우   작을 경우 	

재료명 \ 축척	1/10 이상	1/20—1/40	1/50	1/100
벽 돌	0.5B 1.0B	0.5B 1.0B		부분적으로 표시
블 럭				부분적으로 표시
석 재			부분적으로 표시	마감선 바탕선
대 리 석	바탕선(모르타르)	좌동	마감선 바탕선	바탕선만 표시
테 라 죠 판	바탕선(모르타르)		마감선 바탕선	바탕선만 표시
단 열 재	솜형(연질성) 경질(견고성)	좌동	마감선 바탕선	바탕선만 표시

■ 도면에서 사용하는 약어

기호	전 문 분 야	비 고
G	프로젝트 전체 목차	Project Index
A	건축 설계도면	Architecture
S	건축구조 설계도면	Structural
M	기계설비 설계도면	Mechanical
E	전기설비 설계도면	Electrical
T	통신관계 설계도면	Communication(T
MO	OUT SITE 관계기계 설비도면	
EO	OUT SITE 관계전기 설비도면	
TO	OUT SITE 관계통신 설비도면	
C	토목 설계도면	Civil
L	조경 설계도면	Landscaping
N	오수환경시설 설계도면	Environment(T)
NE	오수환경시설 전기도면	
AG	건축 일반 공통 상세도	Architectural General DWG.
AC	건축 부품 상세도	Architectural Component DWG.
SS	건축구조 표준 상세도면	Structural DWG.
MS	기계설비 표준 설계도면	Mechanical Standard DWG.

기호	전 문 분 야	비 고
ES	전기설비 표준 설계도면	Electrical Standard DWG.
TS	통신설비 표준 설계도면	Communication Standard DWG.
CS	토목 표준 설계도면	Civil Standard DWG.
LS	조경 표준 설계도면	Landscape Standard DWG.
NS	오수환경시설 설계도면	Environment Standard DWG.
AF	건축 소방도면	Architectural Fire Protection DWG.
MF	기계 소방도면	Mechanical Fire Protection DWG.
EF	전기 소방도면	Electrical Fire Protection DWG.
CF	토목 소방도면	Civil Fire Protection DWG.
FL.	건축바닥 마감선	Floor Finish Level(Line)
SL.	구조바닥 마감선	Structural Level(Line)
G.L.	지반선	Ground Level(Line)
T.(THK.)	두께	Thickness
TYP.	공통	Typical
P.	페인트	Paint
W.P	수성페인트	Water Paint

■ 도면의 변경

도면을 변경할 때에는 변경한 부분에 기호를 써 넣고 변경 전의 모양 및 숫자를 보존하고 변경의 목적, 이유 등은 명백히 한 후 변경 부분을 별도로 표시하게 된다.

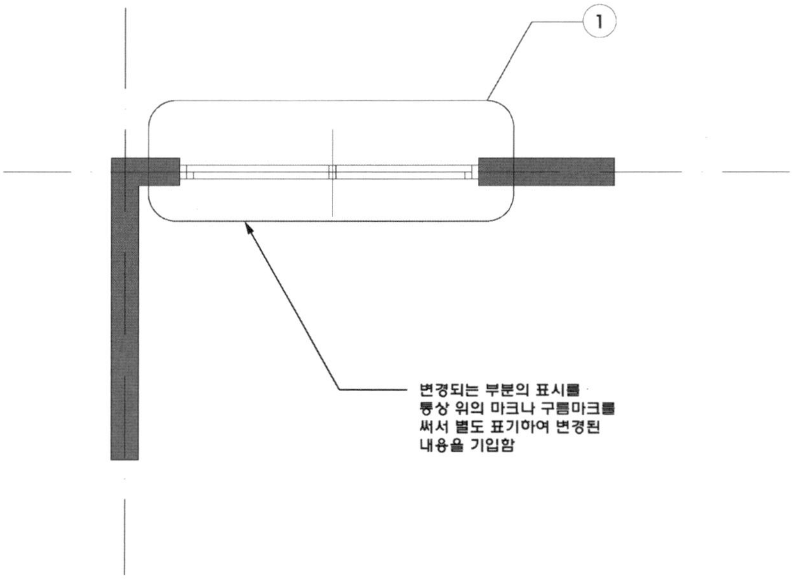

[그림 1-54] 변경부분 표시방법

■ 표제란

① 도면의 아래쪽 끝에 표제란을 설정하고 다음 사항을 기입함을 원칙으로 한다. 계획, 공사구조물 등의 명칭, 도면명, 도면번호, 축척설계 또는 계획자명, 책임자의 서명, 도면 작성, 기관명, 도면작성 연월일, 기타 필요한 사항을 기입한다.

② 보기, 기타 주의사항은 표제란 부근에 기입함을 원칙으로 하고 있다.

■ 일반적인 기호

길이: L, 높이: H, 높이: W, 두께: T 혹은 THK, 면적: A, 용적: V, 지름: D－ø, 반지름: R

S: 1:200 → 축척 1/200

■ 일반 기호 표시

도면에 쓰이는 표시기호는 평면도와 입면 및 단면도 등에서 사용하는 방법이 다르며 도면 작성자의 기준에 따라 동일한 내용을 표기하는 방법이 다를 수 있다.

1-5 도면의 기본 종류와 이해

[그림 1-55]의 그림을 보게 되면 가장 간략한 수준의 건물을 기본으로 하여 도면이 어떻게 만들어지는지를 보여주고 있다.

상세하게 들어감에 앞서 각 도면이 무엇인가에 대한 개념에 대해서 알아보도록 한다.

기본 설계도면에는 입체적인 건물을 어떤 시점에서 보느냐에 따라 [그림 1-55]처럼 나누어 볼 수 있다.

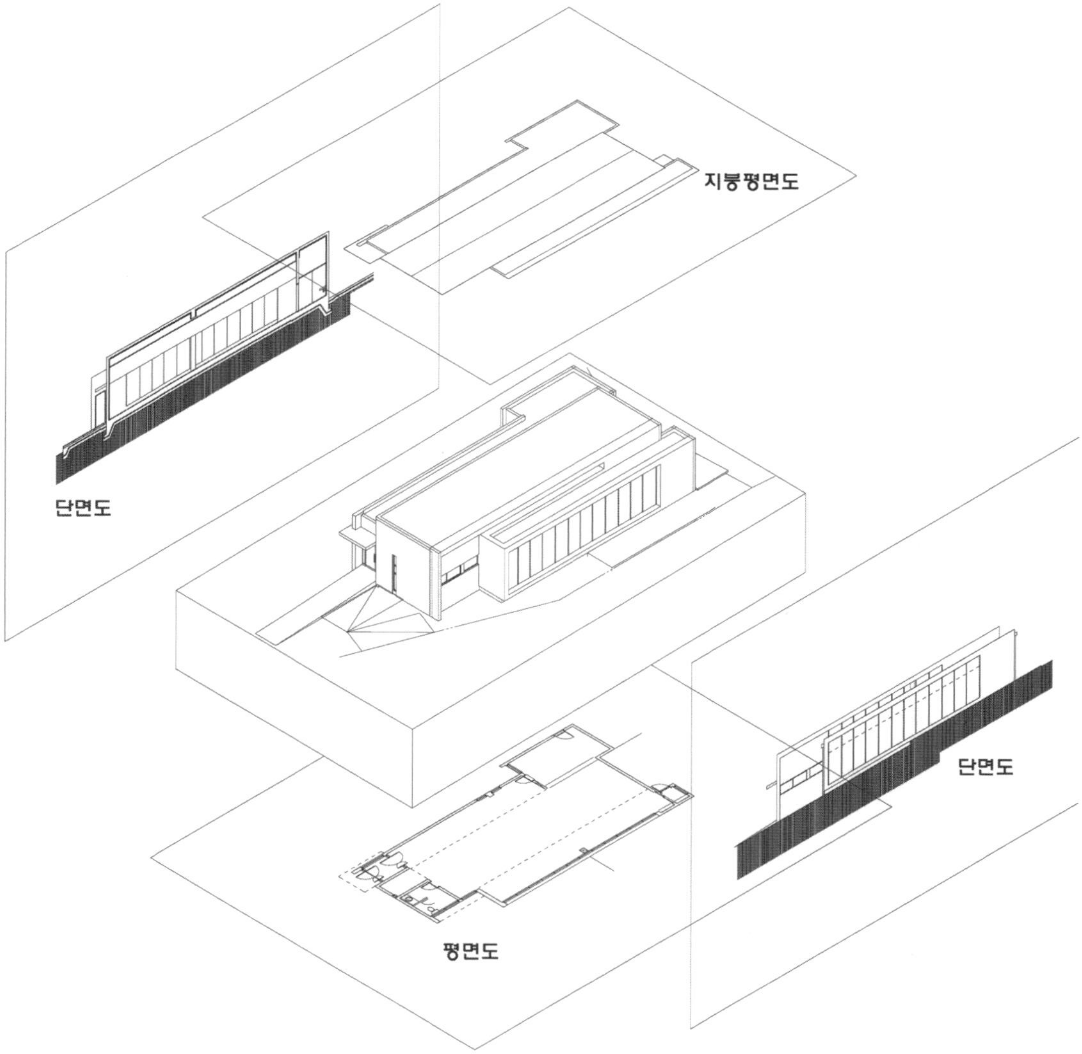

[그림 1-55] 시점별 도면 표시방법

1. 배치도

배치도를 간략하게 표현하자면 지적도(우리 집의 땅모양을 그린 도면)에 건물이 어느 위치에 자리잡고 있는지를 그린 것이라고 할 수 있다.

배치도는 내가 짓고자 하는 대지에 건축물이 어떻게 자리잡았는지 위치를 표현하고 옥외주차나 도로에서 진입하는 주출입구, 전기나 통신 등의 맨홀에서 건축물에 어떻게 인입되는지, 대지에 인접한 주변상황, 대지의 고저차와 건물에 접하는 부분 등이 표기된다.

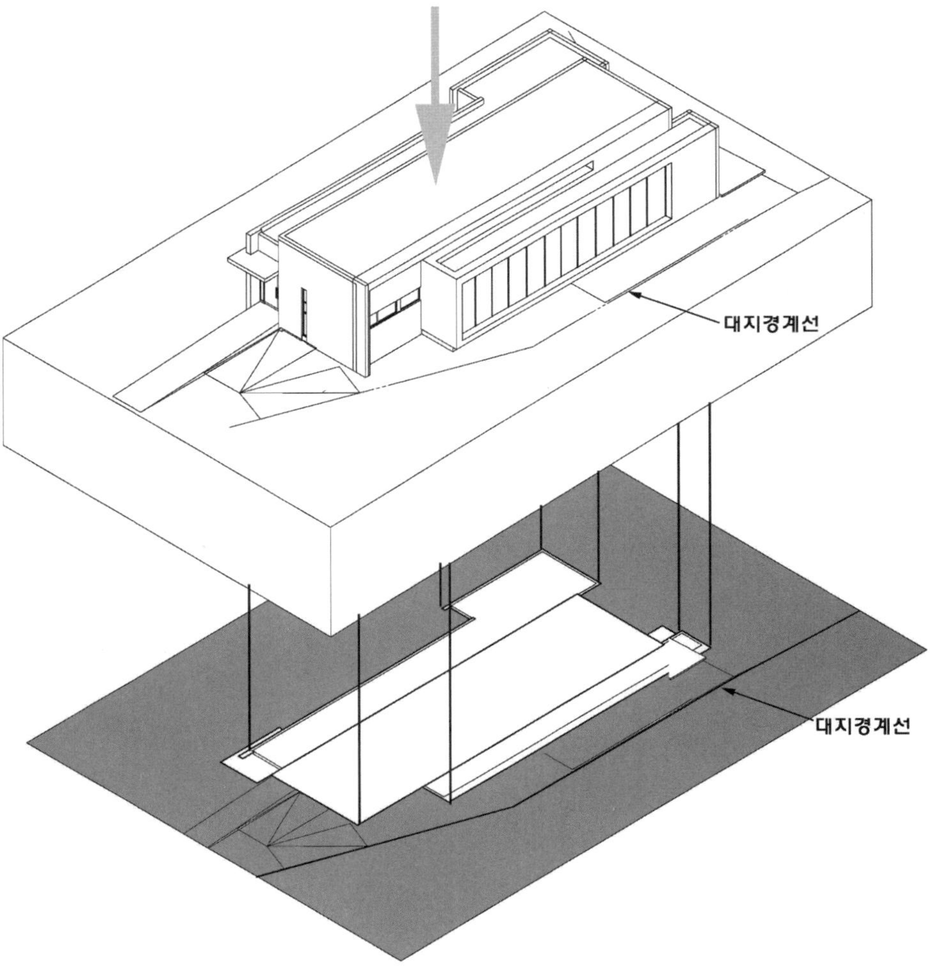

[그림 1-56] 배치도

2. 평면도

평면도는 각 층의 일정 높이에서 수평으로 잘라 내려다 본 도면으로 벽체와 기둥, 각 실명과 개구부 등 공사에 필요한 주요 구체나 벽에 대한 위치 등 시공에 필요한 사항을 개괄적으로 표현한 도면이다.

- 가상의 건물을 수평으로 절단한 후 윗부분을 들어 올리고, 위에서 아래로 내려다 본 모습을 그리면 이것이 평면도가 된다.

- 이 때, 절단하는 높이는 바닥판에서 1.2~1.5m(창문의 중간)정도로 가정하는데, 그 이유는 벽체의 두께와 각종 개구부의 위치와 형태를 잘 나타낼 수 있기 때문이다. 또한, 인간의 생활공간 중에서 실생활과 가장 관련이 높고, 건물의 내부가 잘 표현될 수 있기 때문이다.

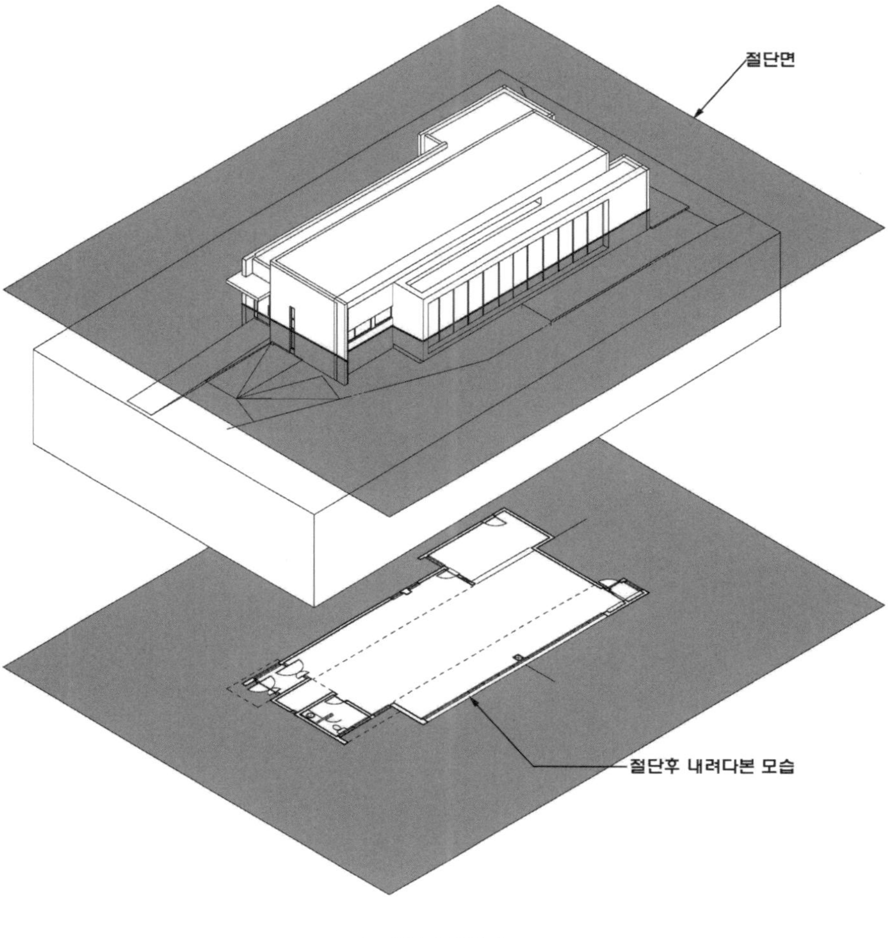

[그림 1-57] 평면도

3. 입면도

입면도는 건축물의 외부를 표현하기 위한 도면으로 계획 단계에서는 외부 디자인을 하기 위해 스케치로 그리지만, 실제 설계에서는 정확한 축척으로 그려 완성된 건물을 미리 예견할 수 있도록 한다.

- 같은 평면도를 기준으로 하여도 외부 디자인에 따라, 지붕의 구조에 따라, 또는 마감재의 질감에 따라 입면도는 크게 달라질 수 있다.

- 입면도는 방위에 따라 남측 입면도, 동측 입면도, 북측 입면도, 서측 입면도 등으로 나눌 수 있으나 방위가 애매하거나 정면성, 측면성이 강한 건축물에서는 정면도, 우측면도, 좌측면도, 배면도 등으로 나눌 수 있다.

입면은 건물의 외관을 표현한 도면으로 외장재 명칭이 표현된다.

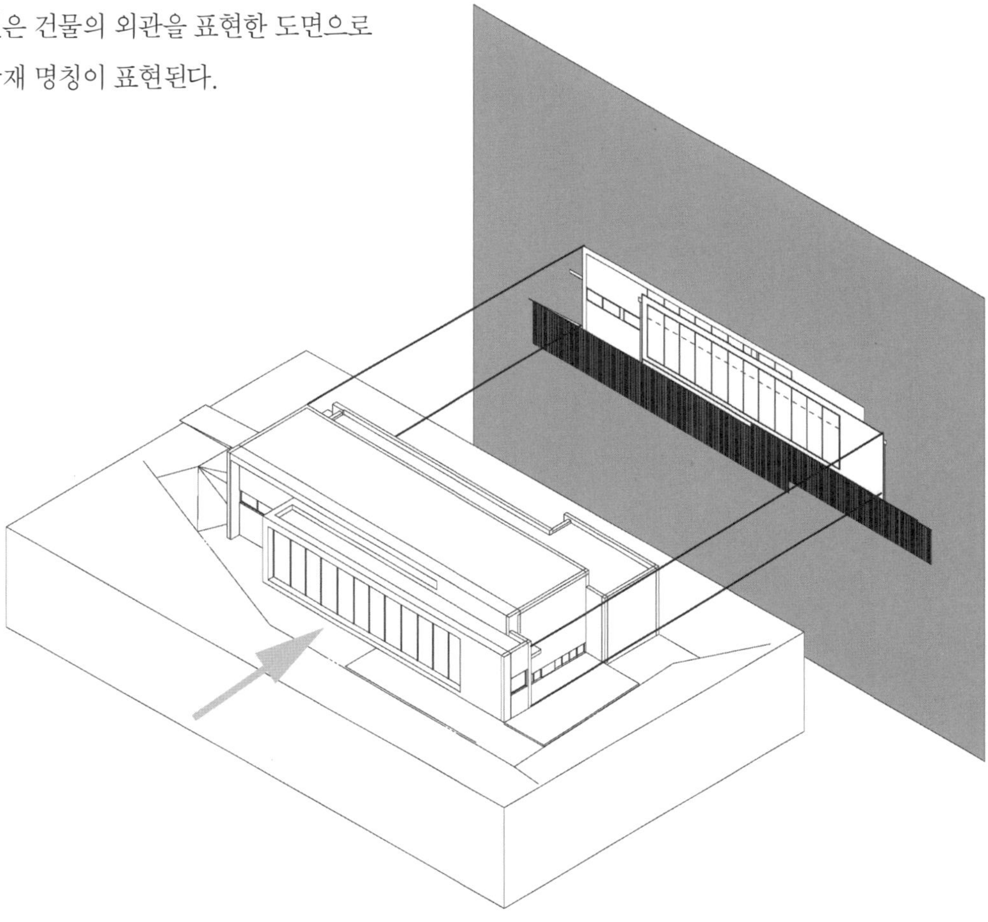

[그림 1-58] 입면도

4. 단면도

단면도를 그리기 위해서는 절단되는 위치를 먼저 결정해야 되며, 이 절단선은 평면도상에 굵은 1점쇄선으로 표시한다.

- 절단선 양끝에는 절단된 면을 바라보는 시선방향이 화살표로 붙게 되며, 화살표에 도면관리용 일련 번호를 붙이기도 하게 된다.

- 단면도에 나타나는 구조체의 선은 굵은선과 가는선이 있는데, 굵은선은 실제로 절단된 구조체의 단면 외곽을 그리는 데 사용하며, 가는선은 절단되지 않은 구조체의 입면선을 그리는 데 사용하게 된다.

- 1/100 이상 정도로 축소를 많이 한 도면에서는 절단된 재료의 단면 표시기호를 그리지 않으나, 1/50 이하 정도로 축소가 적게 된 도면에서는 KS 제도 통칙에 따른 단면기호를 표시해야 한다.

단면도는 건물을 수직으로 자른 도면으로 각 층의 수직레벨과 내부 및 외부 마감재의 구성을 표현한다.

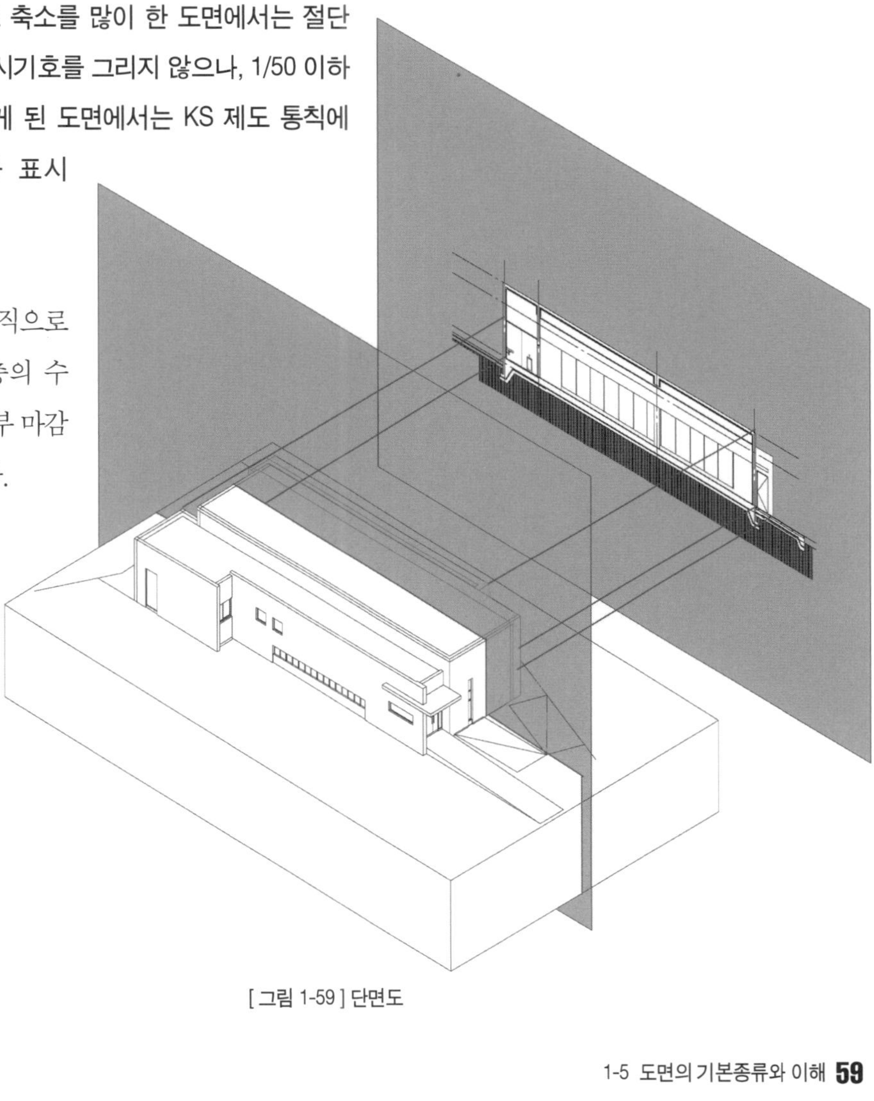

[그림 1-59] 단면도

1-6 공사용 도면의 세부사항

1. 건축도면

1) 평면도의 이해

앞에서 살펴본 것처럼 평면도란 각 층의 일정 높이에서 수평으로 잘라 내려다 본 도면으로 벽체와 기둥, 각 실명과 개구부 등 공사에 필요한 주요 구체나 벽에 대한 위치 등 시공에 필요한 사항을 개괄적으로 표현한 도면이라고 하였다.

[그림 1-60]의 그림과 같이 개구부 중에는 환기와 채광을 위한 창을 내는 개구부가 있다. 이곳은 기능에 따라 다양하고 세밀한 도면표현이 되어야 한다. 이에 따라 적절하게 시공하고 감독하기 위해 창호도가 별도로 세부적으로 표현하여 시공자와 감리자를 위한 도면이 필요하게 된다.

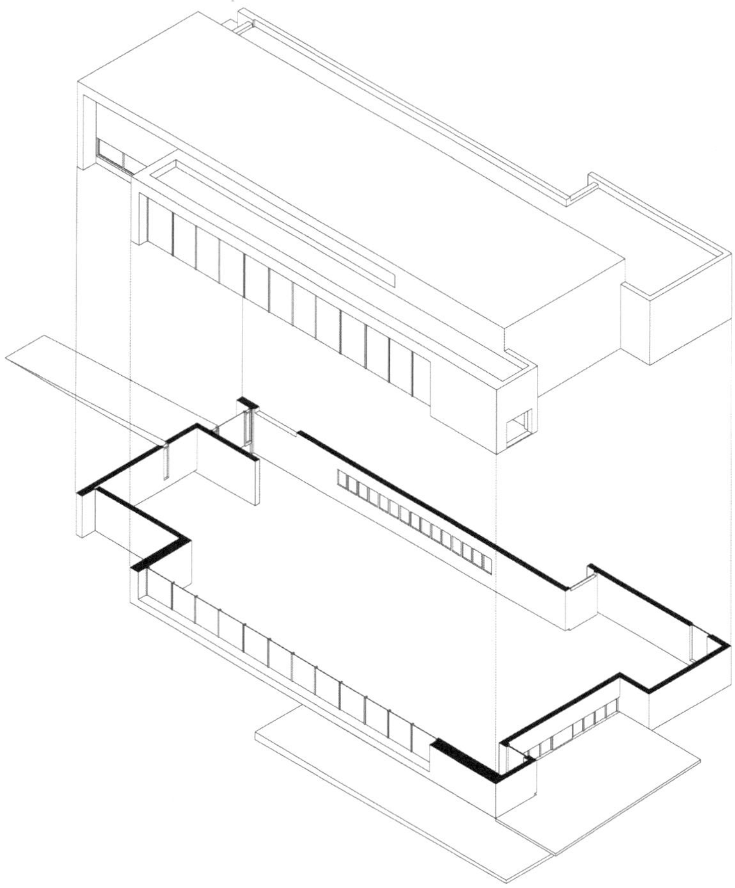

[그림 1-60] 평면도-1

■ 가상의 건물을 수평으로 절단한 후 윗부분을 들어올리고, 위에서 아래로 내려다 본 모습을 그리면 이것이 평면도가 된다.

■ 이 때, 절단하는 높이는 바닥판에서 1.2~1.5m(창문의 중간)정도로 가정하는데, 그 이유는 벽체의 두께와 각종 개구부의 위치와 형태를 잘 나타낼 수 있기 때문이다. 또한 인간의 생활공간 중에서 실생활과 가장 관련이 높고, 건물의 내부가 잘 표현될 수 있기 때문이다.

따라서, 처음에는 다소 어려울 수 있으나 숙달이 되다 보면 3차원의 입체이미지가 없이 평면도만을 보고도 공간을 상상하여 어느정도 공간감을 느낄 수 있는 정도까지 발전할 수 있을 것이다.

[그림 1-61]의 상단은 집합주택의 일부를 간단한 3차원으로 보여준 것이고 하단의 그림은 평면도이다. 아래의 평면도와 3차원화시킨 그림을 서로 연관시켜 가면서 공간감을 익히는 연습을 하기 바란다. 그리고 평면도만을 보면서 3차원으로 상상하는 연습을 몇 번 해 보기 바란다.

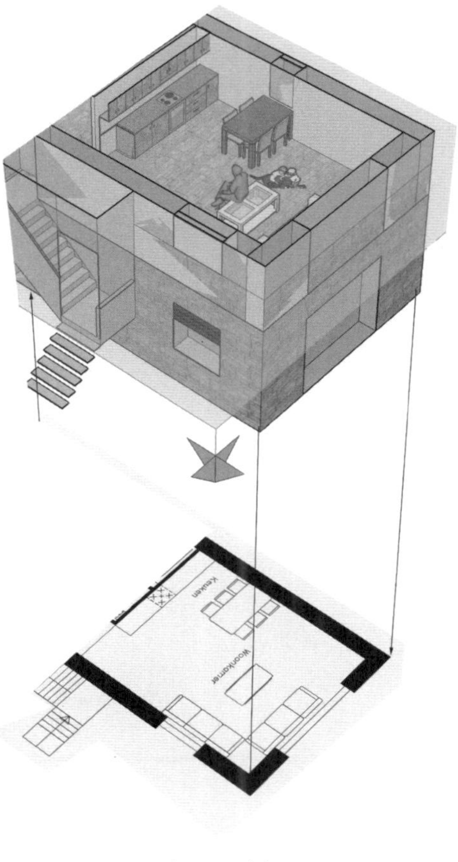

[그림 1-61] 평면도-2

다음 [그림 1-62]의 평면들을 보고 다시 한 번 연습해 보자.

제일 아래에 있는 도면은 평면도이고 바로 위에 있는 도면은 평면도를 30° 입체로 돌려서 그려 놓은 것이다. 부엌의 싱크대와 위치, 그리고 입체적인 이미지를 대조해 가면서 어떻게 표현이 되었는지 확인하기 바란다.

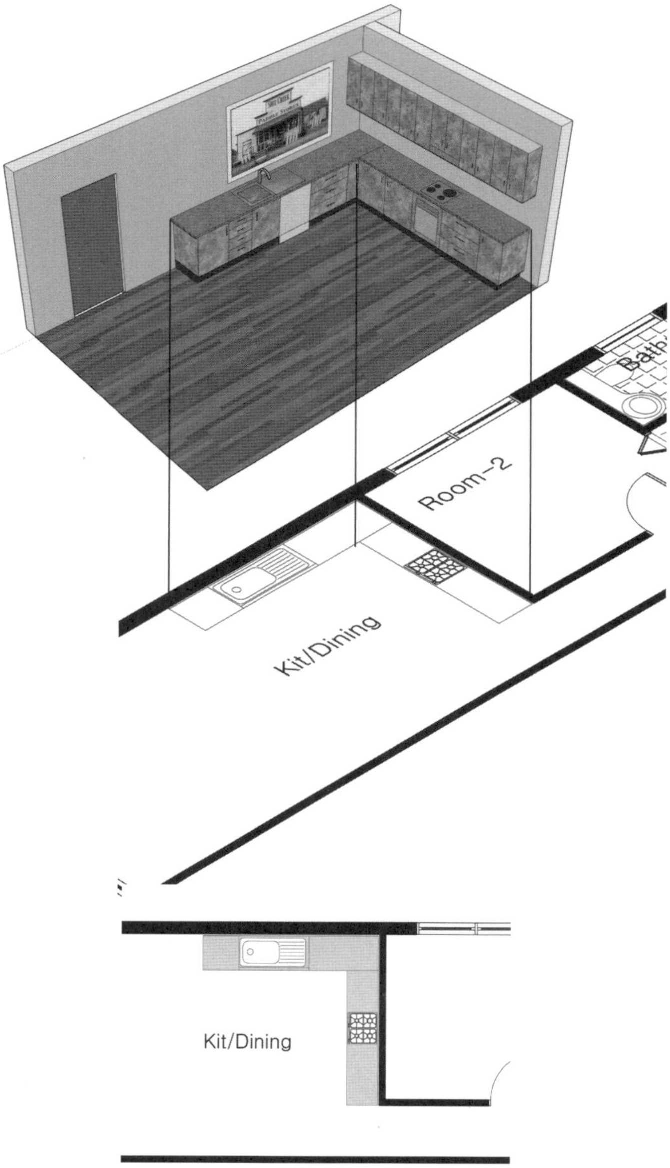

[그림 1-62] 평면도-3

전체적인 건물의 이미지와 함께 평면이 공간에서 어떻게 구체화되고 평면도에 표현되었는지도 확인해 보자.

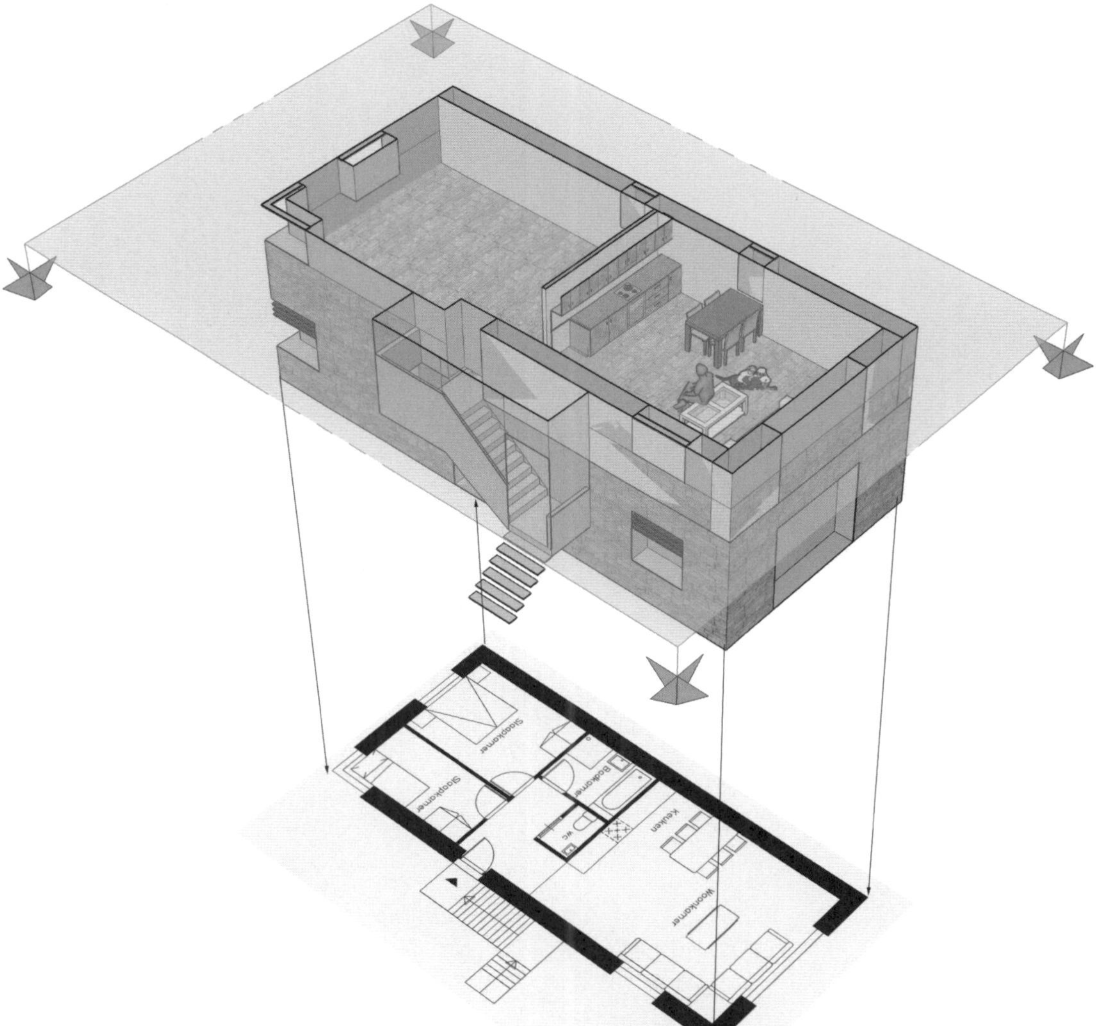

[그림 1-63] 평면도-4

2) 입면도의 이해

입면도(elevation)는 건물의 외형을 각 면에 대하여 직각으로 투사한 도면으로, 보통 동 · 서 · 남 · 북 4면을 나타내는 것이다. 입면도에서는 창호의 형상, 외벽, 지붕 등의 마감재료를 표기하게 된다. 입면도는 $\frac{1}{50}$, $\frac{1}{100}$, $\frac{1}{200}$의 축척이 일반적으로 사용되고 있으며, 되도록 평면도와 같은 축척으로 그리는 것이 공간을 이해하는 데 효과적이다.

이제 입면도를 도면을 작성하는 사람들이 어떻게 그리는지를 다음에서 확인하게 된다면 단면도도 마찬가지의 방법론으로 그리는 것이므로 단면도에 대한 이해도 함께 얻게 되는 것이라고 말할 수 있다.

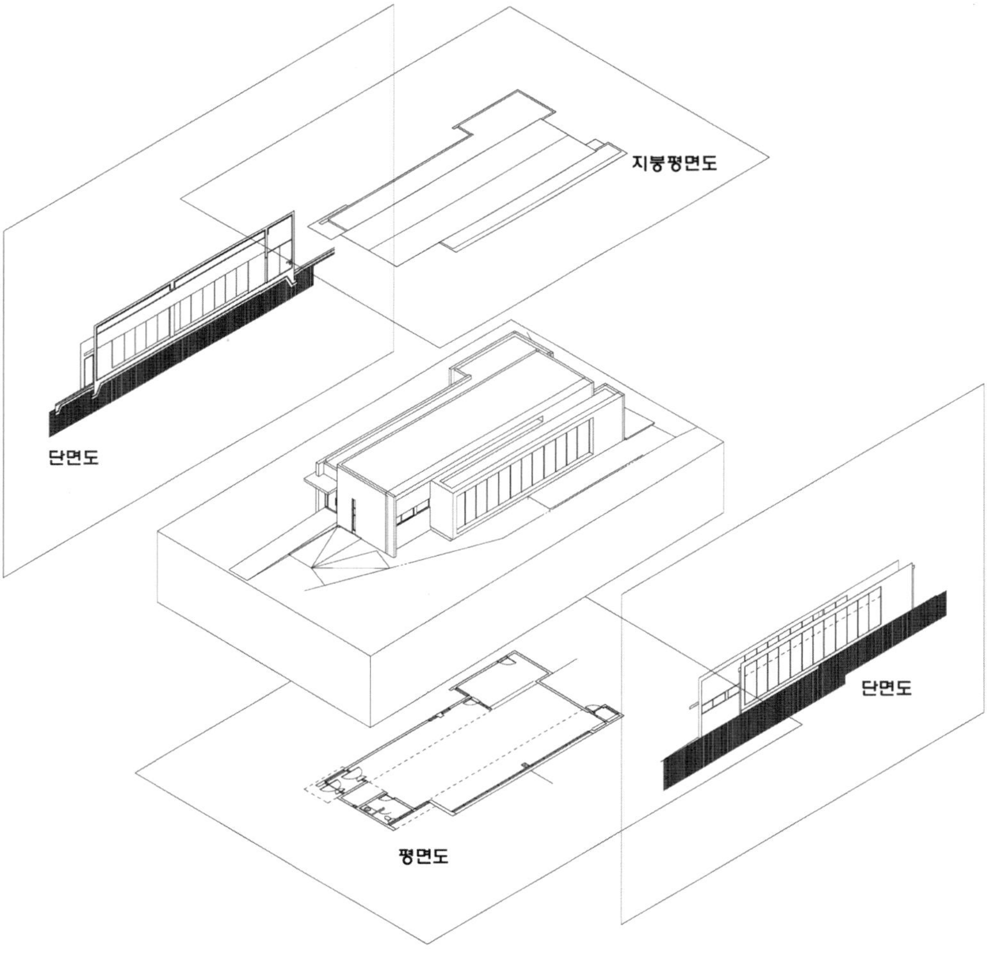

[그림 1-64] 입면도-1

[그림 1-64]의 이미지와 도면에서 확인할 수 있듯이 입면도를 그릴 때는 혹은 입면도를 확인할 때는 평면을 같이 놓고 보는 것이 효율적이다. 그 이유는 옆의 이미지와 같이 평면을 기준으로 하여 정확하게 평면도에서 선을 따와서 입면도를 작성하기 때문이다.

평면도에 근거하여 입면도와 단면도를 보는 습관을 들이기 바란다. 오른쪽에서도 평면도를 기준으로 하여 입면도를 그렸다. 그러나 입면도만으로는 표현하기 힘든 복잡한 형태인 경우, 3차원 이미지가 필요한 경우도 있다.

다음은 입면도를 그리는 방법론이다. 이런 방식으로 입면도가 작성되므로 그에 따라 오른쪽 이미지를 잘 이해해보기 바란다.

■ 기준 그리기

건물의 평면도, 단면 상세도를 준비한다. 입면도를 그리는 방법은 그릴 입면도 위에 평면도를 놓고, 측면에 단면도를 놓고 그리면 능률적이다.

① 도면상의 배치계획에 따라 굵은선으로 지반선을 그린다.

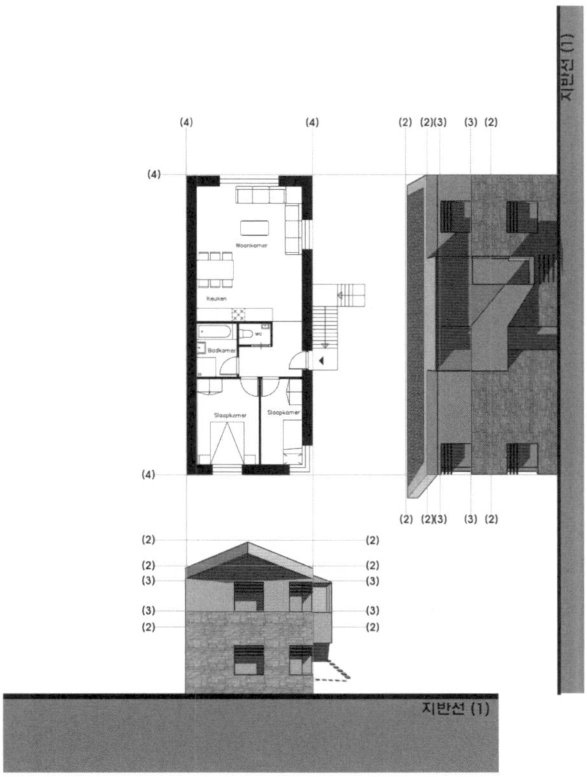

[그림 1-65] 입면도-2

② 수평방향의 각 층 높이를 가는선으로 그린다.

③ 바닥면에서 창 높이를 가는선으로 그린다.

④ 기둥과 벽의 중심선을 긋고 수직방향재의 거리를 가는선으로 그린다.

⑤ 창호의 모양에 따라 창과 문의 형태를 그린다.

■ 상세하게 그리기

① 외벽의 윤곽선을 뚜렷하게 그리고 창틀, 창문 등은 간격을 정확히 한다.

② 지붕, 옥상의 경계선을 정확히 한다.

③ 외부의 마감재를 표시하고, 조경을 표시한다.

④ 창호의 음영을 표시하여 입면도의 효과를 크게 한다.

3) 단면도의 이해

단면도(section)는 건축물을 수직으로 절단하여 수평방향에서 본 그림으로, 여기에는 길이방향으로 절단한 종단면도와 너비방향으로 절단한 횡단면도가 있다.

단면도는 건축물과 지반과의 관계 및 건축물 내부의 높이, 실내의 입면을 나타낼 목적으로 그린 도면으로 $\frac{1}{30}$, $\frac{1}{50}$, $\frac{1}{100}$, $\frac{1}{200}$의 축척이 사용되며 평면도, 입면도의 축척과 같은 척도로 사용하는 것이 이해하기 쉽다.

앞에서 설명한대로 절개선 부호는 절개한 후에 절개선을 기준으로 어떤 방향으로 바라보았는가를 나타내는 것이다. [그림 1-66]에서도 밑의 단면 이미지는 바로 절단한 후 뒤쪽을 바라본 면을 보여주는 것이다.

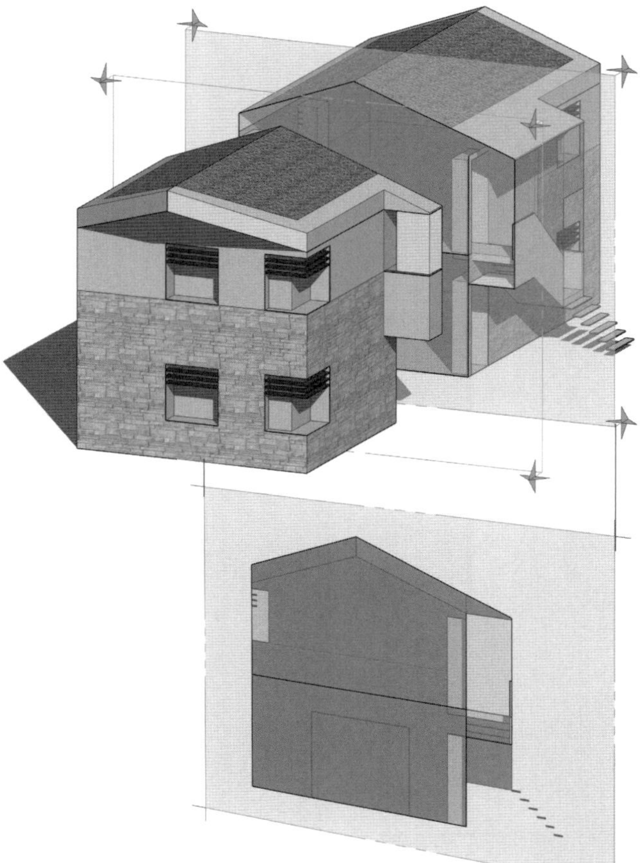

[그림 1-66] 단면도

입면도와 마찬가지로, 단면도를 작성하는 요령을 간단하게 살펴 본다면 단면도에 대한 이해를 높일 수 있을 것이다.

■ 초벌 그리기

① 단면도의 크기를 고려하여 도면의 배치를 정한다.

② 지반선과 기준선의 위치를 결정한다.

③ 기둥이나 벽의 중심선을 1점쇄선으로 긋는다.

④ 지반선에서 각 부분의 높이를 차례로 그리고, 마감 두께를 포함한 바닥판의 두께를 가는선으로 긋는다.

⑤ 기둥과 벽의 중심에서 기둥과 벽의 크기를 그리고, 창틀, 문틀 등의 위치를 결정한다.

1단계

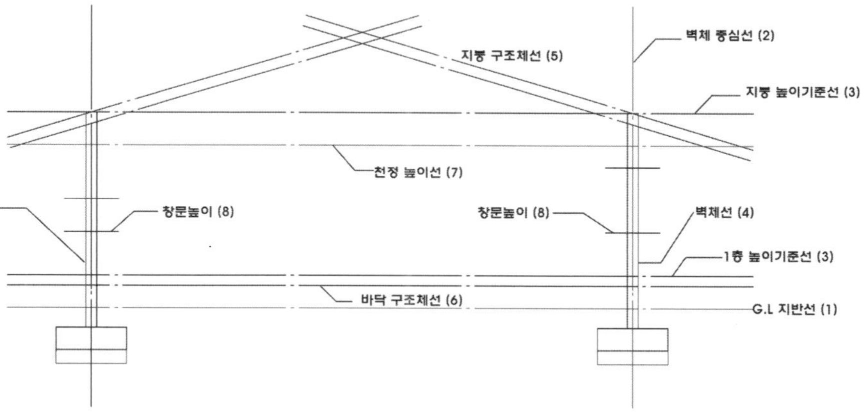

2단계

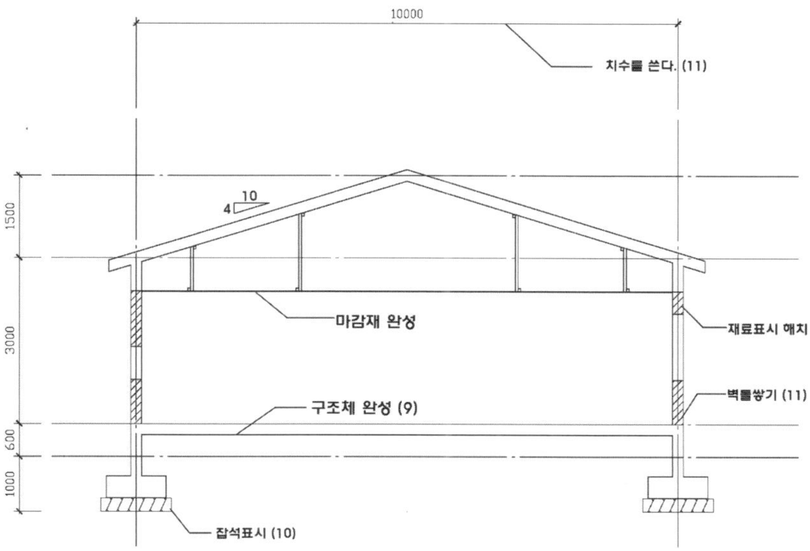

[그림 1-67] 도면 초벌 그리기

■ 창호 칸막이의 기입

① 창대, 문 등의 내·외벽을 그려 놓고 지붕을 그린다.

② 바닥면에서 각 부분의 천장 높이를 정하여 그린다.

③ 계단이나 난간을 그린다.

④ 필요한 치수를 기입한다.

⑤ 그 밖의 필요한 재료의 이름과 기호 설명을 기입한다.

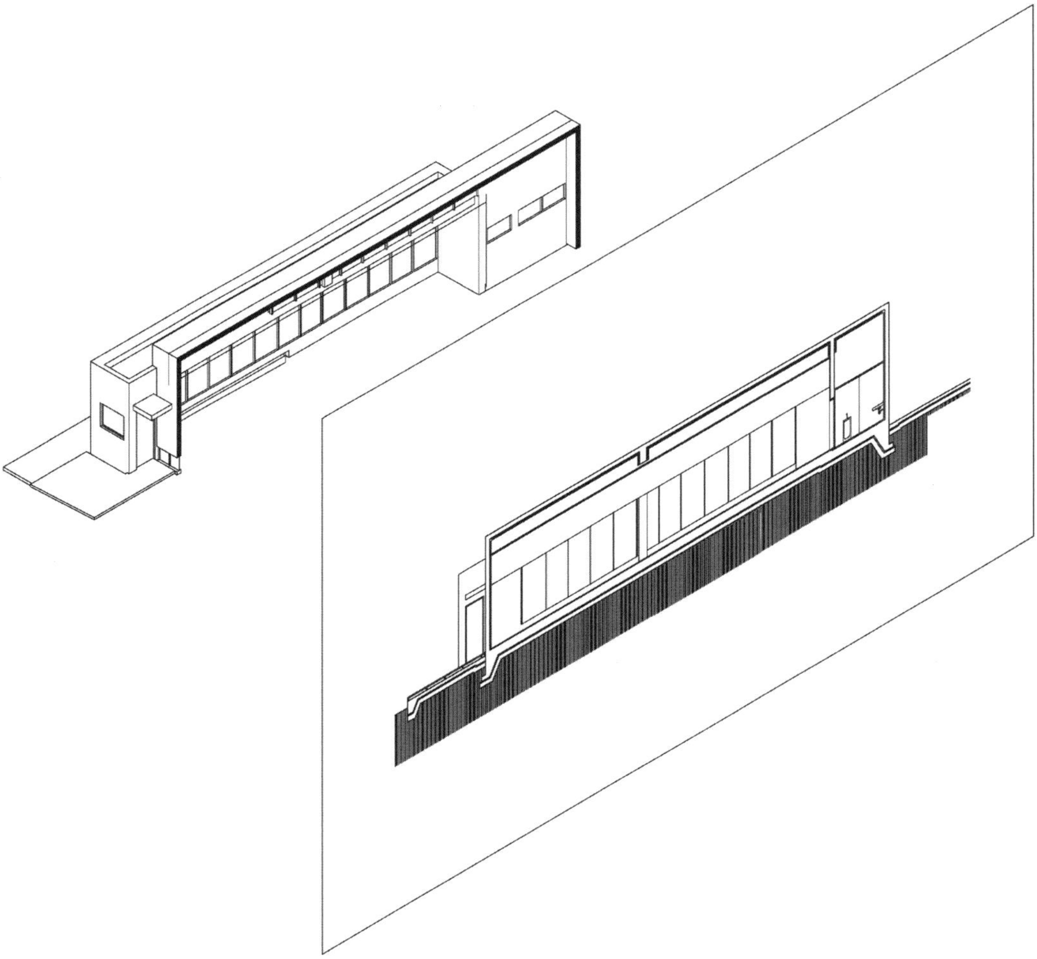

[그림 1-68] 창호 칸막이

4) 창호도의 이해

창호도는 사용하는 창과 문의 전부에 대하여 종류별로 일람표를 작성한 것이다. 창호는 창의 구조와 개폐방법, 크기, 재료, 부속철물 형태 등을 그리고 재료명과 개구부의 크기를 설명하며, 창호도는 일람표를 작성하여 시공을 용이하게 한다.

① 축척은 $\frac{1}{50}$, $\frac{1}{100}$로 한다.
② 창호의 위치는 평면도에 표시하거나, 약식 평면도에 표시한다.
③ 형태, 개폐 방법, 재료, 치수, 개수, 사용 장소 등의 항을 만들고 창호, 철물, 유리의 종류, 마무리 방법 등을 기입한다.

창호도는 창과 문의 형태, 규격, 재료, 설치위치, 부속 철물의 종류, 설치방법, 개폐방법 등을 기술하여 건축물에 설치되는 창과 문을 설명한 도면이다. 창호도와 관련된 도면으로 창문의 설치위치를 안내하는 창호평면도가 있다.

보통 평면도에 창호 부호를 표시하는 것이 일반적이나 평면이 복잡하여 창호의 표기가 어려울 경우 별도의 창호 부호를 표시한 도면이 작성되기도 한다.

문의 경우 개폐방식이 평면도에 정확하게 표기되는 경우가 많다. 창과 문의 평면 형태 외에 형태를 설명하는 도면으로 창호일람표가 있다.

창호 일람표에는 평면에서 표기하지 못하는 세부적인 사항을 표시한 도면이다. 창호도에는 크게 창호의 부호, 창호의 형태, 창호의 개폐 방향 또는 방식, 부속철물, 철치 위치 및 수량 등이 표시된다.

[그림 1-69] 창호평면도와 일람표의 예를 살펴 보면, 평면도에 나타난 문 2－SD와 1－SSD은 개폐방향이 평면도에 나타나 있으며, 창호일람표에서는 문의 규격, 부속철물, 재료, 설치 위치, 형태 등이 표기되어 있음을 볼 수 있다. 창문의 경우 13－PW, 14－PW에서 개폐방향이 창호일람표에 화살표 방향으로 나타나 있고, 형태, 규격, 재료, 설치위치, 수량 등이 표기되어 있다.

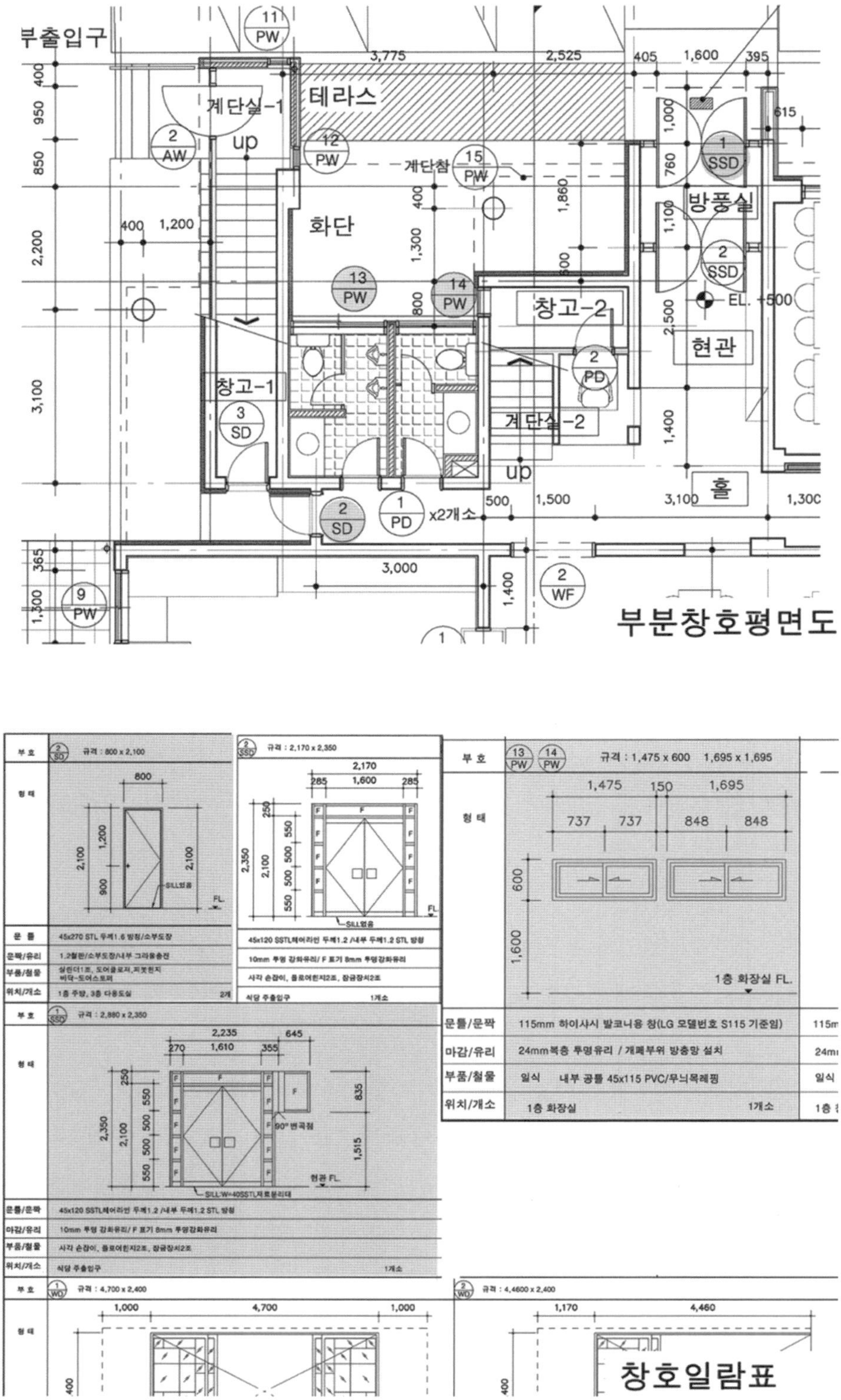

[그림 1-69] 창호평면도와 일람표

■ 창호도 (문-1)

	평 면 도	입 면 도	입 체 도
문 일반		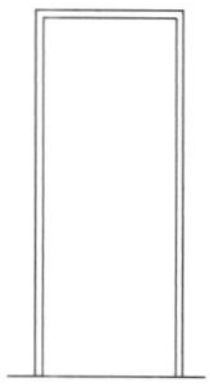	
쌍여닫이문		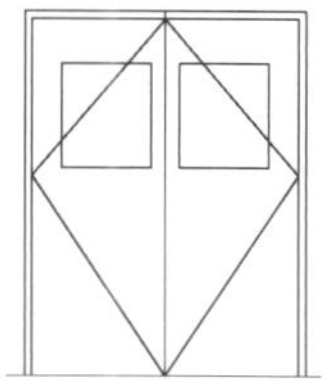	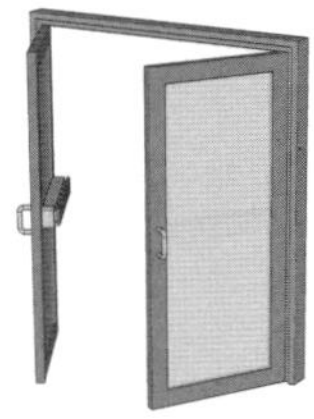
여닫이문	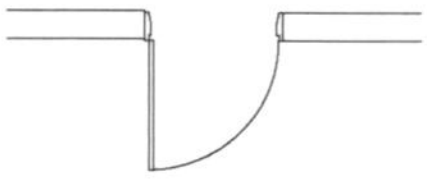	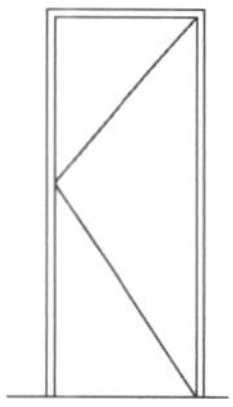	
회전문		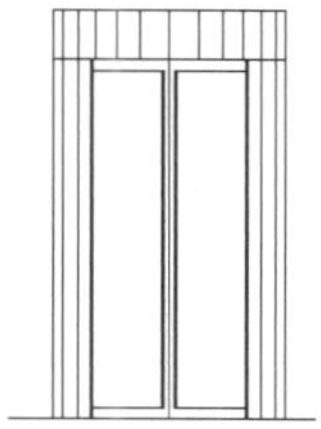	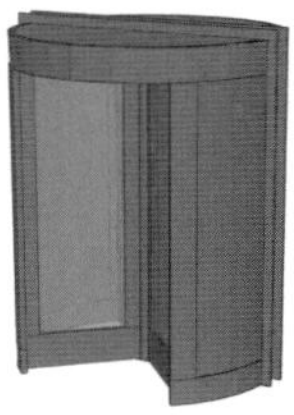
접이문		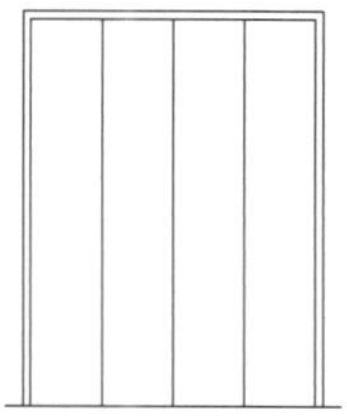	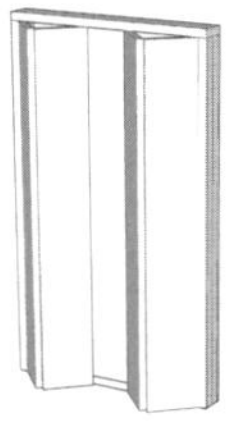
주름문		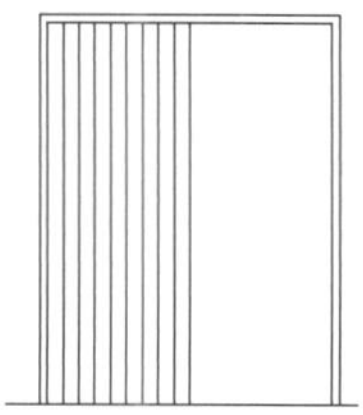	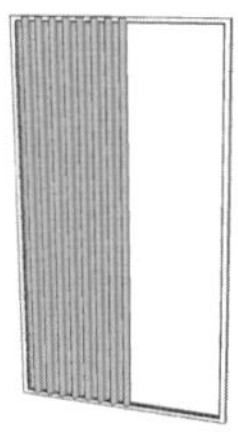

■ 창호도 (문-2)

	평 면 도	입 면 도	입 체 도
미닫이문		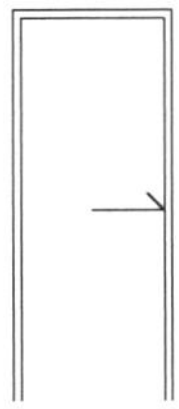	
미서기문		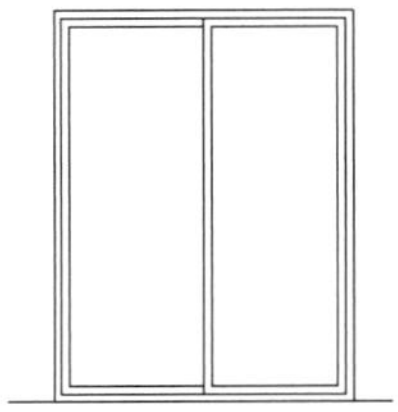	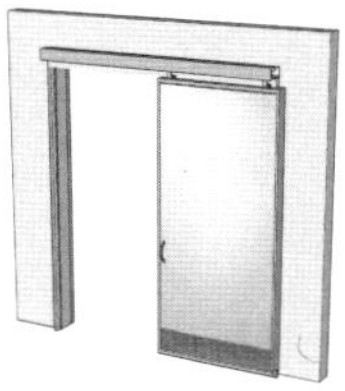
셔 터		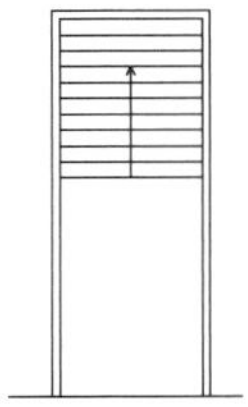	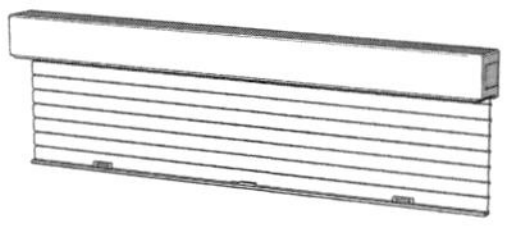
방화문	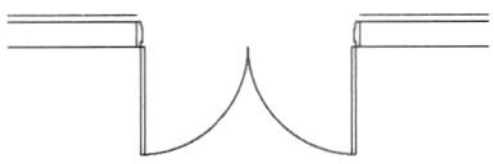	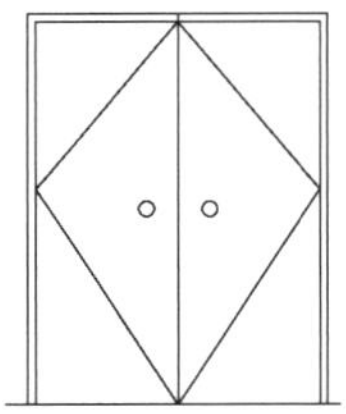	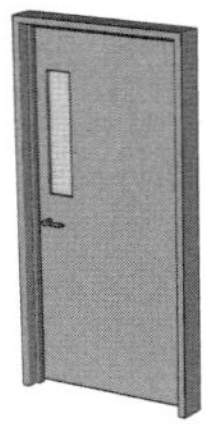
빈지문	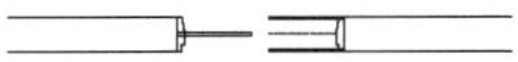	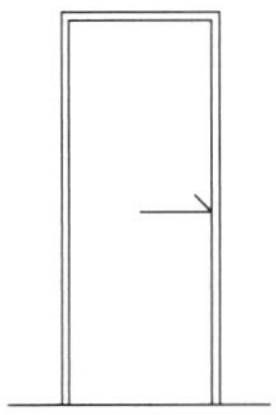	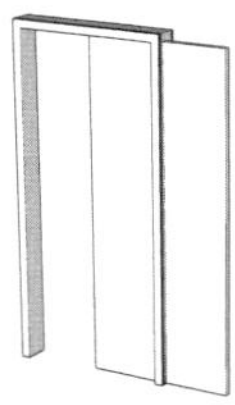
망사문		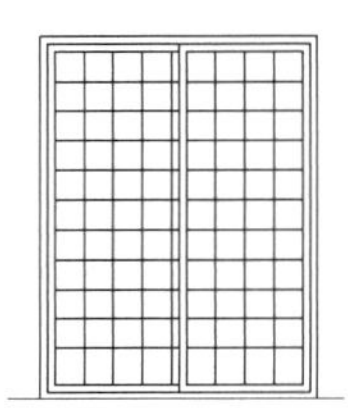	

■ 창호도 (창문-1)

	평 면 도	입 면 도	입 체 도
창일반	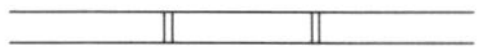	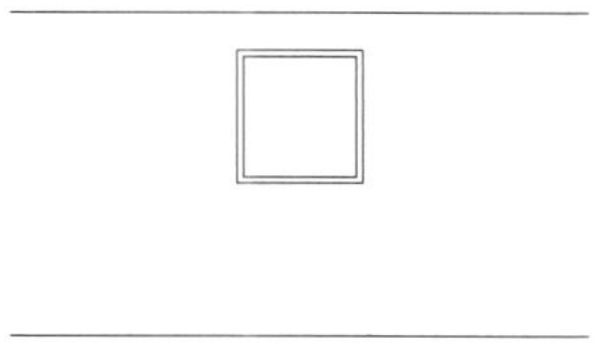	
회전창 또는 돌출창		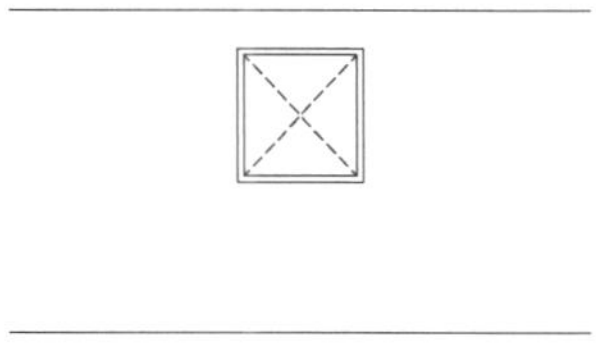	
오르내리창	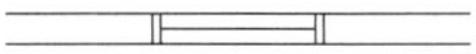	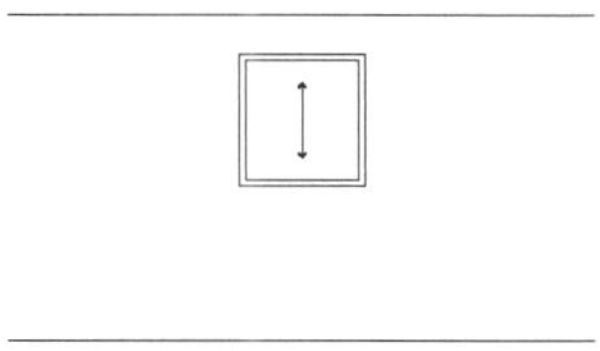	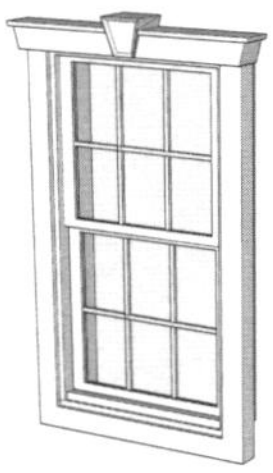
격자창	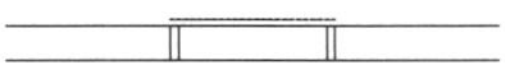	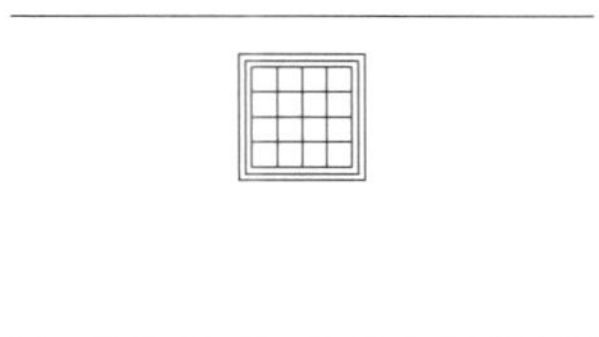	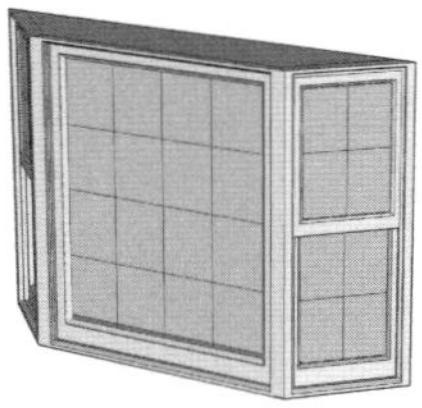
쌍여닫이창	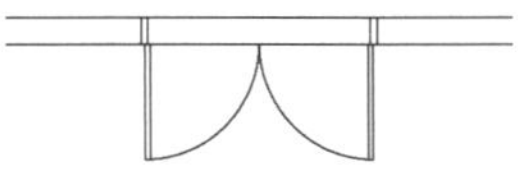	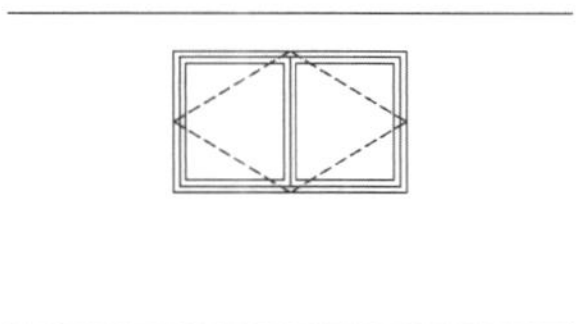	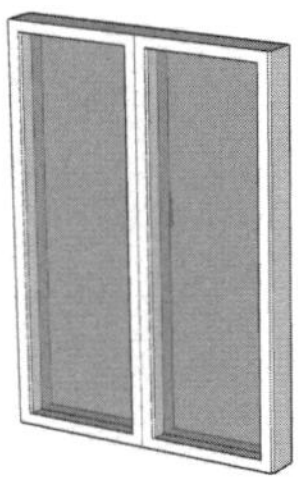

■ 창호도 (창문-2)

	평 면 도	입 면 도	입 체 도
셔터창		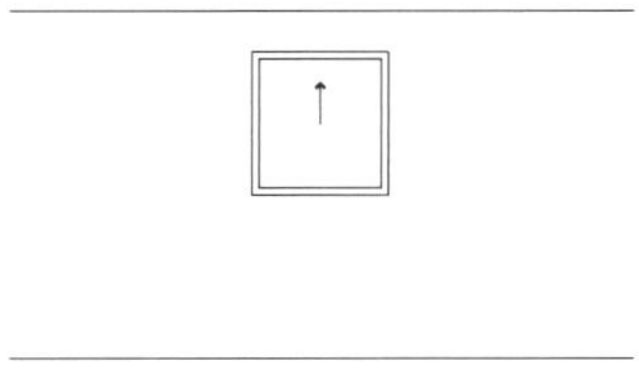	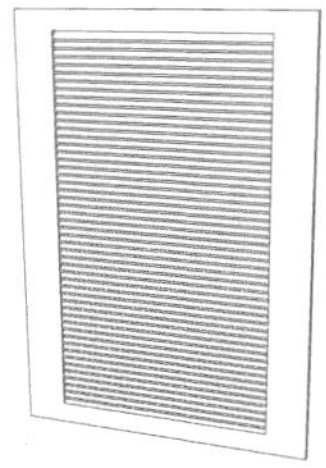
여닫이창	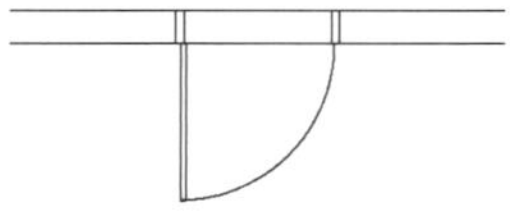	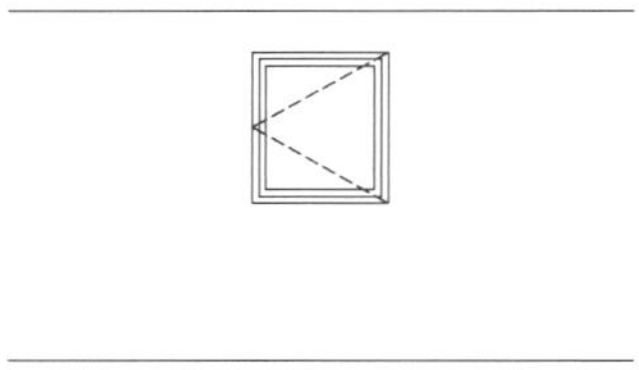	
미서기창		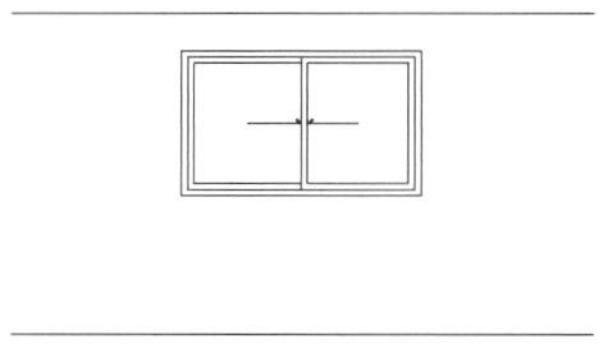	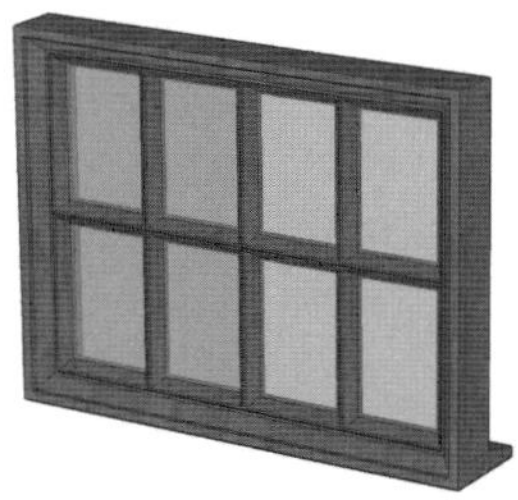
계단 오르내림 표시	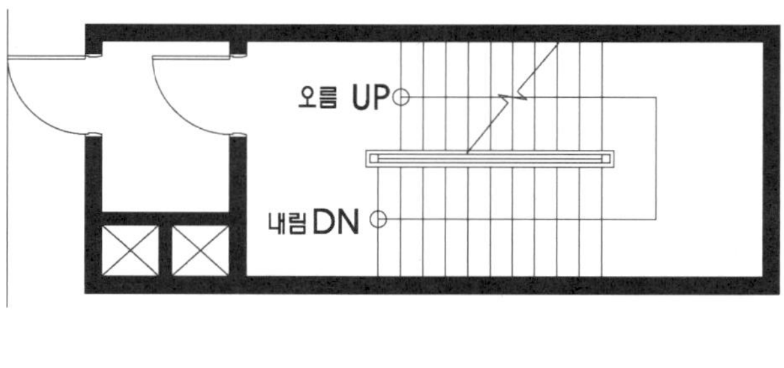		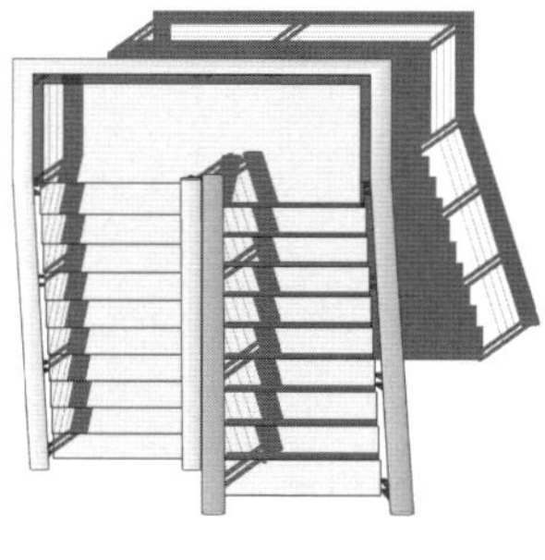

5) 상세도의 이해

도면을 작성하다 보면 축척의 제한으로 인해 표현해야 할 부분이나 정보가 많아 하나의 도면에 세부적인 사항까지 표현하기 어려운 부분이 발생할 때가 있다. 도면이 설계자의 설계의도가 정확하게 표현되었을 때, 공사를 시행하는 시공자도 정확한 시공을 할 수 있다.

그러나 도면 한 장에 모든 내용을 표현한다는 것은 불가능하다. 그렇기 때문에 상세도는 기본도면에서 표현하기 어려운 사항을 부분 부분 확대하여 표현하게 되는데, 경우에 따라 평면 부분을 확대하여 그리는 경우와 단면 부분을 확대하여 그리게 되는 경우, 그리고 입면도나 전개도를 확대하여 그리게 되는 경우가 있다.

기본도면은 축척이 1/50, 1/100, 1/200 정도를 사용하지만 확대도면은 1/30, 1/20, … 1/1의 경우까지 사용하게 된다. 이렇게 확대하여 그려지는 도면들이 대부분 상세도에 해당된다.

상세도에는 평면상세도, 입면상세도, 단면상세도 등이 있다. 평면이나 입면, 단면도 등의 기본도면에서

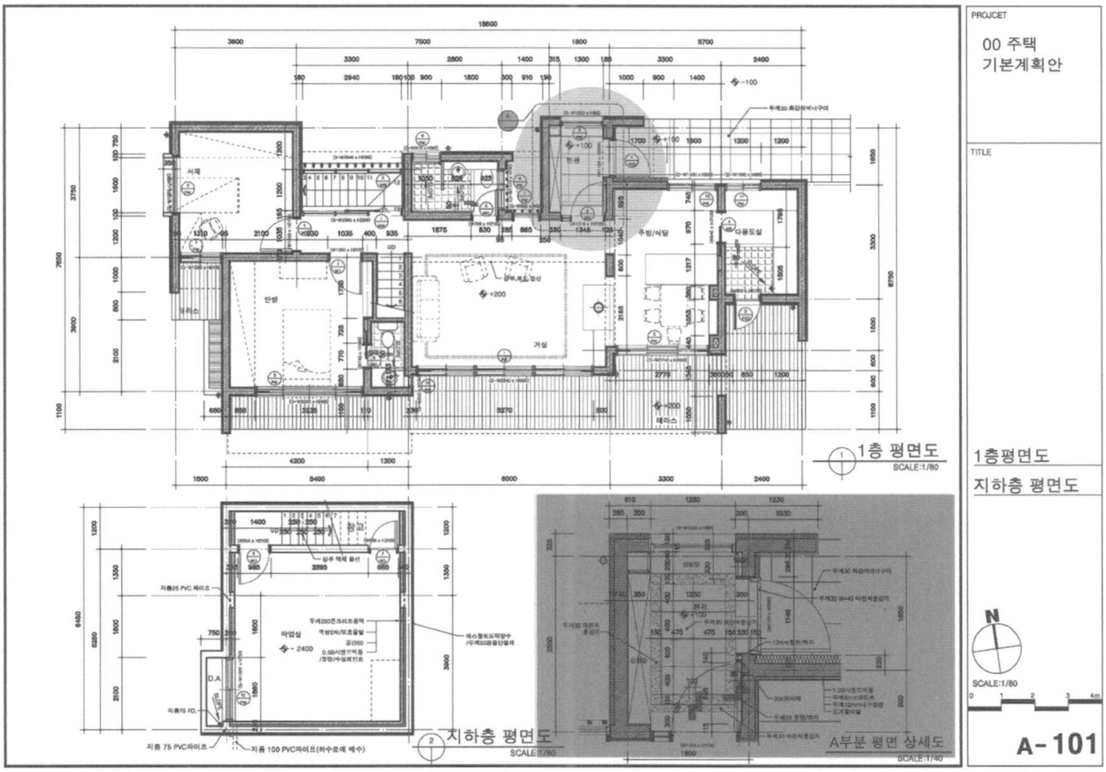

[그림 1-70] 평면상세도 표현 사례

확대되는 부분이 있을 경우에 기본도면에서는 가급적 표현을 생략하여 간단하게 표현한다. 이것은 도면의 중복표현, 확대 부분의 단순화, 경우에 따라 잘못 표기되는 우려를 피하기 위한 것이다.

[그림 1-70]의 사례에서 표현된 것을 간단하게 설명하면, 1층 평면도의 'A' 부분에 대한 평면부분이 축척 1/80의 도면에서 표현하면 기본도면이 너무 복잡하여 오히려 다른 부분까지 표현이 어려운 현상이 발생하게 된다.

따라서 평면도에서는 현관 부분을 간단하게 표현하고, 평면상세도에서 축척을 1/40로 확대하여 표현하게 된 것이다. 평면도 외에 단면도나 입면도, 전개도 등에서도 이처럼 축척을 달리 하여 확대한 [그림 1-70]에서처럼 같은 장에 표현하거나 같은 장에 표현하기 어려울 때는 다른 장에 표현하기도 한다.

6) 전개도의 이해

물체가 각을 이루어 입방체의 형태로 구성되어 있는 경우, 이를 한눈에 파악하기가 어려울 때가 많다. 이럴 때 안보이는 사각의 부분을 펼쳐놓게 되면 보이게 되는 것처럼 건축물의 경우에도 각을 이루거나 면이 너무 넓어 한눈에 보기 어려울 때 건축물의 각각의 부분을 펼쳐놓아 도면에 표시하게 되는 경우가 있다. 이렇게 그려진 도면을 전개도라고 칭한다.

초등학교 시절에 종이상자의 전개도를 그려본 적이 있을 것이다. 건축에서의 전개도도 이와 유사한 특징을 가지게 된다.

전개도는 일반적으로 실내부분을 입면도 형태로 표현할 때 많이 사용하는 표현방법으로 벽체의 디자인을 강조하거나 디자인 의도를 나타내고자 할 때 활용하는 도면이다.

가장 흔히 볼 수 있는 전개도로 화장실의 전개도가 있다. 이것은 화장실에 사용하는 타일의 모양이나 디자인, 세면기, 거울 등의 기구의 모양과 위치, 그리고 벽체에 설치되는 다른 시설물과의 관계를 표현할 때 화장실의 벽체를 전개하여 표현하는 것이 공사를 하는 작업자에게 가장 효과적인 도면이라 할 수 있다. 이러한 전개도를 쉽게 정리하면 실내부분의 입면도라 할 수 있다.

[그림 1-71]에서처럼 화장실의 확대 평면도상에 나타난 기호에 따라 평면에 표시된 전개방향 안내표시( )를 기준으로 안내 표시점에서 보여지는 부분의 상황에 대하여 각각의 부분에 대한 전개도가 그려지게 되며, 전개도상에는 해당 벽체에 부착되는 재료, 시설물의 규격, 명칭, 치수 등이 표시된다.

전개도에서는 단면으로 보여지는 벽체나 천정, 바닥면보다 입면의 형태로 보여지는 부분이 더 중요하다.

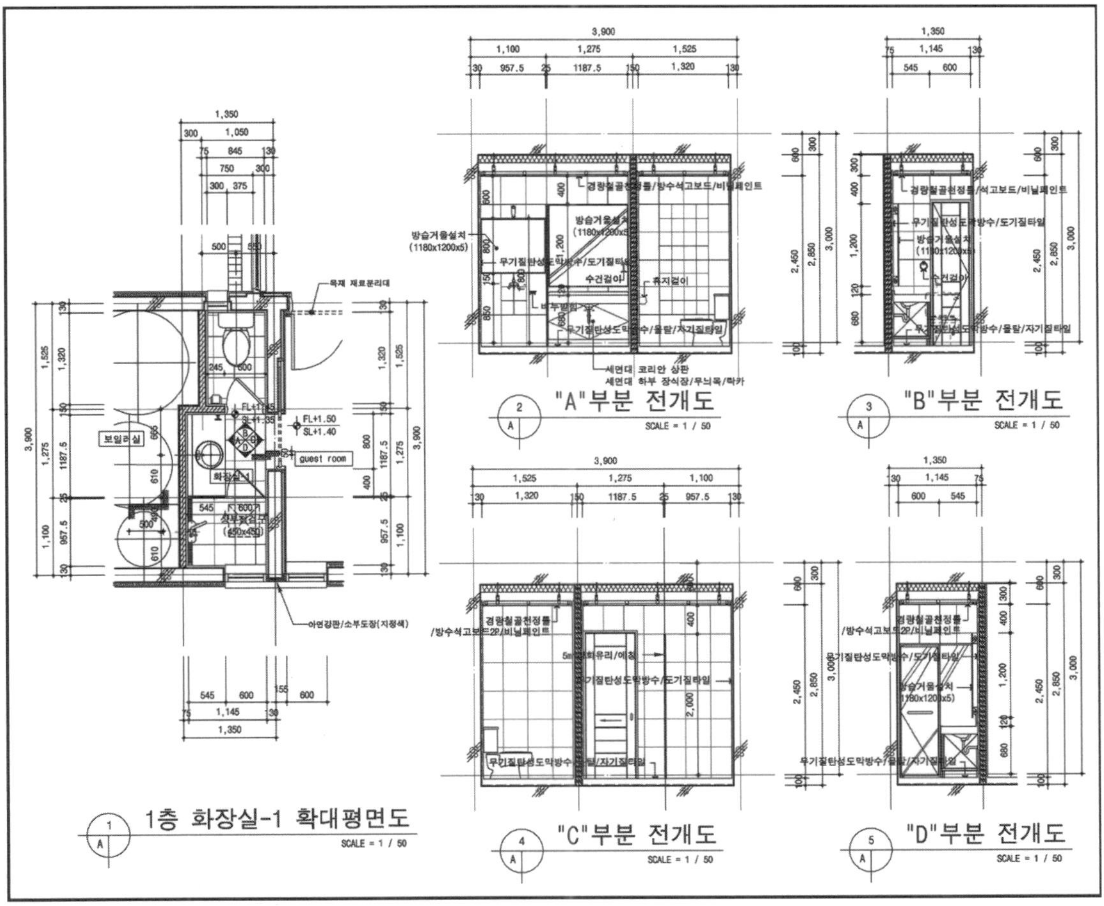

[그림 1-71] 화장실 전개도 사례

2. 구조 도면

사람에게 뼈가 있어 골격을 유지하고 서있을 수도 있고 걸어 다닐 수 있듯이 건축물에도 사람의 뼈와 같은 역할을 하는 부분이 있다. 이것을 구조라고 한다. 즉, 건축물의 뼈대역할을 하는 기초, 기둥, 옹벽, 보, 슬래브 등이 여기에 해당된다. 건축물은 이러한 뼈대에 피부의 역할을 하는 벽돌, 페인트, 합판 등의 재료로 건축물을 치장을 하여 건축물을 완성하며, 치장에 해당하는 것을 마감재라고 한다. 이것을 바탕으로 구조 부분과 마감재까지 표현된 도면을 건축 도면이라고 하며, 건축 도면에서 마감재 부분을 제외한 도면을 구조 도면이라 한다. 구조 도면의 종류에는 건축도면에서 분류되는 방식과 유사하게 구성되며, 대표적으로 구조 평면도, 구조 일람표, 구조 단면도, 철근의 배근상태를 표현한 배근도, 구조 상세도 등이 있다.

1) 구조 평면도

건축 도면의 평면도는 동선의 관계, 각 실 간의 영역 표현, 각 실의 크기 등을 표현하지만, 구조 평면에서는 각 구조 부재간의 평면적 관계를 표현하는 것이 중요한 요소이다. 즉, 평면적으로 나타낼 수 있는 구조 부재의 크기, 위치, 개구부의 위치 및 규격, 바닥의 높낮이, 그리고 구조에 영향을 미치는 평면적 요소가 표현된다.

[그림 1-72]에서 볼 수 있는 것처럼 구조 도면은 건축도면에서 마감 부분이 제거되고 순수하게 구조체만 표현된 도면을 비교한 것이다. 도면의 축척에 따라 표현 내용이 달라지며 축척이 커질수록 상세하게 표현되며, 반대로 축척이 작아질수록 표현이 생략되어 간단하게 표현된다. 작은 축척에서 그림은

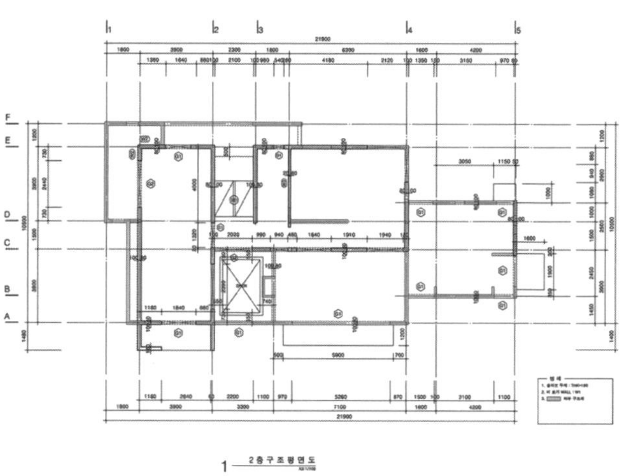

구조도면사례

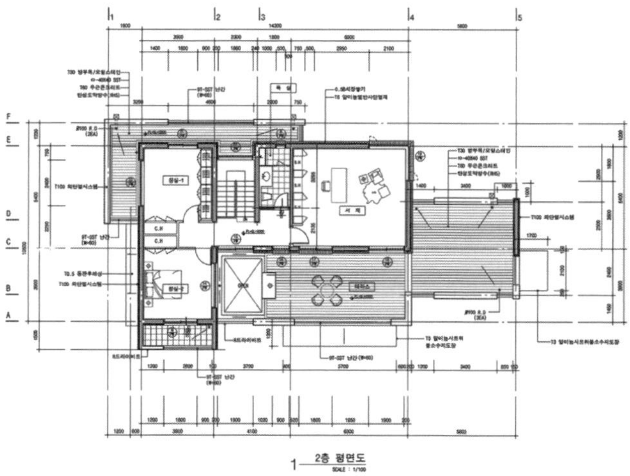

건축도면사례

[그림 1-72] 구조도면과 건축도면 비교

작은데 많은 내용을 표현하면 오히려 도면의 내용을 전달하는데 방해가 되기 때문이다. 그래서 많은 내용을 표현하기 위해서는 확대 도면이 필요하다.

2) 구조 일람표

구조 일람표는 구조 평면도에 표시한 각종 구조 부재들인 기둥, 보, 옹벽, 기초, 슬래브, 계단 등의 부재들을 표나 그림으로 만들어 부재의 크기, 철근의 수량 또는 배치방법 등을 설명하여 놓은 도면을 말한다. 구조평면도에서 설명할 수 없기 때문에 별도의 도면으로 작성하며, 각각의 구조 부재 또한 표현방법이 다르게 표현되는 경우가 많다. 그래서 기둥이나 보는 평면이나 단면 형태로 일람표를 작성하

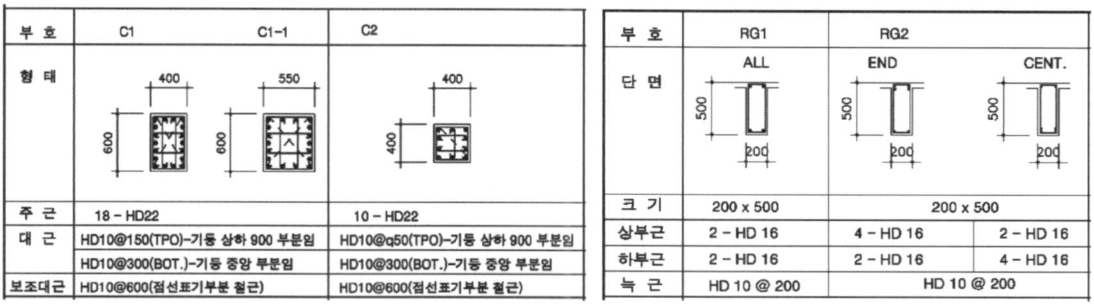

[그림 1-73] 기둥과 보 일람표 사례

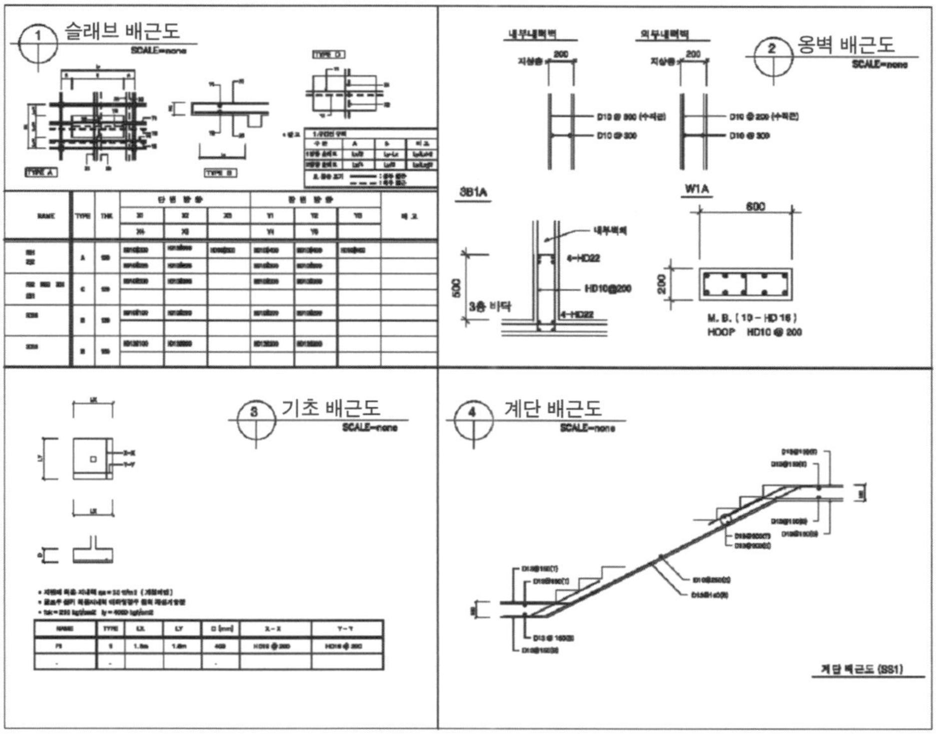

[그림 1-74] 각종 구조 일람표

며, 기초는 기초의 형식에 따라 평면과 단면의 형태로 표현되며, 슬래브는 평면 형태, 옹벽은 벽체의 단면과 입면이 동시에 표현되기도 한다. 이러한 구조 부재의 일람표에서 중요한 것은 단면의 크기나 형태, 철근의 규격과 배치 간격 등이다.

3) 구조 상세도

구조 상세도는 건축 마감재가 생략된 구조 도면의 부분을 확대하여 세밀하게 표현한 도면을 말한다. 구조 상세도 또한 건축 상세도와 동일한 성격을 지닌다. 즉, 구조 평면도나 단면도 등에서 축척의 한계 때문에 발생하는 표현의 제약을 극복하고 보다 세밀하게 표현하여 도면을 볼 때 오해의 여지가 없도록 하기 위하여 작성하는 도면이다. 구조 상세도는 보이지 않는 점선 등의 표현을 명확하게 하기 위하여 필요한 경우가 많으며, 구조체의 형태를 설명하거나 철근 등의 형태, 규격, 간격 등을 설명하기 위해 작성하기도 한다. 각 부의 구조는 건축물을 구성하는 부분으로 기초, 벽, 기둥, 보, 바닥, 지붕, 계

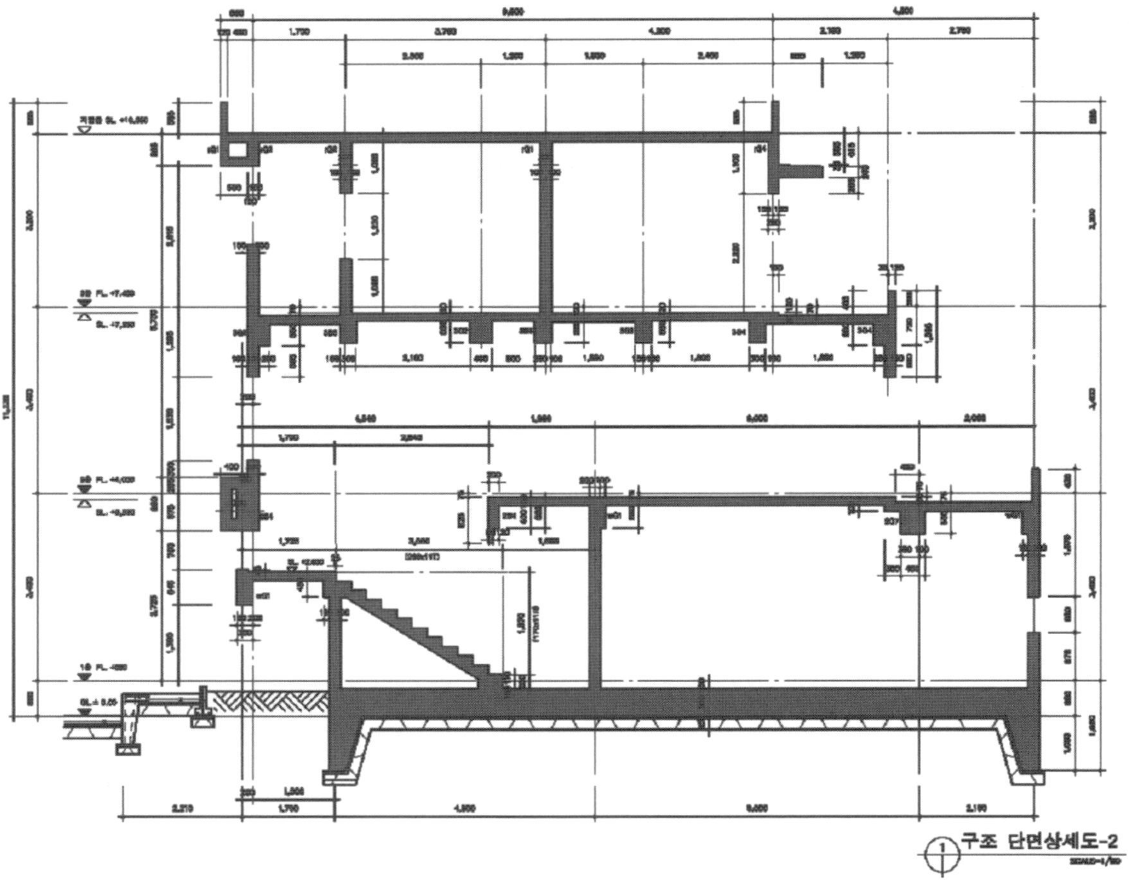

[그림 1-75] 구조 단면 상세도

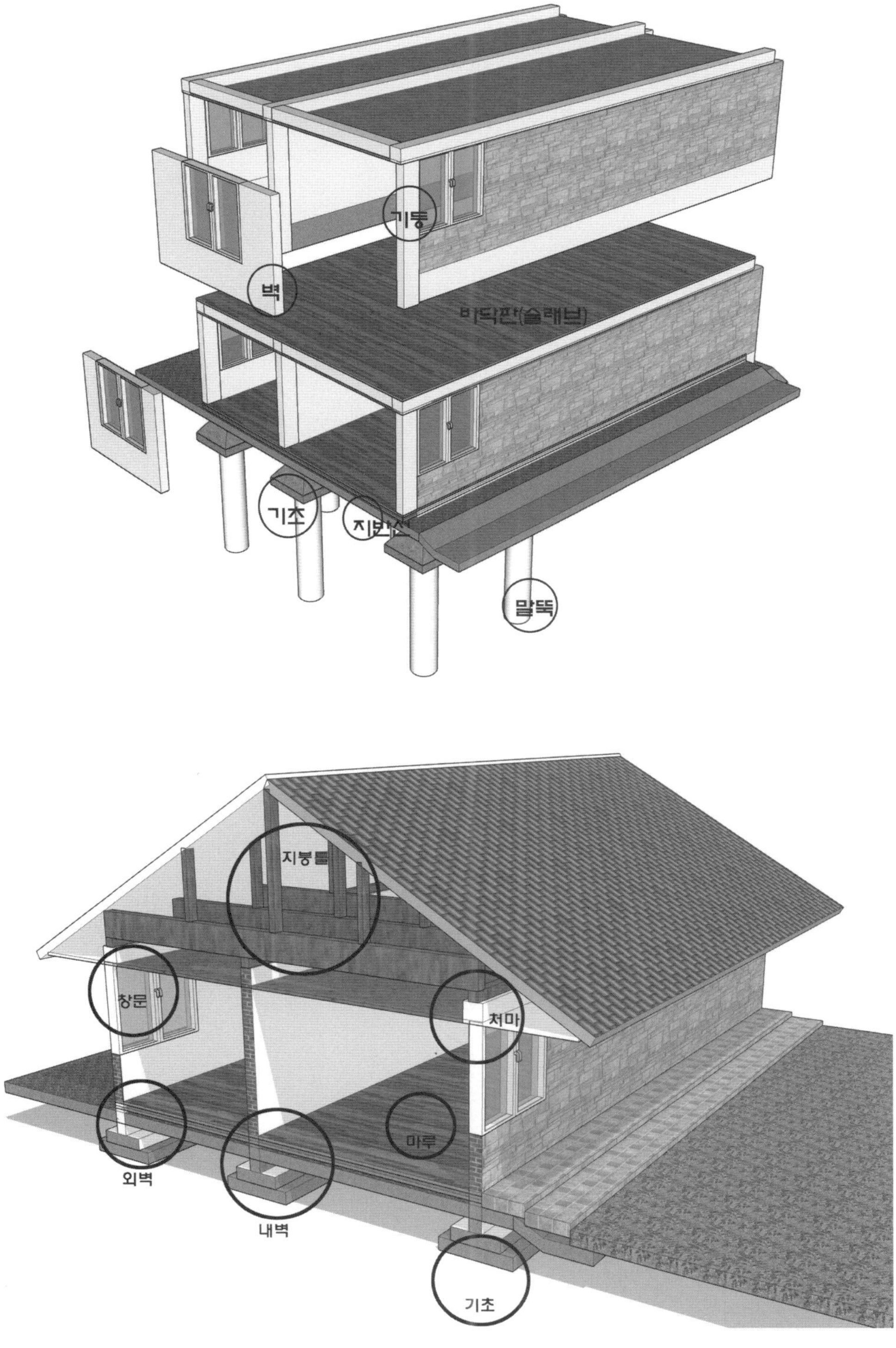

[그림 1-76] 각 부 구조의 명칭

단 등의 단면 상태를 도면 작업하여 나타내는 것이다. 건축물을 시공하는데 가장 기본적인 도면으로 각 부 구조의 재료, 공법, 구조형식 등을 이해하는 것이다. 다음 그림은 건축물의 구조를 형성하는 요소이다.

3. 철근 배근

1) 기초의 형상

기초는 건묵물의 무게를 받아서 땅에 전달하는 중요한 구조부분이다. 기초가 건축물의 무게를 받는 순서는 바닥, 보, 기둥이나 옹벽, 기초의 순으로 진행되나. 기초는 그 모양이나 위치, 무게를 받는 방법에 따라 구분된다.

① 독립기초: 기둥이나 옹벽 하나에 기초가 하나 있는 것
② 줄기초: 주로 옹벽에 따라 마치 줄처럼 길게 연결되어 형성된 기초
③ 온통기초: 말 그대로 전체를 기초로 만든 기초

독립기초

줄기초

온통기초

[그림 1-77] 기초의 종류

2) 철근콘크리트조 각 부의 배근

■ 피복 두께

피복은 어떤 물체를 덮는 것으로서 대표적으로 옷을 예로 들 수 있다. 옷의 가장 중요한 역할은 사람의 몸을 보호하는 것이다. 건축물의 뼈대를 이루는 구조체는 철근과 콘크리트의 조합으로 구성된다. 철근이 사람의 몸에 해당된다면 콘크리트는 옷에 해당한다고 할 수 있다.

즉, 철근의 손상을 방지하기 위한 역할을 콘크리트가 해내고 있는 것이다. 철근이 건축물의 무게를 지탱하는 가장 중요한 역할을 수행하기 때문에 그 철근이 충분한 힘을 발휘할 수 있도록 외부의 오염물질, 충격 등으로부터 보호할 필요가 있어 콘크리트의 두께가 건축물의 수명을 늘리고 줄이는 중요한 역할을 한다.

그래서 건축구조에서는 흙에 묻히는 부분이나 흙에 닿는 부분, 기둥, 보, 슬래브, 옹벽 등의 각각의 조건에 따라 옷에 해당하는 피복두께를 법으로 정하여 그 두께를 유지하도록 하고 있으며 또한 그 두께를 유지하기 위해 시멘트 제품이나 플라스틱 제품이 쓰이고 있는데 그 두께를 유지하기 위한 제품을 스페이셔라고 한다.

[그림 1-78] 피복 두께

4. 인테리어 도면

건축물을 건축하는데 필요한 기본 도면을 건축 도면이라고 한다. 일반적으로 건축물을 신축하는 과정을 살펴 보면, 땅을 파는 터파기, 건축물의 구조체 공사, 건축 마감공사, 완공 등으로 이어진다. 건축물의 뼈대를 만들고 마감을 하는 공사과정을 건축공사라고 한다.

인테리어라 함은 건축물의 내부에 건축물의 사용용도에 맞게 시설을 하고, 치장을 하는 과정을 말한다. 사전에서는 실내를 장식하는 일, 또는 실내 장식용품으로 정의하고 있다. 인테리어 디자인은 실내공간의 종합적 설계라고 하여 건축물의 실내부분을 다루는 분야라고 할 수 있다.

새롭게 건축되어진 건축물은 그 수명이 수 십년 가게 되지만, 건축물의 수명을 판단하는 기준이 여러 가지 있다. 그 중에서 구조체가 노후되어 건물의 안전에 문제가 될 경우 수명이 다 되었다고 하는 경우가 있고, 또 경제적으로 판단하였을 때, 건물의 배관, 배선 등의 설비 교체 또는 페인트, 방수, 보수 등의 유지관리비가 새로 건물을 짓는 것보다 더 들어갈 경우도 구조체가 튼튼하다 하더라도 수명이 다 되었다고 판단한다.

그 외 몇 가지 요소가 더 있으나 대표적으로 상기의 두 요소가 건물을 재건축하는 중요 판단요소가 된다. 이렇게 건축물의 수명은 수 십년 되지만 건물의 내부는 주인이 바뀐다던지 사용용도가 바뀐다든지 하는 변수가 많아 그 용도에 따라 내부 시설의 변경이 자주 발생하게 된다. 따라서 인테리어의 횟수도 그만큼 많아진다고 할 수 있다.

인테리어 도면의 종류로는 건축도면의 종류와 유사하며, 건축 도면보다 화려한 측면이 있다. 즉, 실내 공간을 의뢰자인 건축주에게 디자인의 의도나 공간의 특성 등을 쉽게 설명하거나 강조하기 위하여 투시도나 그래픽을 활용하는 경우가 많다. 투시도나 그래픽은 도면으로 분류하기는 어렵기 때문에 통상 도면으로 분류하지 않고 참고용으로 활용하고 있다.

실내를 구성하는 기본요소로 바닥, 벽, 천정이 있다. 인테리어 도면은 이들 3요소를 나타내는 도면이 기본적으로 필요하다. 따라서 인테리어 도면으로는 내부평면도, 내부 벽체 또는 구조물의 전개도(입면도), 천정도면, 가구도면 등이 있다.

[그림 1-80] 인테리어 공간 투시도

1) 인테리어 평면도

인테리어 평면도는 건축물의 구조체와 외부부분을 제외하고 인테리어하고자 하는 부분에 대한 평면 형태를 표현한 도면이다. 그래서 건축공사에서 표현한 인테리어와 관련이 없는 부분을 간략하게 표현하고, 인테리어 시설물을 표현한 부분을 중심으로 상세하게 표현하게 된다.

일반적으로 인테리어 평면도는 한 개의 실을 평면도로 구성하는 경우가 많아 그 축척이 건축도면의 축척보다 큰 경우가 많고, 따라서 건축도면보다 세부적인 내용들이 많이 표현된다. 인테리어 평면도에서도 일반 도면에서 표현하는 방식과 동일하다. 즉, 바닥으로부터 약 1.2~1.5m 정도의 높이에서 내려다 본 모습을 도면화한 것이다.

[그림 1-81]의 매장 인테리어 평면도에 표현된 것과 같이 평면도의 구성이 건축 도면의 평면 구성과 약간의 차이가 있다. 외부나 벽체의 구성보다는 내부 가구, 바닥 패턴, 실의 용도구획 등이 강조되어 표현되어 있다. 인테리어 도면의 평면도만으로 도면을 해석하는데에는 한계가 있다. 그래서 평면도에 벽체의 전개에 대한 안내선, 가구도면, 천정도면 등이 표현되기도 한다.

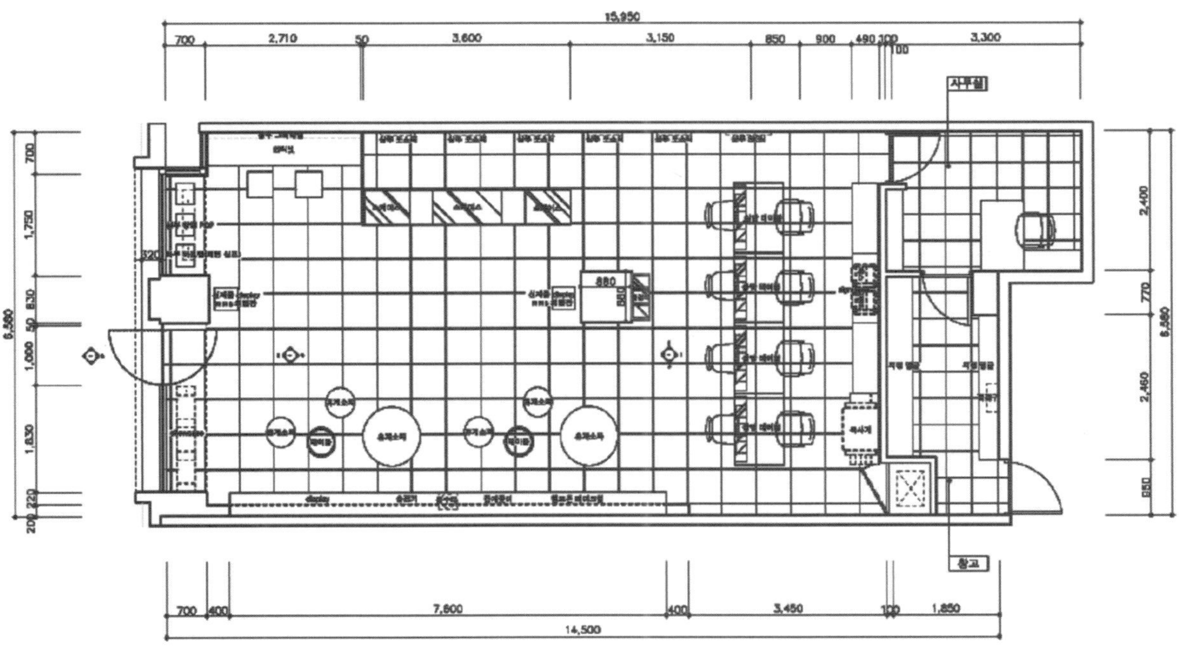

[그림 1-81] 인테리어 평면도

이들 도면과 복합적으로 상호 교차하면서 도면을 읽어내야 정확한 인테리어 시공이 가능해진다. 그리고 이미지화된 투시도와 비교하여 볼 필요도 있다.

2) 벽 입면도(전개도)

인테리어 도면에서 벽체 입면도를 전개도라고 표현한다. 건축에서 입면도라 함은 건축물의 외관 형태를 표현한 도면을 말하는 것으로 인테리어의 주요 요소 중의 하나로 벽체가 있으며, 이 벽체를 입면으로 표현한 것이다. 그리고 입면도에서 표현하는 것으로 벽체 뿐만 아니라 칸막이, 가구, 싸인물 등이 있다. 인테리어 평면에서 입면도를 바라보는 방향을 전개도에서 찾아볼 수 있다.

입면도의 도면 하단에 원형으로 표시된 부분의 숫자가 평면도에서 바라본 방향의 벽체 전개도이다. 벽제 전개도에서 표현하고 있는 것은 벽체의 재료, 규격, 위치, 형태 등을 나타낸다. 그리고 전개도에 나타난 벽체의 시작점과 끝점, 바닥의 시작점과 천정의 시작점 등을 최단면으로 볼 때, 도면에서는 그 최단면의 이전인 부분의 표현은 생략한다.

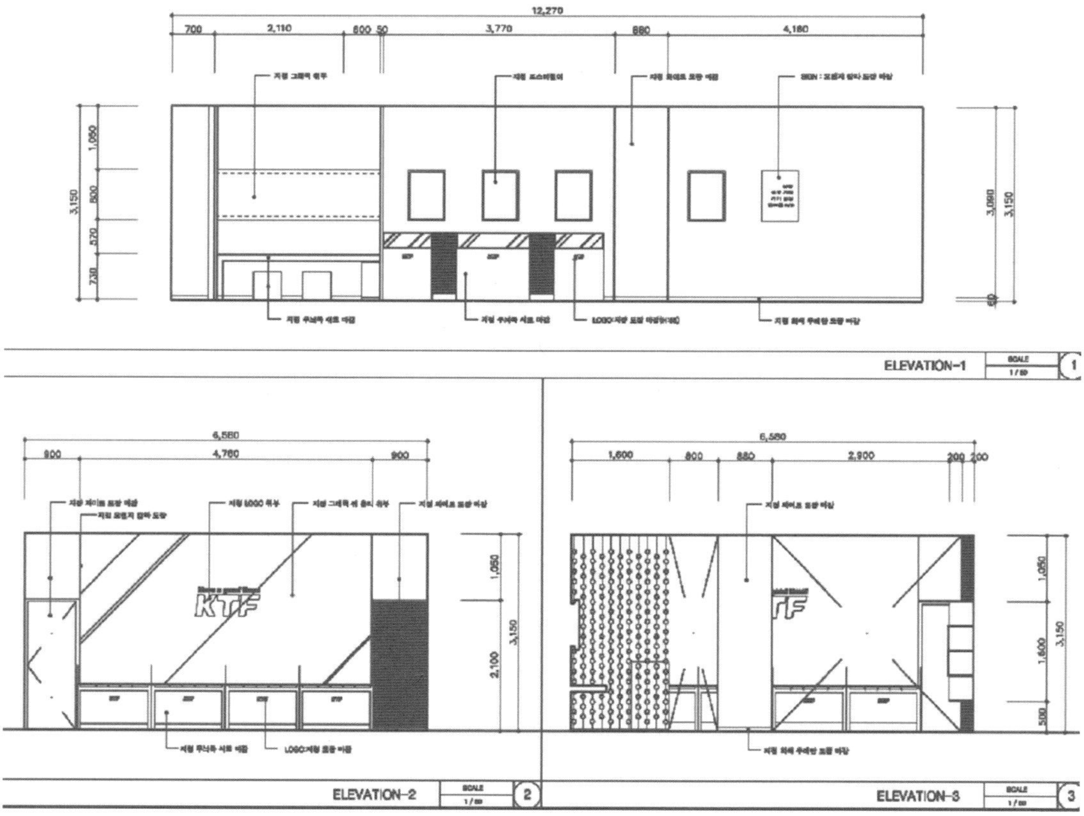

[그림 1-82] 인테리어 입면도(전개도)]

예를 들자면, ELEVATION-1번의 도면에서 최상부에 표시된 치수인 '12,270' 은 구조체와 무관한 마감 재료 끝부분으로부터 시작되는 치수이다. 바닥 부분에서 천정까지의 치수인 '3,150' 의 치수도 구조체와 무관하게 마감에서 천정마감까지의 치수를 표현한 것이다.

3) 천정 평면도

천정 평면도의 구성은 건축도면에서 표현하는 방식과 동일하다. 도면을 작성하는 사람에 따라 다소간의 차이가 있지만 통상 인테리어 평면도를 활용하여 작성하게 되며, 거울을 바닥에 놓고 거울에 나타난 형태를 도면화하였다고 생각하면 된다.

천정도면에는 천정의 형태, 마감 재료, 규격, 조명기구 위치 및 명칭 등을 표현한다.

천정 평면의 표현으로 그 특징을 정확하게 설명하지 못할 경우, 별도의 상세도를 작성하여 천정의 형태를 보충 설명하기도 한다. 그리고 천정 평면도에서는 천정속에 설치되는 각종 부속철물이나 재료 등의 표현은 생략되는 것이 일반적이다.

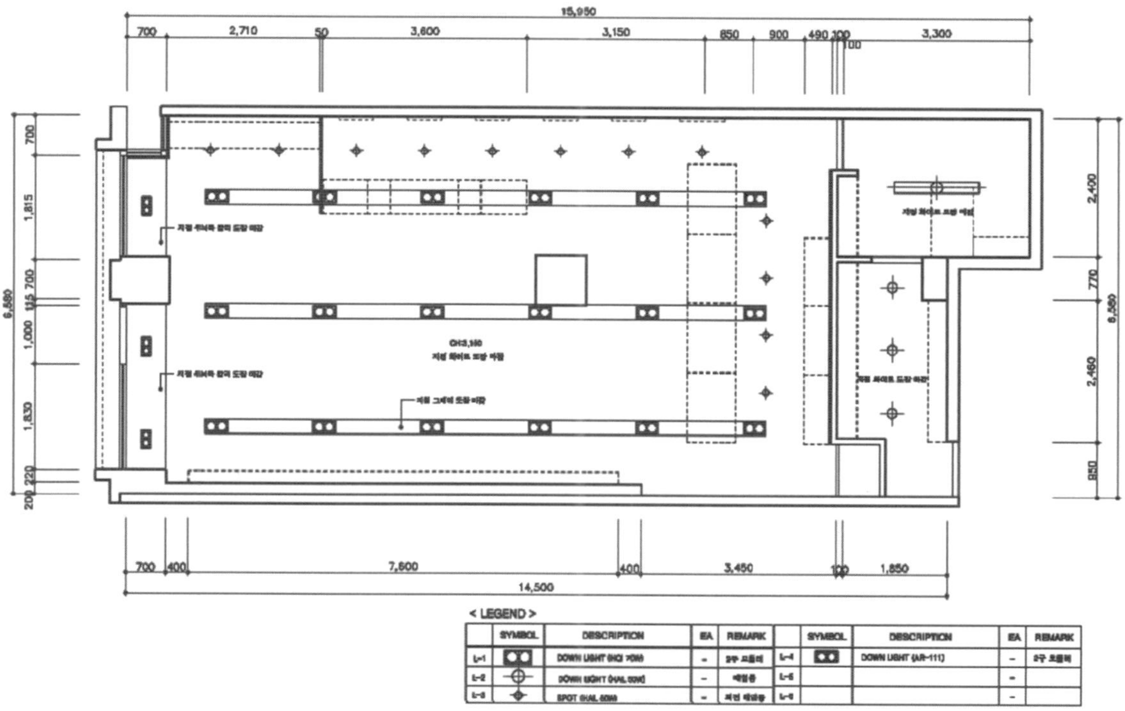

[그림 1-83] 인테리어 천정도면

인테리어 천정도면에서 보는 바와 같이 천정재료, 조명기구 및 위치, 천정 형태 등이 표현되어 있다. 조명기구의 형태나 규격은 도면의 하단에 별도의 기호로 범례를 만들어 표현하였다.

4) 가구 도면

인테리어를 구성하는 요소로 3요소인 바닥, 벽, 천정 이외에 가구 등의 소품이 있다. 특히, 가구는 건축물이나 실내에 부착되어지는 가구, 이동 가능한 가구 등이 있으며, 실의 용도에 따라 실내의 이용에 필수적으로 첨가되는 경우가 많다.

따라서 인테리어 디자이너의 의도, 건축주의 의도, 실의 용도에 따라 가구가 결정되며, 이러한 가구가

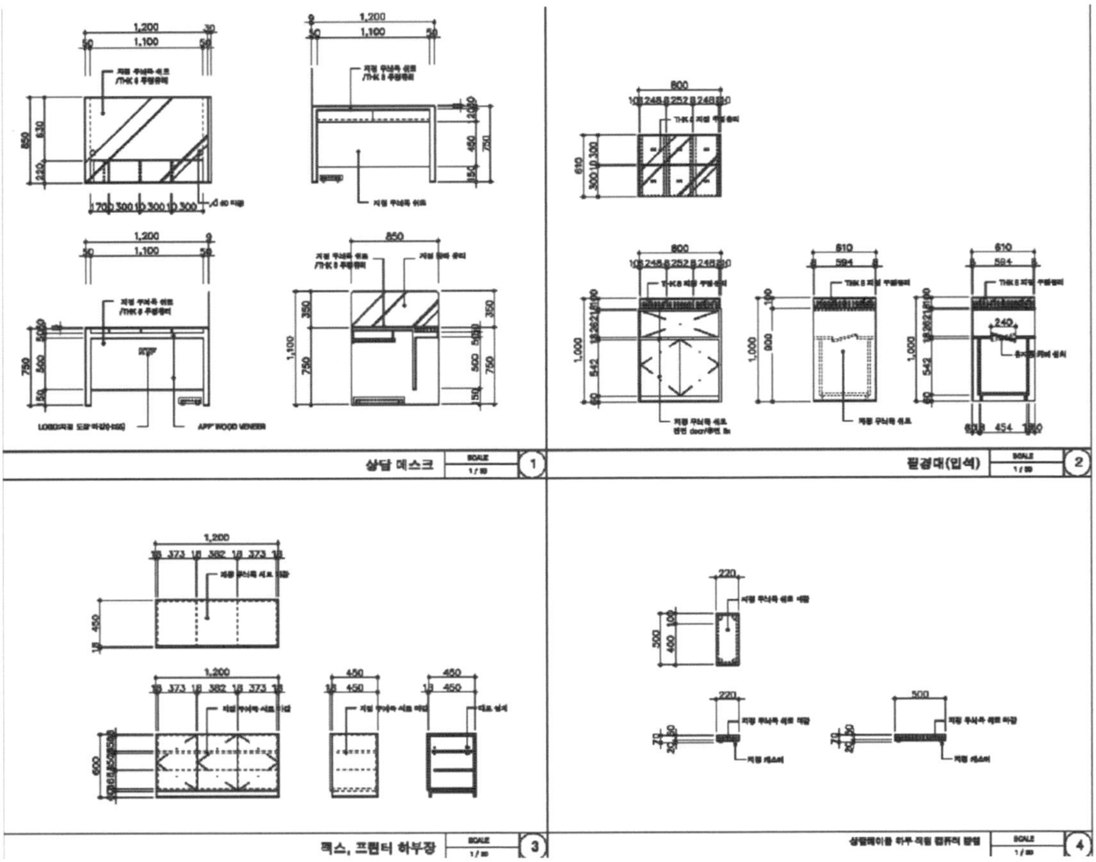

[그림 1-84] 인테리어 가구 도면

실내의 성격을 특징짓는 요소로 작용하기도 하여 인테리어 디자인에서 중요한 디자인 포인트가 되기도 한다.

2 _ 건축물의 각 부 구성

FORMATION OF BUILDING'S EACH PARTS

PART 02

PART 02 건축물의 각 부 구성 Formation of Building's Each Parts

2-1 기초

DRAWING BASIC 2-1

1. 기초의 개요

'기초가 튼튼해야 된다' 라는 말을 한다. 건축물과 관련된 용어가 이제는 어떤 일의 초기 단계에 충실해야 한다는 관용어처럼 되어 버렸다.

기초는 건축물의 무게를 직접 흙(지반)에 전달하는 역할을 한다. 따라서 건축물의 가장 아래 부분에 위치하게 되며, 직접적으로 흙과 접하며, 건축물의 무게, 건축물에 실리는 물건들의 무게 등을 지반에 전달하는 역할을 수행하므로 충분한 크기와 강도를 가지고 있어야 한다.

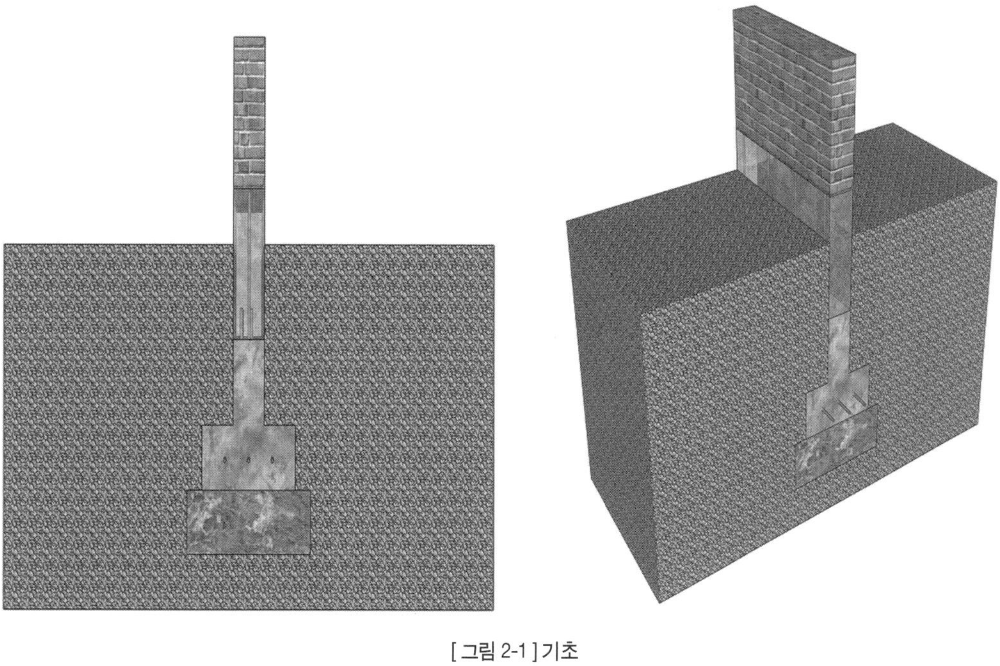

[그림 2-1] 기초

기초의 종류, 기초판의 크기, 기초벽의 두께, 벽체의 하부 구조, 각 실의 구성 재료와 구조물의 형식을 표현하는 도면이다. 일반적으로 기초가 위치하는 특성에 따라 지하실과 인접하게 되어 기초 평면도에 지하실의 출입구, 환기구, 거실의 구조(동바리 마루)를 그리고 재료명을 설명되어지며, 기초부분의 중심, 기초부분에 설치하는 물탱크 매설 관련 표시, 각종 앵커볼트 위치 및 종류와 위치, 기초의 모양과 크기, 기초의 위치와 지반과의 높이 관계 표시, 기타 각부의 치수가 기입된다.

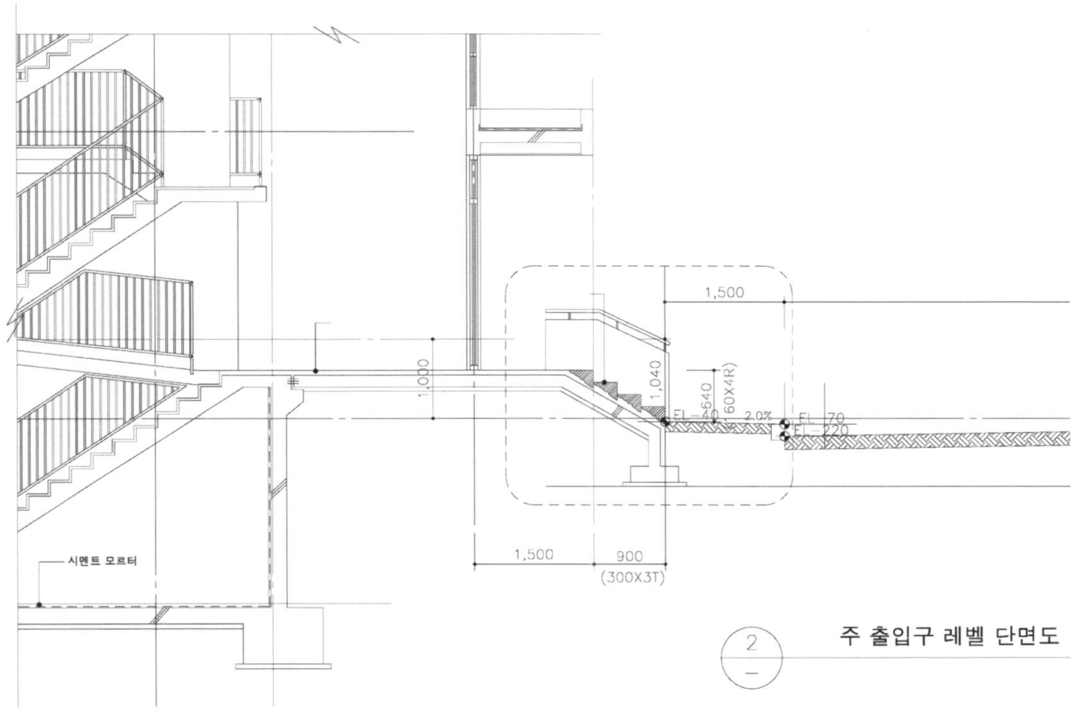

[그림 2-2] 토목레벨 단면-1

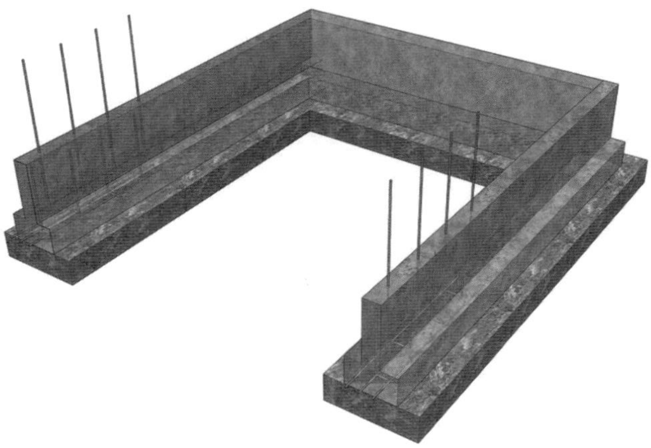

[그림 2-3] 토목레벨 단면-2

2. 기초의 종류

1) 독립기초

독립기초는 하나의 기초판이 하나의 기둥을 지지하는 것으로 구조에 따라 주춧돌 기초, 동바리돌 기초, 철근콘크리트 기초 등이 있으며, 상부에 기둥 또는 동바리가 세워진다.

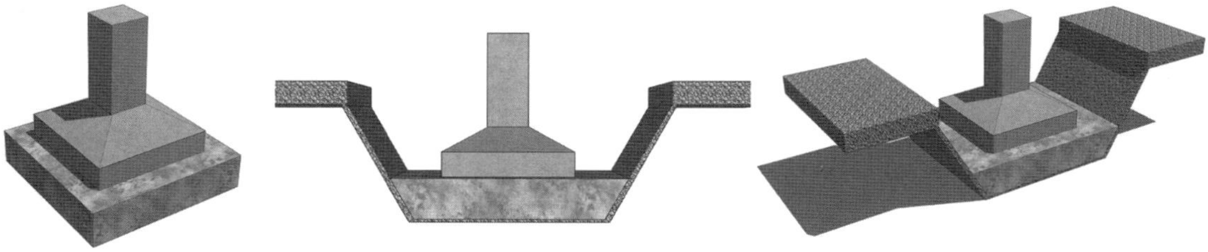

[그림 2-4] 독립기초

2) 줄기초

줄기초는 벽체 하부에 기초판이 연속해서 있는 것으로 구조에 따라 벽돌조 줄기초, 무근 또는 철근콘크리트 줄기초 등이 있다.

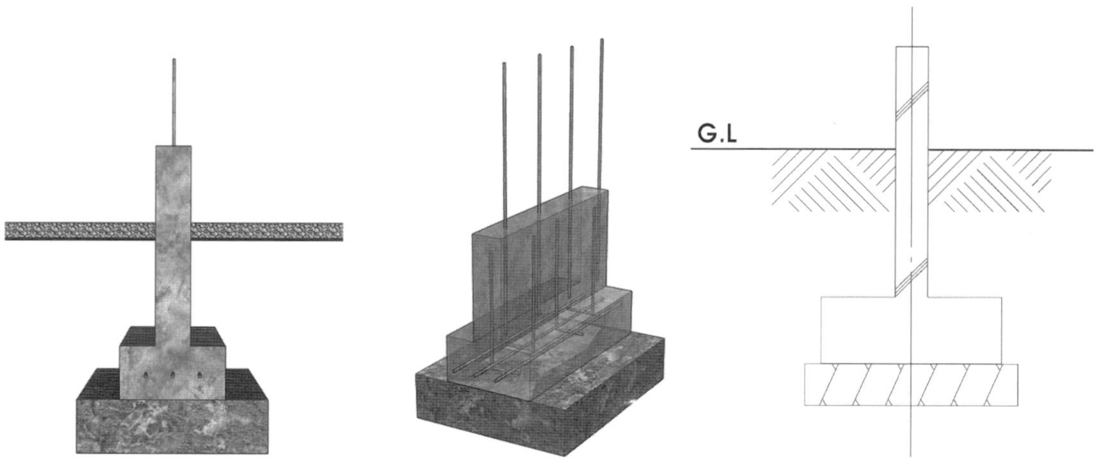

[그림 2-5] 줄기초

3) 온통기초

온통기초는 이름 그대로 건축물의 전체 바닥을 기초로 구성한 것을 말한다. 다른 말로 매트(mat)기초라고도 하며, 주로 철근콘크리트 구조로 이루어진다.

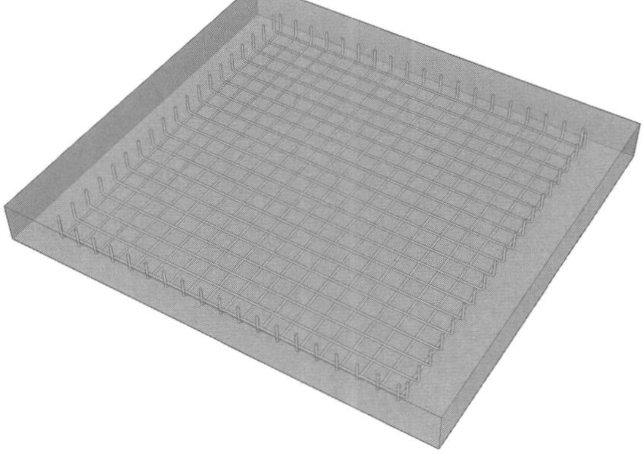

[그림 2-6] 온통기초

4) 복합기초

복합기초는 기초의 구성형식이 독립기초 또는 줄기초, 온통기초 등과 최소 2개 이상의 기초형식이 혼합된 기초형식을 말한다. 보통 지반면의 굳기(단단하기)가 다르거나 1개의 기초형식으로 구성이 곤란할 경우 사용한다.

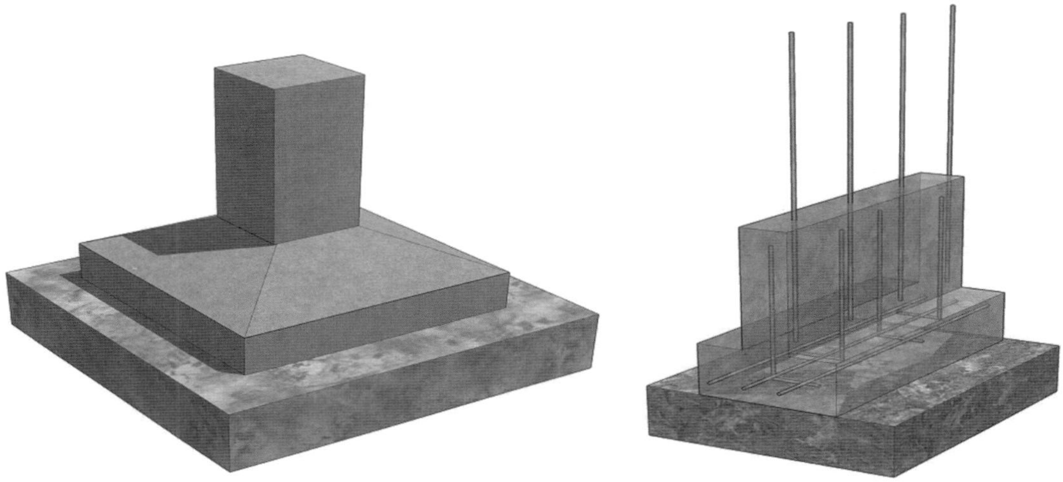

[그림 2-7] 복합기초

3. 기초의 형상

1) 피복 두께

피복두께라 함은 철근이 콘크리트에 묻힌 부분의 두께를 말하는 것으로 콘크리트 외부면과 철근 사이의 거리, 또는 두께를 말한다. 피복두께를 유지해야 하는 것은 철근이 녹이나 화재 등으로부터 보호받기 위한 것과 일정한 힘에 저항하기 위한 것이 주목적이다.

흙에 접하는 부분, 기초 등의 철근은 콘크리트 피복 두께를 60mm 이상이 되도록 규정하고 있다. 흙에 접하는 주각부 주형을 크게 해서 소요의 피복 두께를 유지해야 한다. 기초판 하부근의 피복두께는 (말뚝이 있을 경우 말뚝의 정상부에서) 60mm 이상으로 한다.

2) 직접기초

직접기초는 양호한 지반에 저층, 중층의 건물을 건축할 경우에 한해서 사용된다. 직접기초의 공법은 일반적으로 잡석깔기 위에 밑창콘크리트를 치고, 그 위에 철근의 소요 피복두께를 유지하기 위해 간격재를 배치하고, 기초판 하부근, 배력근, 보조 빗철근의 순으로 배근하는 것이 보통이다.

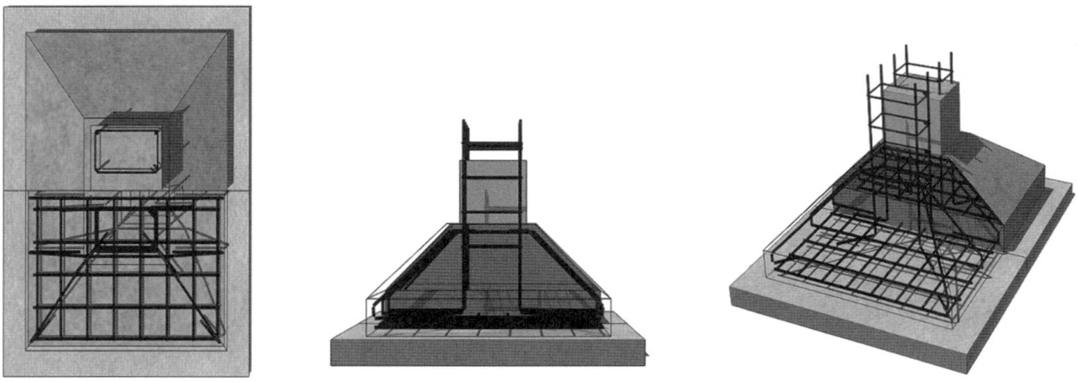

[그림 2-8] 직접기초

4. 철근콘크리트조 각 부의 배근

1) 기초판의 배근

① 기초판의 주근은 그림 1과 같이 유효너비 밖의 부분은 주근 간격의 2배로 한다.
(유효너비)=(기둥의 너비)+2×(기초판의 높이)

② 일반적으로 두께 200mm 정도로 잡석이나 자갈을 깔고 지반면을 단단하게 다진다. 잡석이나 자갈의 면을 고르기 위하여 대략 50mm 정도의 콘크리트를 타설하는데 이것을 버림콘크리트 또는 밑창콘크리트라 하며, 여기에 기초의 거푸집 위치를 잡아 먹줄치기를 한 후 중심 먹줄에서부터 철근 간격을 나누어 표시한다. 철근을 가로와 세로로 정확하게 늘어 놓고 불에 구어 식힌 가는 철사(결속선)로 철근의 교차부를 결속한다.

③ 피복두께(60mm)를 유지하도록 철근 밑에 간격재(spacer)를 괸다.

2) 기둥의 배근

① 기둥 주근의 밑부분은 기초판 철근에 방사형으로 벌려 정착시키고, 기둥 머리는 [그림 2-10] (a)와 같이 보의 일체가 되도록 조립한다.

② 주근의 이음 위치는 기둥의 유효높이의 2/3 이하에 두며, 이웃하는 주근의 이음자리와 서로 엇갈리도록 하여 분산시킨다.

③ 상하 기둥의 단면 치수가 다를 경우 보의 주근은 완만하게 구부린다.

④ 기둥 단면이 [그림 2-11]의 (a), (b)와 같이 복잡한 모양일 때에는 띠철근을 2개 이상 배치하여 주근과 결속한다.

⑤ 단면의 최소 치수는 20cm 이상, 최소 단면적은 600cm^2 이상으로 한다.

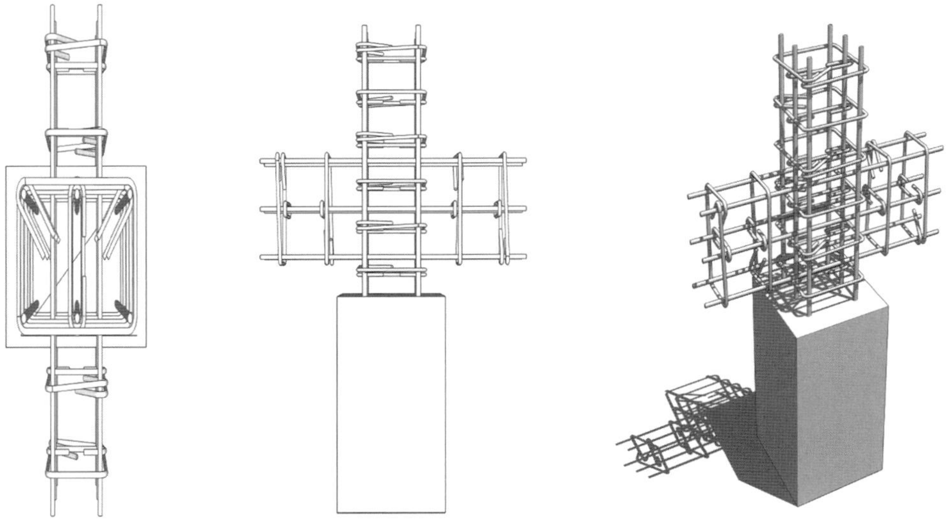

[그림 2-9] 배근 - 1

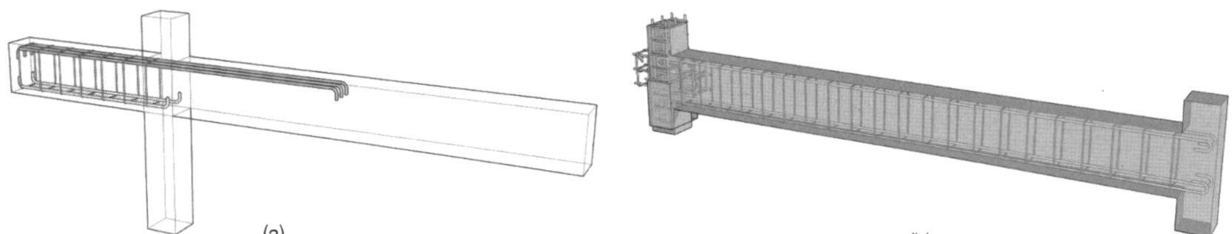

(a) (b)

[그림 2-10] 배근 - 2

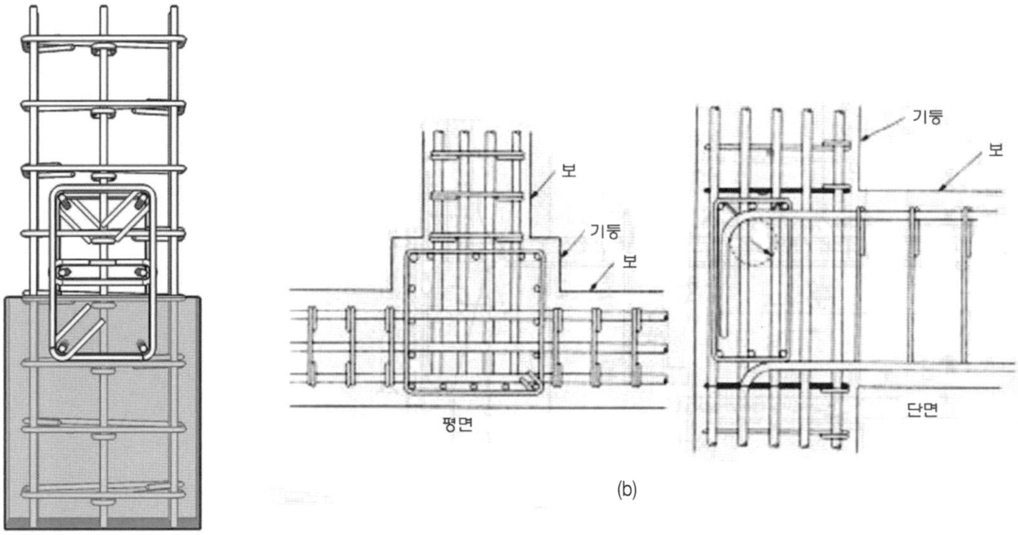

(a) (b)

[그림 2-11] 배근 - 3

2-2 바닥(Slab)

① 바닥은 목구조, 조적구조, 철근콘크리트구조 등에 따라 구성재료와 양식에 차이가 있다.
② 목구조에서는 변형의 방지와 통풍에 대비한다. 조적구조는 벽체와 바닥의 연결이 용이하고 안전하게 한다.
③ 철근콘크리트구조에서는 하중의 분포 등이 고려되어야 한다.
④ 바닥은 보온, 방습, 내구, 내수성 등이 고려되어야 한다.
⑤ 바닥은 각 실의 기능에 따라 재료의 선택이 이루어져야 한다.

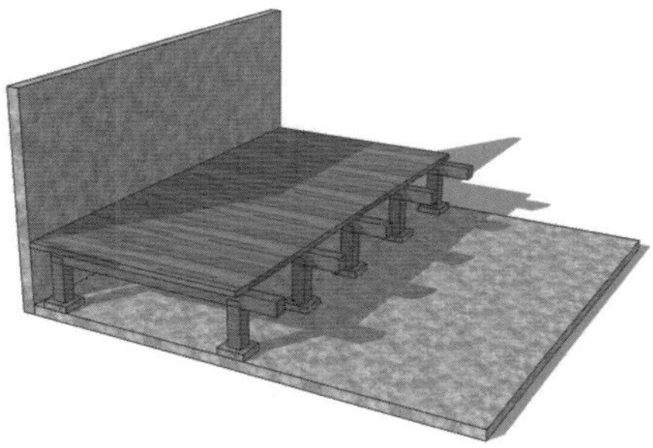

플로어링널, 마루널, 밑창널, 장선, 멍에, 동바리, 동바리돌

[동바리 마루]
지반에 호박돌 또는 동바리돌을 설치하고 동바리를 900 간격으로 세워 멍에를 설치한 후 장선과 마루널을 깐다.

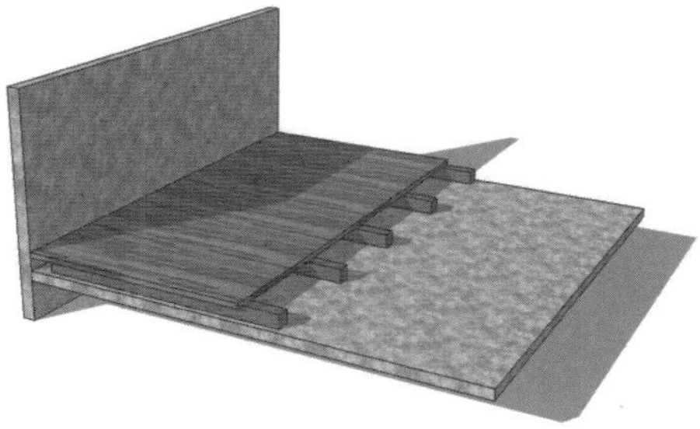

마루널, 밑창널, 장선, 멍에, 바닥콘크리트

[납작 마루]
무근콘크리트 또는 철근콘크리트 슬래브 위에 멍에와 장선으로 마루틀을 구성한다.

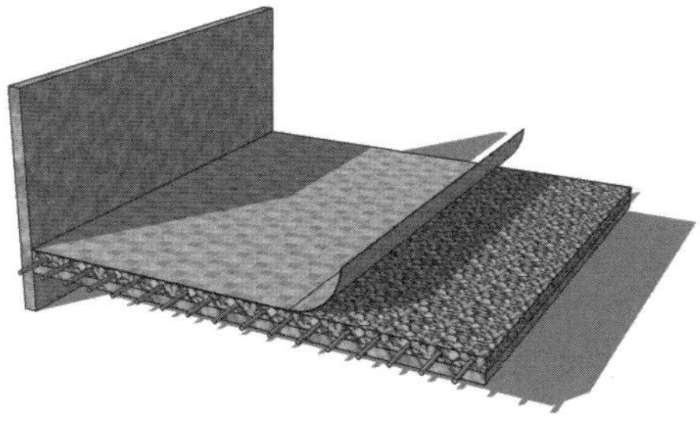

장판지, 모르타르, 온수파이프, 콘크리트 와이어메시

밑창콘크리트, 잡석 다짐

[온수 난방]

지반에 잡석을 깔고, 밑창콘크리트를 하고, 무근 콘크리트에 와이어메시로 보강하여 콘크리트 바닥에 단열층을 만들고, 고름모르타르를 깔고 간격재를 일정한 간격으로 설치하여 온수파이프를 150~250 간격으로 배관한다. 온수파이프 사이에는 콩자갈 또는 잡석 다짐을 이용하여 충진시키고 바닥을 수평으로 하여 모르타르 마감 후 장판지 또는합성수지 제품 등으로 마감한다.

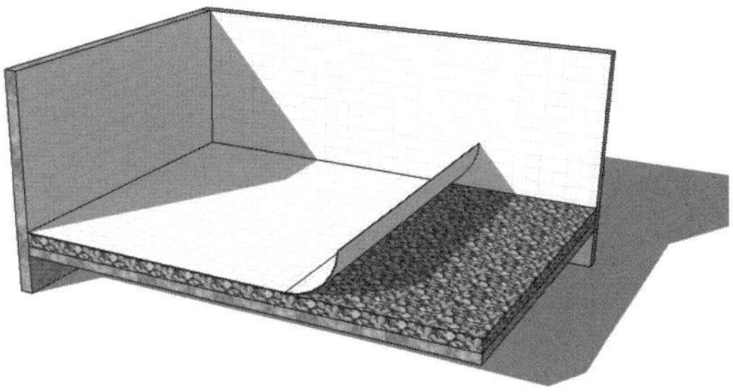

마루널, 밑창널, 장선, 멍에, 바닥콘크리트

[타일 바닥]

내수성이 요구되거나 물을 많이 사용하는 곳에는 타일 붙이기 또는 인조석 물갈기 등으로 바닥을 마감한다. 욕실에는 모자이크 타일 또는 자기질 타일로 마감한다.테라스 계단은 클링커 타일 등을 사용하여 미끄럼을 방지하고 내수성을 좋게 한다.

1. 개 요

건축물의 바닥을 구성하기 위해 필요한 부재로 기둥과 벽이 있다. 건축물의 주요 쓰임새로서의 바닥은 바닥의 주변을 둘러싸는 벽체와 기둥이 있어야 비로소 바닥으로 정의될 수 있으며, 외부의 침입, 비, 바람, 눈 등으로부터의 보호막의 역할과 상부의 무게를 지탱하는 뼈대의 역할을 수행하는 것이 기둥과 벽이 역할을 한다.

바닥을 지탱하는 요소로서 벽체는 사람과 물건의 출입을 위한 출입문, 외부조망 및 환기, 채광 등을 위한 창문 등이 부수적으로 설치되며, 창문 등의 형태나 크기에 따라 벽체의 모양이 다르게 표현되는 특성이 있다.

영역성과 장소성을 암시하는 벽은 건축물의 미적 아름다움과 공간의 성격을 결정짓는 중요한 요소 중의 하나이다. 또한, 벽은 바닥의 영역을 규정짓는 중요한 요소로서 바닥의 형태와 규모, 크기를 결정짓는 요소이다. 벽체의 변화에 따라 바닥, 즉 실내공간의 성격이 결정되어지므로 벽체의 계획은 실의 성격에 따라 개방된 벽체, 또는 중간 정도의 차단된 벽체, 완전 개방된 벽체 등의 계획을 수립하여야 한다.

하중을 지반으로 전달하는 구조방식에 있어서 기둥과 유사한 기능을 담당하고 있으며, 프라이버시와 영역성을 확보해 주며, 단순한 물리적 실체에서 벗어나 상징적 의미가 부여되기도 한다.

또한, 벽은 방향성과 단순성을 구현하기도 하며 오브제로서의 역할, 무게감과 그로부터 파생되는 중력성을 지니며, 역사 이래로 벽면은 디자인양식, 즉 건축양식과도 밀접한 관련을 갖게 된다. 이러한 벽체의 특성은 개구부와 상호 보완적 역할을 담당하며 상관성을 맺는다.

또한, 근대 이전까지 벽체는 구조적 역할을 담당해 오다가 근대 이후 철근콘크리트 구조가 등장하면서 기둥이 벽체의 역할을 대신하였으며, 벽체는 구조로부터 자유로워지기 시작하였고, 이에 따라 실내 벽체는 규칙적인 기둥 사이를 비집고 자유롭게 공간을 구성하게 되었다.

2. 벽의 기능

1) 수직면으로서의 요소

벽은 수평방향으로 연속적으로 넓어지는 공간을 수직방향으로 분할하는 가장 기본적인 공간 구성요소이다. 벽이 설치되어짐으로써 공간에 여러 특징이 주어지며 기능이 발생한다. 어느 범위를 벽으로 싸는 것에 의해 그곳에 특정의 영역이 발생하게 된다. 벽의 기능은 극히 다양하지만, 둘러싸려는 영역의 넓이, 분할하려는 공간의 크기에 의해 몇 가지 단계로 나누어진다.

가장 작은 공간을 둘러싸는 벽은 주택 내부의 내벽, 도서관의 부스를 나누는 벽, 공중화장실의 간이벽 등 개인에 대응하는 공간을 성립시킨다. 또한 독립한 건축을 성립시키는 외벽은 외부공간으로부터 내부공간을 잘라내어 그 내부공간을 외적의 침입, 자연의 위험으로부터 지켜내는 것으로 건축 특유의 내부공간을 성립시키는 가장 중요한 장치이기도 하다.

2) 외부와 내부를 구성하는 요소

사찰 등의 경내, 궁정과 성곽, 주택과 농가, 대학과 공장 등 큰 면적을 가진 대지의 주변에 만들어지는 시설들은 주위벽, 벽, 담 등으로 내부와 외부를 구별할 수 있다. 도시와 집락을 완전히 둘러싸는 벽은 여러 가지 시대의 많은 문화를 볼 수 있고 현존하는 중세 유럽도시의 일부 도시벽은 벽의 기능과 의미를 잘 전달하고 있다. 성벽과 같은 방어적 수단의 벽체는 도시의 역사적 의미를 표현하기도 한다.

3) 방어

벽의 1차적 기능은 방어를 할 수 있는 공간을 만드는데 있다. 바람, 모래, 썰물 등 자연의 위협으로부터 내부를 지키는 일, 동물, 외적의 침입을 물리적으로 저지하는 것만이 아닌 그 의도를 사전에 파악하는 것이 필요하다. 구체적으로 어떤 벽이 세워질 것인가는 그 사회의 상황과 지켜야 하는 내부공간

[그림 2-12] 수원 화성 성벽

[그림 2-13] 리베스킨드의 덴버미술관

[그림 2-14] 오페하임의 코르빌딩

의 성질에 의해 결정된다. 이러한 방위를 위한 벽은 무수하게 존재하지만 가장 특징적인 것은 성벽과 같은 전쟁을 위한 벽이기도 하다.

4) 분할성, 영역화

벽의 제2의 기능으로 각기 성질의 다른 공간을 분할하여 경우에 의해 분단 또한 차단하는 경우가 있다. 또한, 울타리, 담과 같이 공간을 구분하여 일정의 영역을 형성하는 역할을 수행하기도 한다.

5) 질서화

벽과 담은 지면에 대해 수직면을 만들게 된다. 수직면은 수평면적 영역에 비교해서 쉽게 인식된다. 공간의 요소로서는 건축의 외벽, 주택을 둘러싸는 울타리, 담이 큰 비중을 차지하며 공간의 특성을 결정하는 주요 요소로 공간 전체에 하나의 질서를 만들어낸다.

이 '질서화' 는 내부공간의 구성과 벽 자체가 자립함으로써 발생하는 특징이며, 독립된 벽이 그 특징을 가장 잘 나타낸다. 독립벽은 독립기둥, 독립문과 같이 공간의 질서화만이 아닌 상징적인 의미를 나타내며, 벽 본래의 기능과는 다른 역할을 달성할 수도 있다.

6) 표현체 및 표현의 배경

벽이 쉽게 인지되는 존재라는 특성은 벽면 자체가 풍부한 '표현체' 와 배경이 될 수 있다는 것이다. 기둥, 지붕, 창 등보다 쉽게 인지되는 특성을 갖는다. 벽은 여러 가지 표현수단으로의 장소를 제공하는 것이 가능하다. '표현의 배경' 로서 벽은 문화에 따라 다르게 나타났으며, 대표적인 것은 벽화이다. 그때 벽면은 아티스트에게 있어 캠퍼스가 된다.

그 외에 연극을 장식하는 무대도 되며 영상을 촬영하는 스크린도 된다. 게다가 다양한 형식의 상업광고를 게시하는 것도 많은 것이 벽면이다.

3. 벽의 일반사항

1) 시각적 개방

높이가 1,200mm 정도 되는 벽은 칸막이로 시각적인 개방감을 준다. 레스토랑, 커피숍, 사우나에 낮은 칸막이를 세울 경우는 시선높이(1,500mm)보다 낮은 1,200mm 정도로 한다. 시선높이인 1,500mm는 칸막이벽을 세울 때 어색한 분위기를 만들고 시각적으로 피로감을 주기 때문에 1,200mm 정도의 높이는 벽면을 뒤로 해서 앉았을 때 편안한 공간을 형성할 수 있다.

2) 시각적 차단

높이가 1,800mm 정도의 벽으로서 시각적으로 완전히 차단되게 된다.

- **벽면의 전체나 일부를 유리로 처리해서 시각적으로 내부와 외부공간을 개방하여 실내공간의 분위기를 보다 활기차고 생동감 있게 변화시키는 것을 가능하게 해준다.**

- **시선높이(1,500mm)보다 높은 1,800mm의 벽은 실의 성격을 갖는 공간이 형성되고 프라이버시를 강하게 만들어 준다.**

- **벽의 높이와 심리적 효과**

① D/H=1(45°) : 건물이 시야의 상한선이 30° 보다 높아 상당한 폐쇄감, 전체보다 상세 식별

② D/H=2(27°) : 정상적인 상한선과 일치하여 적당한 폐쇄감과 상세를 동시에 볼 수 있음

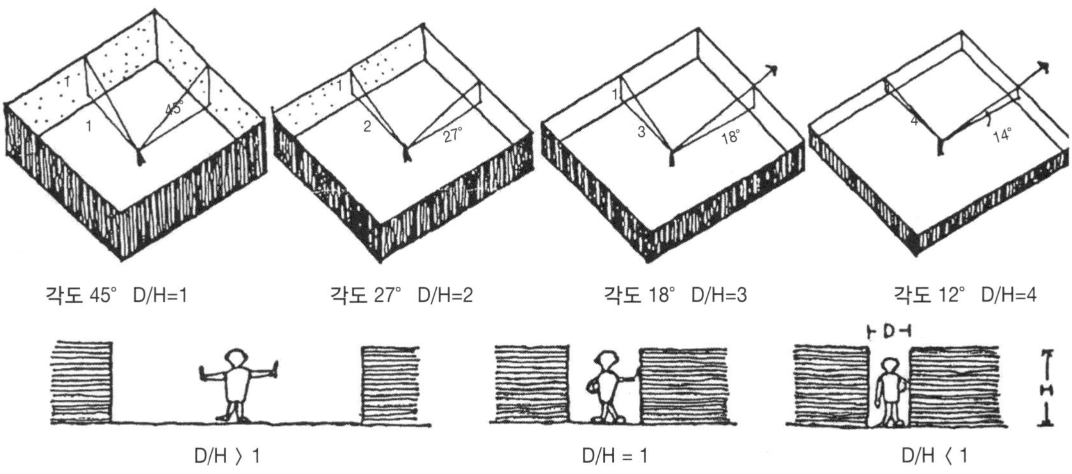

[그림 2-15] 벽의 높이에 따른 폐쇄도

③ D/H=3(18°) : 폐쇄감에서 다소 벗어나 주 대상물과 시설물 사이의 관계 형성(주 대상시설물에 시선 끌림

④ D/H=4(12°) : 폐쇄감이 사라지고 특징적 공간으로 식별이 불가능하고 경관 일부로 인식됨

3) 상징적 경계

600mm 이하의 담장으로 통행과 시선이 자유롭다.

- **600mm 이하의 벽이나 담장을 말하며 상징적으로 두 공간을 구분하게 된다.**

- **실과 식당의 영역표시나 인도와 차도의 경계표시 등이 그 예로 들 수 있다.**

- **벽은 이동이 가능한 벽, 바닥부터 천정까지의 전체 벽을 가리키는 전면벽, 프리스텐딩 벽, 천정보다 낮은 벽 등이 있다.**

4) 벽의 재료

- **벽판**

회반죽이나 시멘트를 사용하여 세우는 벽이 아니라 공장에서 만들어져 나온 것을 설치하기만 하면 된다. 전체적으로 가볍고 값이 싸다.

- **목재**

다양한 나뭇결(무늬)과 색상으로 된 커다란 합판형태의 목재 패널이 가장 많이 사용되고 있다. 반드시 내화처리를 해야 한다.

- **석재**

특수한 벽을 제외하고는 욕실이나 부엌벽에 많이 사용된다.

- **플라스틱**

최근에 많이 사용하는 것으로 라미네이트 플라스틱 패널이 사용된다. 이것은 유지하기가 용이하고 기온 차단 및 차음의 효과가 있다.

■ 유리

유리벽, 창문과 같은 한쪽 벽, 거울과 같은 벽의 표면재로 크게 나눌 수 있다. 창의 기능을 넘어 주택을 주변 환경에 개방시키는 데에 중점을 두게 된다.

■ 벽면의 표면 재료

회반죽, 페인트, 벽지, 비닐마감재, 직물, 등이 사용된다.

1. 기둥의 의미와 기능

기둥의 사전적 용어는 건축공간을 형성하는 기본 뼈대 중의 하나로서 지붕 · 바닥 · 보 등 상부의 하중을 지탱하는 수직재로, 서양건축에서는 주초(柱礎:base), 주신(柱身:shaft), 주두(柱頭:capital)의 세 부분으로 구성되나 한국건축에서는 서양 기둥의 주신만 해당된다. 또한, 기둥의 어원적 의미는 [견고하게 서는 나무]이다.

건축, 도시공간에 있어 공간요소로서의 기둥의 기능과 의미도 이 어원과 관련한다. 기둥의 물리적 기능은 지붕과 바닥의 하중을 지지하여 대지에 전달하는 역할을 갖고 있다.

이것은 건축의 가장 원시적 역할인 안전성에 연결되는 중요한 공간요소로서 [견고하게 서는 나무] 그 자체이다. 또한, 그 형태가 가지는 심리적 의미는, 안전성, 중심성 등 큰 나무가 가지고 있는 의미로 해석될 수 있다. 이러한 물리적 기능과 심리적의미를 상징하는 것이 기둥이다.

영어의 column, pillar, posts의 이미지 또한 이러한 것을 상징한다. 이것은 하늘을 향한 생명의 나무, 수직의 세계 축 또는 세계의 중심의 이미지를 내포하고 있다. 기둥이 표상하는 이것들의 이미지는 세계의 신화와 전설에도 공통적으로 볼 수 있다.

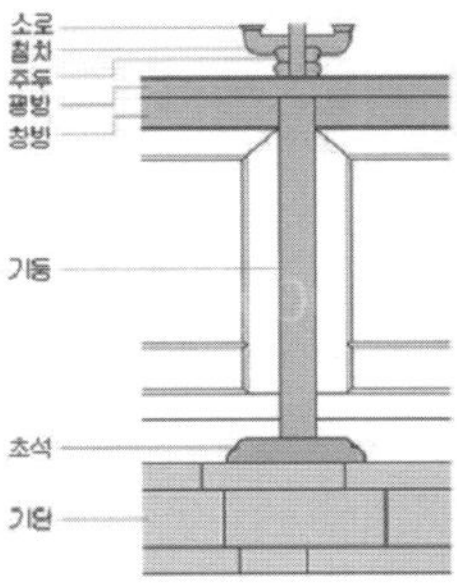

[그림 2-16] 한옥 기둥구조

[그림 2-17] MVRDV의 빌라 SILODAM 기둥

[그림 2-18] 존슨&왁스빌딩 기둥

2. 기둥의 상징성

기둥은 다양한 의미를 가지고 있다. 표기처럼 심플하게 '서서 지탱하다' 라는 물리적 역활과 동시에 여러 가지 의미를 가지는 공간요소로서 역할을 수행하기도 한다. 상기처럼 공통성을 가지면서도 시대의 기술과 문화 등을 반영하며 변화를 준다. 그에 따라 현실의 건축, 도시공간에 사용되어진 공간 구성요소로서 기둥은 다양한 형태, 양상을 가지게 된다.

하나의 기둥에도 그 길이와 두께, 단면의 형태, 표층의 색채, 텍스쳐 등에 의해 공간의 분위기에 영향을 끼친다. 또한, 복수의 기둥의 배열의 형태에 의해서도 공간감의 향상을 좌우한다. 다음에서 표시하는 각 항목과 그 사례는 기둥이 가지는 요소로서 다양한 방법으로 심플하게 기능, 의미로 유형화하여 항목을 세워 그 전형사례를 표현한 것이다.

1) 건축물의 무게를 지지하는 역할

고대 이집트의 오벨리스크처럼 하중을 지지하지 않는 독립기둥도 있지만 대부분 건축물의 하중을 지반에 전달하는 역할을 수행한다. 건축이 가지는 생명과 자산의 보호라는 원시적인 기능, 즉 안전성을 표상하는 요소이다. 요소가 '건축' 그 자체가 가지는 원시적 의미를 상징적으로 표시함과 동시에 시대의 기술을 가장 단편적으로 반영한다.

2) 고층을 가능하게 하는 높이 유지의 역할

중력에 대하여 저항하며 건축물의 자립을 유지하는 기둥으로 비교적 기둥의 길이가 길게 세워진 형태의 기둥들은 공간에 해방감, 부유감이 발생하게 하여 비일상적, 상징적 공간을 연출한다. 도시공간과 건축공간의 접점이 되는 엔트란스 공간과 내부공간에 상징적인 중심성을 연출하는 장소 등에서 활용하는 기둥이다.

3) 장소를 구성하는 역할

기둥은 그 배열의 방법에 의해 장소(공간)를 만드는 것이 가능하다. 그 뿐만 아니라 장소의 분위기와 의미를 바꾸는 것을 가능하게 한다. 예를 들어 선사시대의 유적인 스톤헨지의 돌기둥은 원형으로 배열되어 있어 하나의 장소를 구성하고 있다.

또한, 궁궐 내의 외주부 회랑에 세워진 기둥들은 엄숙하고 권위적인 장소임을 표시하고 있으며, 이슬람의 모스크 중에는 기둥에 의해 성스러운 장소임을 표상하고 있는 것이 적지 않다.

4) 중심을 구성하는 역할

'견고하게 서는 나무' 라는 기둥의 원의를 표상한 것이 상징기둥이다. 이 기둥은 신화, 전설에 등장하는 세계수가 이미지의 원형으로 랜드마크가 되는 동시에 장소의 중심을 상징하게 된다.

오벨리스크와 광장에 서는 기념기둥, 철도역의 독립기둥 등은 중심성을 표시하는 상징적 역할로 세계의 공통요소로 활용된다. 대다수의 경우 기둥의 상징성은 수직성이 강조되어 형태, 표층도 특화되는 경우가 많다.

[그림 2-19] 오벨리스크

[그림 2-20] 트라야누스황제기둥

[그림 2-21] 베드로성당의 기둥

5) 방향성, 장식과 구조체(기둥과 보)의 역할

기둥은 축선상에 복수로 배열되면 방향을 가르키는 열기둥이 된다. 각 시설의 접근공간, 회랑공간 등에서 그 사례를 볼 수 있다. 또한, 건축 내부와 도시공간의 연결이 되는 출입구 주변에 만들어진 필로티 공간의 기둥에서도 축선방향으로 보면 경계의 역할을 하는 열기둥의 사례를 볼 수 있다. 또한, 기둥은 장식이 되어지는 것에 의해 공간의 의미와 분위기를 표상하는 장식기둥이 된다.

단지 장식을 넘어서 중요한 의미를 전하는 상징기둥이 되는 것도 적지 않다. 이 기둥은 공간이 가지는 이벤트성이나 상징적 표현연출과 시대와 문화를 반영한 형태를 표현한다. 구조체로서 기둥은 보와 일체가 되어 공간적으로 연출되어 표현된다.

입체적인 보이드 공간의 안에 강한 기둥 보의 역학을 가시화해 긴장감 있는 공간을 만들어낸다. 전통적인 목조건축, 라멘구조에 의한 근대건축 등에서 전형적인 사례를 볼 수 있다.

3. 기둥의 일반 사항

기둥을 재료와 구조기법상으로 볼 때, 목조 · 철골조 등의 가구식 구조와 철근콘크리트조의 일체식 구조에서는 기둥은 대부분 수직하중을 받지만, 아치(arch)나 볼트(vault)를 사용하는 석조 · 벽돌조 등의 조적식 구조에서는 기둥 외에 벽체도 수직하중을 지탱하는 역할을 한다.

또한, 기념주나 문기둥처럼 상부의 하중을 지탱하지 않는 것도 넓은 의미에서 기둥이라고 한다. 서양건축에서는 주초, 주신, 주두의 세 부분이 모여 기둥을 이루며, 한식과 양식이 변화한다고 하는 것은 세 요소가 복합적으로 변화하는 것이기 때문에 극히 다양하게 전개된다. 그러나 한국건축에서는 이 3요소가 독립된 채 사용되어 왔기 때문에 한국의 기둥은 서양 기둥의 주신에만 해당된다고 할 수 있다.

용어의 개념적 의미 뿐만 아니라 기둥이 지니는 심리적 의미와 공간에서 기둥이 담당하는 역할인 공간의 분할 또는 벽체와 같은 영역 구분의 역할까지 담당하고 있다. 주로 벽체와 함께 구성되며, 벽체에서 구분되어 별도로 구성되는 경우도 있다. 이 때 기둥은 조형적 의미를 부여받게 된다.

구조의 형식에 따라 철근콘크리트 기둥, 철골기둥, 목재기둥, 철골철근콘크리트 기둥 등으로 구분되어지며 철근콘크리트 기둥의 일반적인 구조는 [그림 2-22]와 같다.

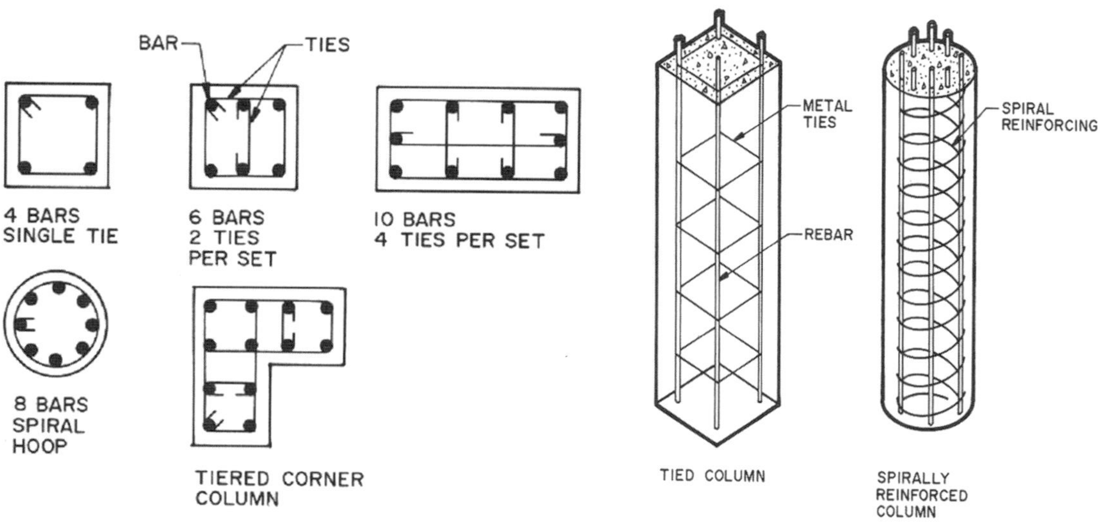

[그림 2-22] 철근콘크리트 기둥의 일반적인 구조

출입문과 유사한 창문은 배치형식에 따라 또는 개구부의 형식에 따라 건물의 디자인을 달리 하는 요소로 역할을 한다. 내부와 외부를 차단하는 벽체와는 반대로 내부를 외부로, 또한 외부를 내부로 관입시키는 역할을 수행하며 채광, 환기, 조망 등의 다양한 목적과 기능을 가지게 된다.

건축물에서의 입면은 사람으로 말하면 얼굴에 해당하는 요소이며, 미적이고 특징적인 디자인을 위해 가장 숙고되는 것은 벽면의 개구부, 특히 창에 해당된다. 이러한 창은 사용재료상의 분류, 위치상의 분류, 기타 형식에 따라 그 명칭을 달리 한다.

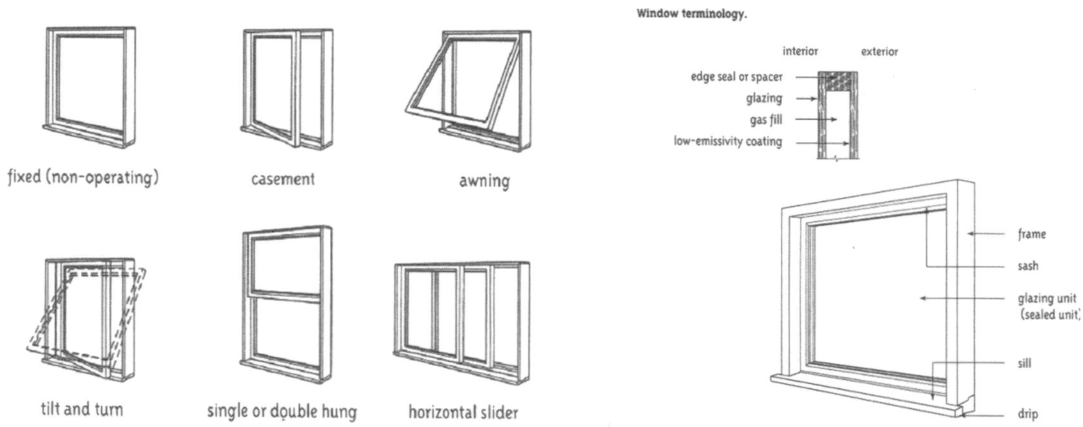

[그림 2-23] 창문의 형식 및 구조

1) 내부, 외부공간을 조작적으로 연결

건축의 가장 기본적인 구성요소로서 지붕, 벽이 있으며, 내부공간과 외부공간을 명확하게 나누고 각 영역을 만드는 요소이다. 그 내부공간과 외부공간을 연결하는 요소가 문과 창이다.

문은 출입을 위한 기능에서 창과 구별된다. 창은 크기와 위치, 형태, 다양한 재료에 의한 문보다 연출적, 조작적 요소라 말할 수 있다.

창은 우선 window의 어원인 '바람의 눈' 에 표현되어지듯이 통풍, 환기를 위한 것이며 빛, 소리, 열 등을 유입하여 실내환경을 조절하는 기능적 의미가 있다. 또한, 외부의 경치를 유입하여 빛과 함께 내부공간의 분위기를 연출하는 중요한 요소이다. 그래서 창의 형태 위치, 개폐의 방법, 유리 기술의 발달 등 다양한 것이 개발되어 건축의 파사드, 창의 형태 디자인에 큰 영향을 미치는 요소가 되었다.

2) 경계영역 형성

외부와 내부를 의도적으로 분할하여 내부공간의 영역을 명확히 하는 창이 있다. 다양한 형태를 가지는 창은 일상적 생활공간과는 다른 비 일상의 세계를 연출하며 동시에 경계의 요소이기도 하다. 방위, 안전 등 외부로부터의 공격이나 화재로부터 몸과 재산을 지키는 의도가 명확한 성과 토성의 창이 있다. 내부공간과 외부공간의 관계를 창을 닫는 일로 해서 완전히 분단하며 전혀 다른 영역을 만들고 있다.

3) 음영 연출

창에서 빛을 조정하여 내부공간에 빛과 그림자를 연출하는 창이 있다. 창은 방향을 조작하여 스테인드 글라스에서 색과 서로 어울려서 종교적인 공간으로서 의미를 다르게 하고 있다. 고딕 대성당의 거대한 스테인드 글래스는 장중하며 공간을 압도하는 특성을 나타내고 있으며, 특히 사원 등의 종교건축에서 이러한 연출을 많이 살펴 볼 수 있다.

4) 경치 조망 및 환기

창으로부터 조망을 의도적으로 한정하여 경치와 일체로 된 내부공간의 분위기를 만드는 역할을 하기도 한다. 바람, 빛이 명확한 장소에서는 그 방향을 향해서 창을 설치하는 곳이 많다. 산의 경치, 랜드마크 또는 자신의 대지 안 정원 등 주변의 경치를 받아들여 가장 아름다운 경치를 한정하여 보여주는 창 등이 그것이다. 어디까지나 한 장의 풍경화를 보는듯한 연출을 하고 있다. 실의 모서리에 위치한 모서

[그림 2-24] 롱샹성당 창문

[그림 2-25] 루이스 칸의 인도 경영대학 원형창

리 창은 강하게 시선을 유도하고 공간의 방향성을 강하게 하는 효과를 가지고 있는 창이다.

5) 입면 구성과 장식적 요소

창은 입면을 구성하는 요소로서 건축가의 디자인의 특성이 가장 잘 표현되는 요소이다. 기술과 함께 그 시기의 스타일, 사상이 표현된다. 사보아 주택의 연속창, 한즈아스 주택의 전면유리, 또한 단순하고 획일적인 근대건축을 비판하여 복잡하고 다양한 건축형태의 이론을 표현한 벤츄리의 창의 디자인은 사상적이면서 의도적이다.

스파이럴의 다양한 창 디자인은 정면의 변화를 나타내어 아이덴티티를 만들어내고 있다. 또한, 근년의 전면 유리창은 실내 환경을 유지하면서 시각적으로는 내부공간과 외부공간을 일체화시키며 경계를 의식시키는 요소가 되고 있다.

아르누보의 특이한 디자인인 카사미라, 아이헨 루루의 집합주택의 코너의 내민창은 그 건축을 인상깊게 하고 있다. 거리의 경관에 있어 창은 그 도로변의 특징을 인상깊게 하는 요소가 되고 있다.

1. 개요

건축물을 구성하고 있는 요소로서 첫 번째로 바닥이 있으며, 그 바닥을 형성하기 위한 요소로서 벽체와 기둥이 있어야 하고, 다음으로 완전한 은신처로서의 역할을 수행하기 위한 구성요소로 지붕과 천정을 꼽을 수 있다. 건축계획의 단계에서 또한 마찬가지로 벽체와 기둥의 구성은 바닥의 영역을 결정짓는 과정으로 벽체를 구획한다는 것은 바닥의 영역을 결정하는 것과 동일하다. 이렇게 바닥이 벽체와 동일한 과정으로 결정되고 난 후, 건축물의 형태를 완성하는 지붕에 대한 계획이 고려되어야 한다. 건축계획에서 건축물 자체에 대한 형태의 완결이라는 과정에서 고려되어야 할 요소로서 중요하다.

2. 지붕

1) 일반사항

지붕은 건축의 구성요소 중 형태를 결정짓는 가장 중요한 시각적 요소로서 지역적, 또는 문화적 조건

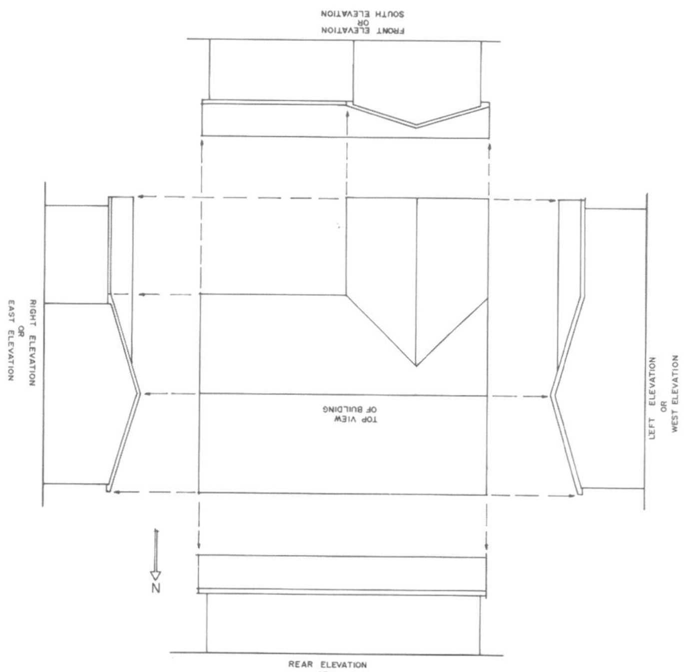

[그림 2-26] 지붕구조와 건축물 입면의 형태

에 따라 그 양상을 크게 달리 한다. 이러한 지붕의 조형은 지붕의 하중을 지반으로 전달하는 구조방식과 밀접한 관계를 가지고 있으며, 구조방식의 발전에 따라 지붕의 디자인이 변화를 겪어 왔다.

지붕의 조형적 의미로서 경사지붕의 경우 역사적인 의미와 고전적인 의미를 가지고 있으며 근대건축에서의 수평지붕에서 포스트모던 건축시대의 가장 큰 변화로 경사지붕의 형태로 변모를 시도한 점이라 할 수 있다.

2) 형태

지붕의 기본 형태는 박공과 모임이며, 이것의 조합, 변형으로서 박공과 모임을 조합한 방형지붕, 일방향 경사의 편지붕, 편지붕의 수상에 짧은 반대경사의 지붕을 설치한 지붕 등이 있다. 지붕에는 처마의 부식방지, 장식, 종교적 의미에 따라 다양한 형태가 있다.

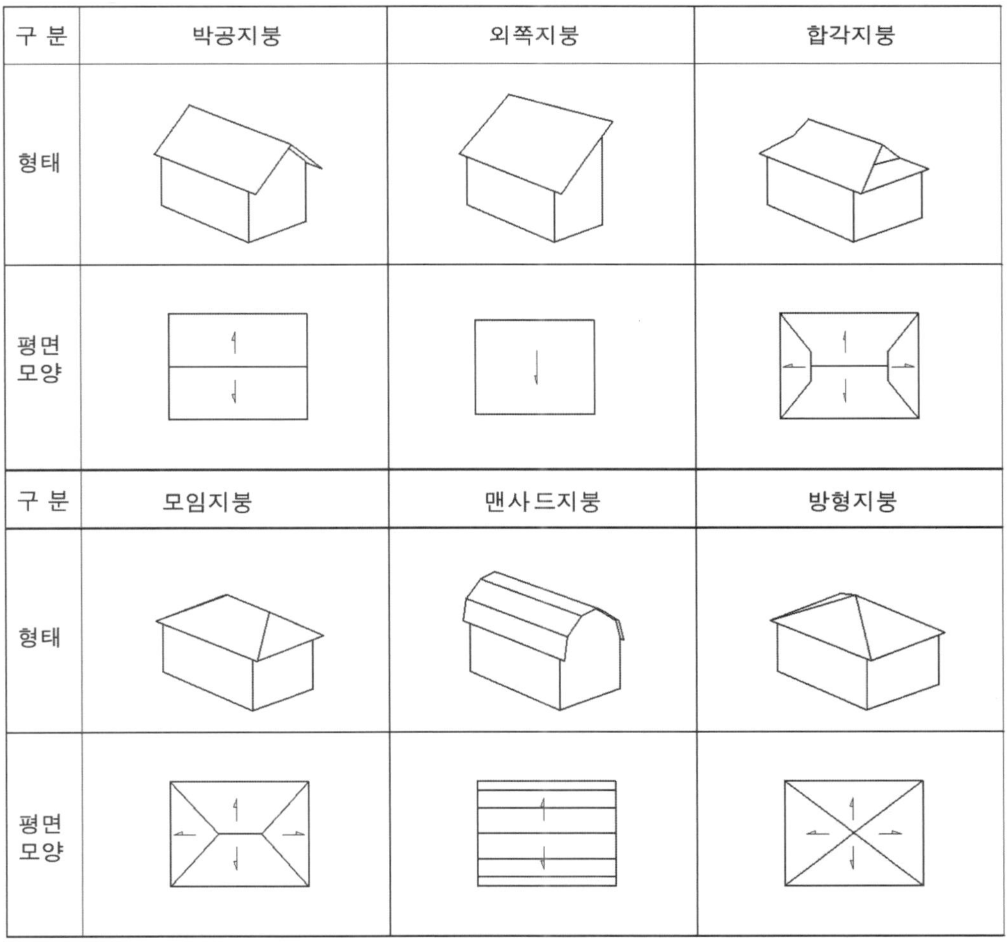

[그림 2-27] 지붕형태별 평면표시방법

3) 지붕의 구조

대규모 건축에서는 넓은 면적을 덮은 지붕을 지탱하는 필요가 있어 유럽, 아랍 등에는 석재로 지붕을 지탱하는 아치를 채용한 건축에서는 볼트(실린더), 돔이 사용되었지만 근대 이후에는 철골의 아치가 유리의 지붕과 조합되어 사용되었고 그 이후, 쉘구조, 텐션구조처럼 구조체 그 자체가 지붕과 천장이 되는 등 여러가지 기술을 구사한 지붕구조가 채용되어 왔다. 지붕은 천정을 설치하는 경우 바닥, 벽과 같이 내부공간을 구성하는 3개 요소의 하나이다.

지붕의 형태 및 디자인의 특성은 다음과 같다.

① 단순한 형태의 지붕으로 쉘터로서의 역할
② 같은 형태의 수평, 수직방향의 반복에 의한 리듬감 구성
③ 다른 지붕의 형태가 무리지어져 있어 균형을 이루고 안정된 환경을 구성
④ 다른 요소형태의 조화
⑤ 지붕면을 조경으로 활용하는 옥상녹화

1. 개요

계단과 경사로는 수평방향의 복도와 달리 수직방향으로의 이동 및 통로의 공간으로 정의할 수 있다. 따라서 계단과 경사로는 공공적 성향을 나타내며, 공간과 공간을 연결하는 연결 고리의 역할을 수행할 뿐만 아니라 현대건축에서는 디자인의 요소로 활용하기도 한다. 이러한 계단 및 경사로의 특성을 살펴 보면 다음과 같다.

2. 특성

1) 특별한 공간

건축과 도시의 공간 속에서 계단과 경사로는 오르내림 하기 위한 부분으로 사람과 물건이 지나가는 부분이기에 그 자체가 확장성을 가지는 일종의 공간임에는 틀림이 없지만 그것이 주요한 용도로 사용되는 것은 적다. 여러 가지 높이가 있는 건축군에 맞추어 연결하며, 계단과 경사로만으로는 건축과 도시가 되지 않지만 이것들이 없으면 다른 공간이 성립될 수 없는 의미를 가진 공간이다.

[그림 2-28] 렘 콜하스 뉴욕 프라다매장

[그림 2-29] 계단 사례

[그림 2-30] 빌라 사보아 경사로

2) 오르내림의 경험

오르내림의 경험은 인간이 일상의 많은 시간을 보내고 있는 평탄한 곳에서의 경험과는 다른 특별한 것이다. 뿐만 아니라 이 수적적인 신체운동에는 보여지는(눈에 들어오는) 장면(siene)이 변화하거나, 누군가를 만나거나 등의 여러가지 일들이 동반하여 일어나는 것이 보통이다. 감정이 변화하는 일도 있다. 계단과 경사로는 운동, 이벤트, 감정 등의 변화가 계속해서 움직여지는 공간이며, 이로 인해 계단과 경사로를 지나는 경험은 시간적으로 짧은 순간일지라도, 전체의 인상을 좌우할 정도로 강하게 인식되는 공간이기도 하다. 계단과 경사로에 의한 구부러짐이 많거나, 보이거나, 숨기거나, 뒤에 또한 뒤가 있는 공간구성의 방법에 따라 독특한 공간을 연출할 수 있는 공간 구성의 요소이다.

3) 계단 경사로의 5요소

도시 또는 건축에 입체적으로 집합하여, 도시의 지형이나 건축의 공간을 풍요롭고 매력적으로 구성하며, 자연의 지형의 특성을 살려 매력적인 풍경을 구성하기 위한 요소로 계단과 경사로의 다양한 효과를 활용하는 것이 하나의 방법이 될 수 있다.

■ 상승과 하강

계단과 경사로로 오르내림을 하고 있다는 의식이 들지 않도록 하는 수법을 주로 쓴다. 특이한 용도의 것이 아닌 뉴욕의 구겐하임 미술관의 경우 나선형의 스로프를 돌아가면서 미술작품을 감상하는 독특한 체험을 유도하는 경사로도 있다.

■ 공간에의 변화 요소

계단과 경사로는 떨어져서 바라보는 하나의 물체처럼 존재하는 경우도 있다. 이런 경우 조각 작품처럼 그 자체의 형태를 보여주는 것이 된다. 건축공간은 수평과 수직이 지배하고 있기 때문에 계단과 경사로는 경사, 지그재그, 곡선의 귀중한 모티브이다.

■ 장면(scene)의 전개

도시, 공원 등을 오르내릴 경우 다양한 장면의 변화가 공간이나 장소를 매력적으로 느끼게 한다. 이것은 하나를 바라보는 것이 아닌 이동하면서 시간을 통해 전개되는 장면(scene)을 디자인하는 방법이다. 영화 속의 시퀀스를 구상하는 것처럼 공간을 거치는 경험을 디자인하는 것으로 근대건축에는 많은 사례를 볼 수 있다. 코르뷔제가 사보아주택의 경사로를 올라가는 체험을 '건축적 산책로' 라고 부른 것이 전형적인 사례이다.

■ 만남의 장소

스페인 계단이 영화 '로마의 휴일' 의 무대가 되었던 것처럼 오르내릴 때 만남이 있는 장면은 영화에서 선호되고 있다. 계단과 경사로는 보다 극적인 만남을 연출한다. 공공공간의 디자인에 있어서도 계단과 경사로를 의도적으로 설치하는 것이 자주 계획되고 있다.

■ 기대감 촉진

계단과 경사로의 극적 효과를 여러 곳에서 발견할 수 있을 것이다. 지형을 이용한 형상과 여러 가지 분수를 배치하여 물의 계단이 만들어지기도 한다. 산의 위, 다음 층에 대한 심리적 효과, 역사적 건축물의 신전을 올라가는 계단 등은 성스러운 곳으로의 기대감을 높여주는 효과를 느낄 수 있다. 또한, 내려감에도 특별한 효과가 있어 일부 지역 또는 민족에게 있어 계단을 따라 걷는 것이 지하의 청결한 낙원으로의 기대감을 높이는 효과를 부여하기도 한다.

3. 계단의 구조와 형태

1) 계단의 형태

계단은 수직통로로서의 실용성과 함께 장식성을 갖추어야 한다. 일반적으로 계단을 이루고 있는 재료에 따라 구분하기도 하며, 계단의 형태에 따라 구분하기도 한다. 목조계단은 옆판계단, 따낸 옆판계단, 틀계단이 있는데 규모가 큰 계단에서는 옆판계단이 주택과 같이 규모가 작은 곳에서는 옆판계단과 틀계단이 쓰이고, 따낸 옆판계단은 의장을 살리기 위해 쓰이는 경우가 많다. 계단은 안전하게 통행할 수 있도록 계단의 너비와 기울기, 디딤판의 너비와 챌판의 높이, 계단참과 난간의 구조 등을 법으로 규정하고 있다.

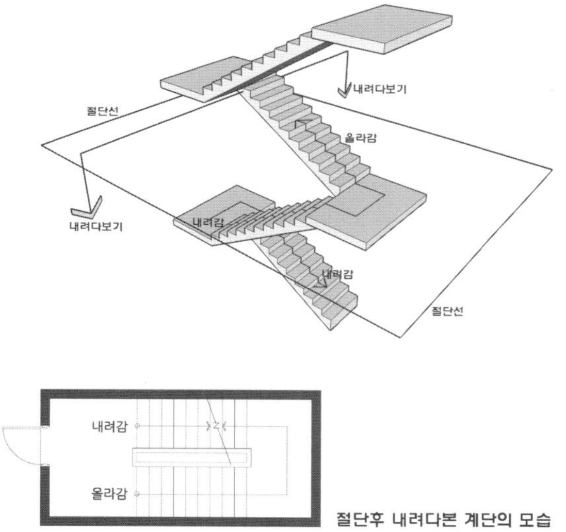

절단후 내려다본 계단의 모습

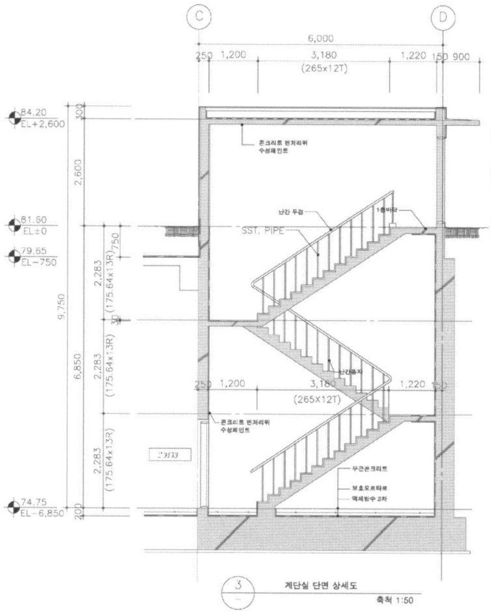

[그림 2-31] 계단 단면 상세도

계단의 기울기는 건물의 용도에 따라 다른데, 단의 너비와 단의 높이의 비로 정해지며, 일정한 높이마다 계단참을 두어 편안하게 통행할 수 있게 해야 한다. 계단의 옆에 벽이 없을 때에는 난간을 설치하는데, 난간을 설치할 때에는 안전 뿐만 아니라 의장적인 면을 고려한다. 난간에서 손스침을 위한 빗재를 난간두겁, 난간두겁을 지탱하는 짧은 기둥을 난간동자라 하고, 양끝에 세우는 굵은 난간동자는 엄지기둥이라 한다.

2) 철근콘크리트 계단

철근콘크리트 계단은 튼튼하고 내구적이며, 다양한 형태로 설계할 수 있다. 철근콘크리트 계단은 경사 슬래브에 단을 만든 것으로 배근방식도 슬래브와 동일하다.

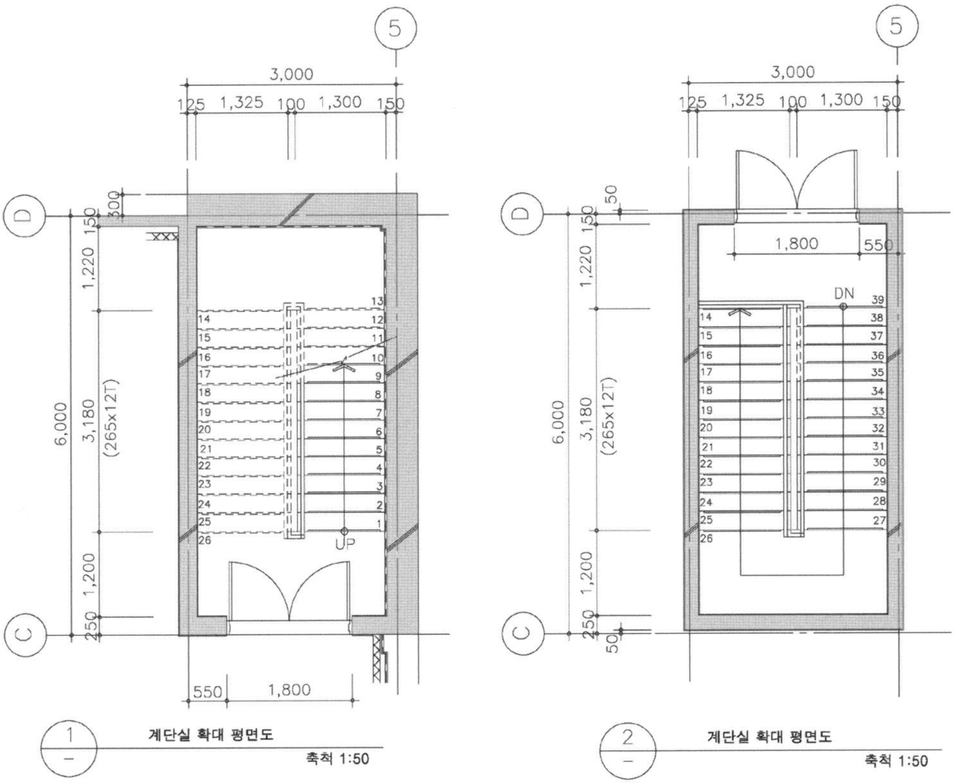

[그림 2-32] 계단 확대 평면도

계단의 너비와 간 사이가 큰 경우에 많이 쓰이는 형식으로 다음 그림과 같이 계단 슬래브를 네 변에서 보로 지지한다. 계단 슬래브를 배근할 때에는 계단을 직사각형 슬래브로 생각하여 단변방향에는 주근을 장변방향에는 배력근을 배치하게 된다.

계단은 위층과 아래층을 연결하는 통로이며, 안전하고 기능적인 구조로 되어야 한다. 계단은 모양에 따라 곧은 계단, 꺾은 계단, 돌음 계단 등으로 구별한다. 계단은 일반적으로 계단 바닥과 난간으로 구성된다. 계단 바닥은 디딤판과 챌판, 계단참, 옆판으로 이루어지는데, 각 부분의 너비와 길이, 높이를 이용하는데 불편이 없도록 계획되고 있다. 난간은 난간 동자, 난간 두겁(손스침), 엄지 기둥 등으로 구성된다. 특히, 의장적으로 아름답게 꾸밀 필요가 있고, 안전한 구조로 해야 한다.

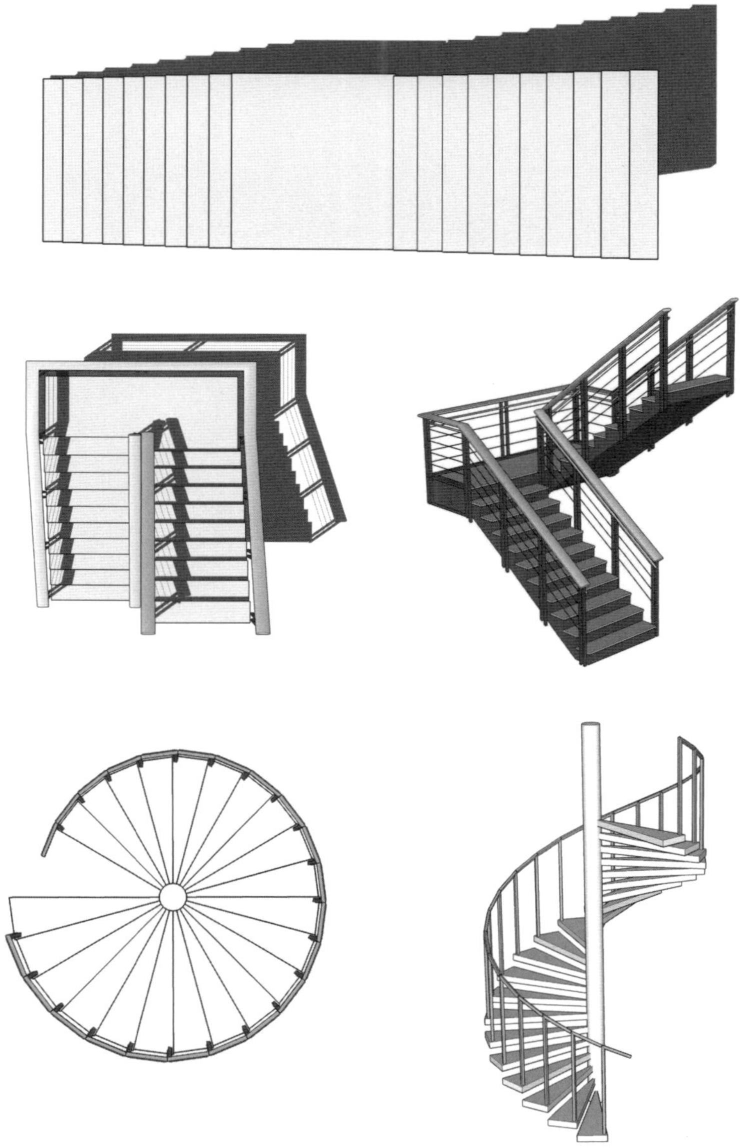

[그림 2-33] 계단의 모양별 구분

3 _ 실제 도면으로 익숙해지기

BEING FAMILIAR WITH ACTUAL DRAWINGS

HOW TO

ARCHITECTURE
DRAWING
UNDERSTANDING

PART 03

PART 03 **실제 도면으로 익숙해지기**
Being familiar With Actual Drawings

3-1 건축 구조체공사의 기본도면

DRAWING BASIC 3-1

1. 개요

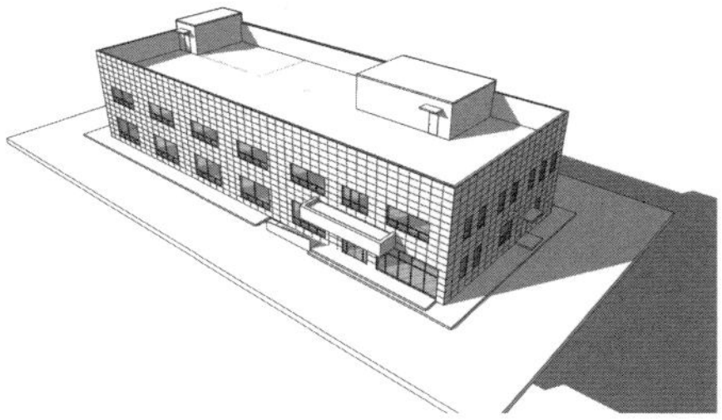

[그림 3-1]

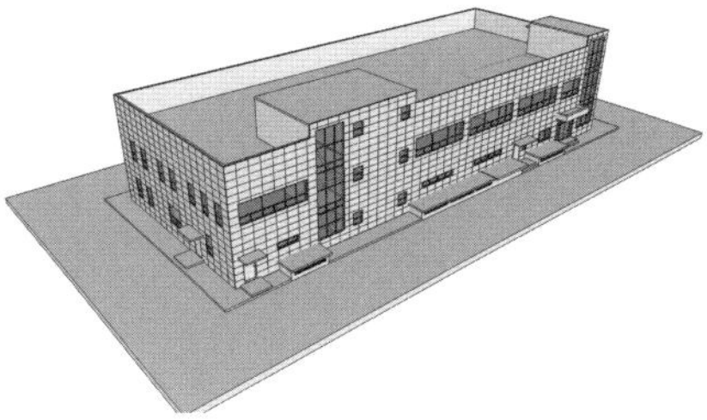

[그림 3-2]

건축물의 설계도면에서 가장 중요한 역할을 하는 것이 평면도이다. 도면을 이해하는 과정에서 평면도 상에서 나타난 내용을 3차원의 입체로 해석할 수 있는 능력이 도면이해의 첫걸음이라 할 수 있다. 평면도의 내용을 전체적으로 검토하여 전체 층수, 각각의 층수 간의 관계, 즉 건축물의 코아를 구성하는 복도, 계단, 엘리베이터, 화장실 등의 위치와 건축물을 건설하고자 하는 핵심적 시설인 건물의 용도간의 구성관계를 살펴보고, 이어 각 층간의 관계를 설명하는 단면도, 그리고 외부 모양을 설명하는 입면도, 그리고 이들 도면에서 설명하기 어려운 내용을 표현하는 상세도, 구조도, 설비도 등의 순으로 도면을 살펴보아야 한다. 물론 건물이 위치할 대지와의 관계를 표현한 배치도의 검토와 이해도 빼놓을 수 없는 중요한 요소 중의 하나이며, 이러한 과정을 지하1층, 지상2층의 상가건물의 실제 사례를 중심으로 도면의 내용이 건축물에서 구현되는 과정을 각 분야별로 공사장면을 통하여 설명하고자 한다.

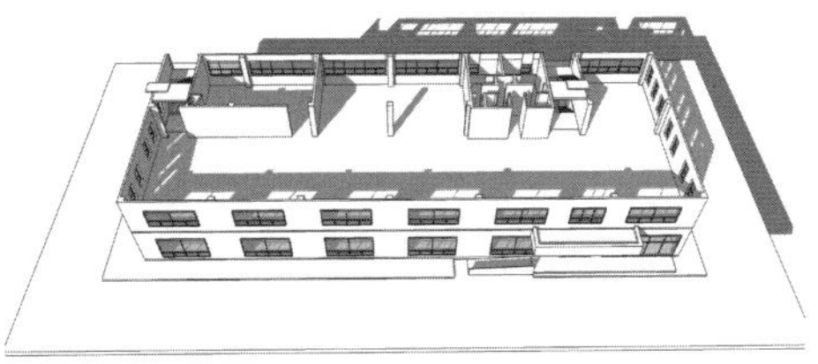

[그림 3-3]

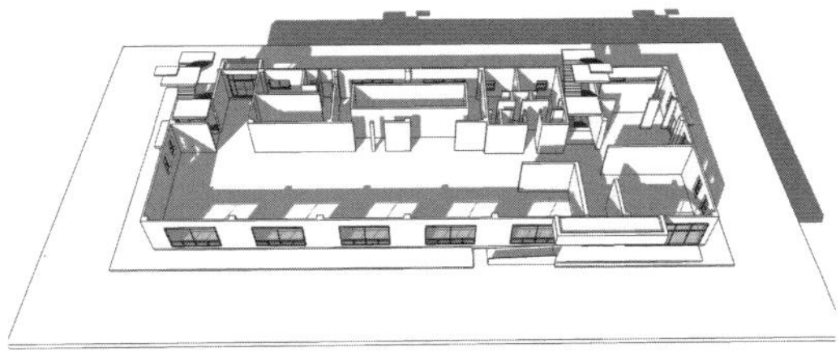

[그림 3-4]

앞 도면은 지하층에는 기계실, 물탱크실, 방재실과 피트, 그리고 계단, 환기와 채광용 드라이에리어(D.A), 1층은 전면과 후면에 출입구가 있으며 출입구를 중심으로 하여 상하부를 연결하는 수직동선(계단), 화장실(장애인 화장실 포함), 음식점, 매점 등으로 구성되어 있으며, 2층은 코아를 구성하는 계단과 화장실, 임대사무실, MDF(통신분배실)로 구성되어 있는 일반 도심지에 완공된 평범한 상가건축물의 도면이다.

2. 기본도면의 종류

1) 배치도

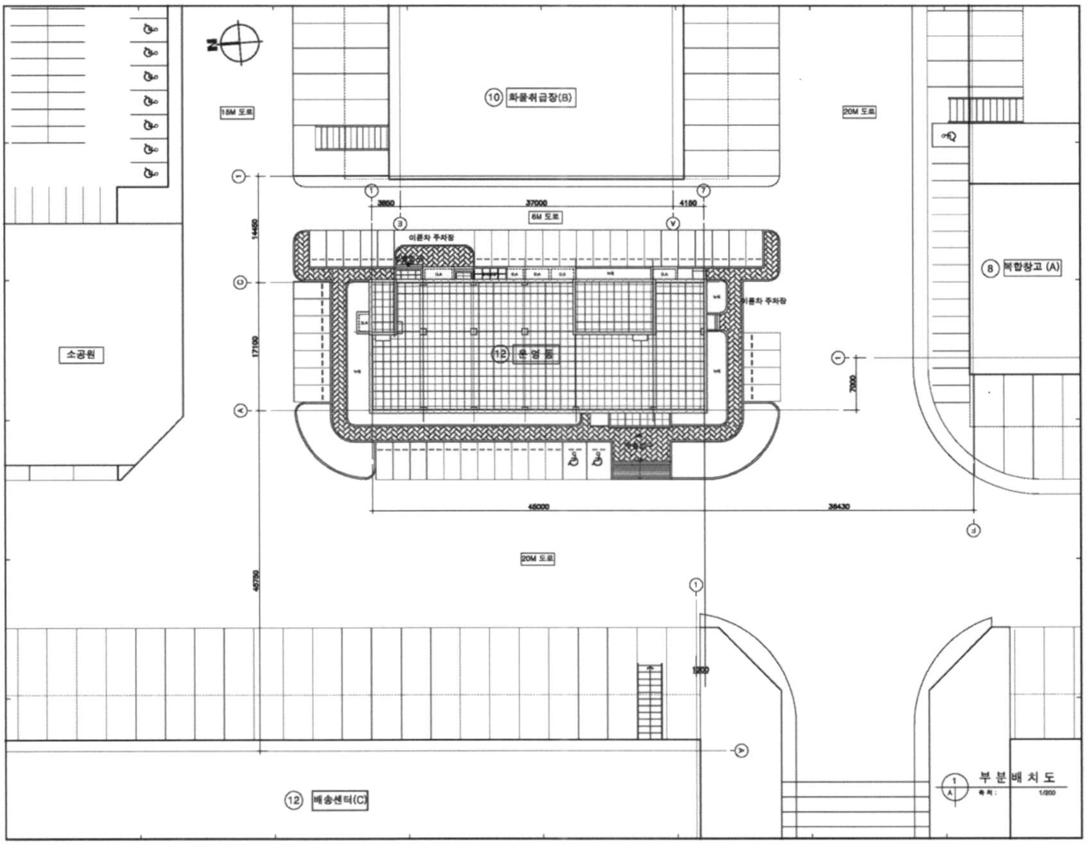

[그림 3-5] 상가 배치도

도면에 따라 공사가 진행되어가는 과정은 우선 배치도에 따라 대지에 건물이 위치할 자리를 결정하는 수평규준틀을 설치하여 건물의 위치잡고, 대지의 높낮이(레벨-Level)을 확인한 후 도면에 표기된 건물의 레벨에 맞추어 지하층, 기초, 잡석 등의 단면도에 표시된 사항을 반영하여 터파기를 시작한다. 위 도면에서 12배송센타(C)에서 상가 A열까지 45.75m이격, 8복합창고(A)의 F열에서 상가 7열까지 36.43m이격하였으며, 10화물취급장(B)의 1열에서 상가건물 C열까지 11.45m 이격하여 상가건물의 기준점을 결정하고 이 기준점에 따라 각 부분의 치수에 따라 공사를 진행하게 된다.

또한 배치도에서 살펴볼 수 있는 것은 주차장의 위치, 조경부분(녹지), 보행로, 주출입구, 도로와의 관계, 인접건물과의 관계 등을 파악할 수 있다.

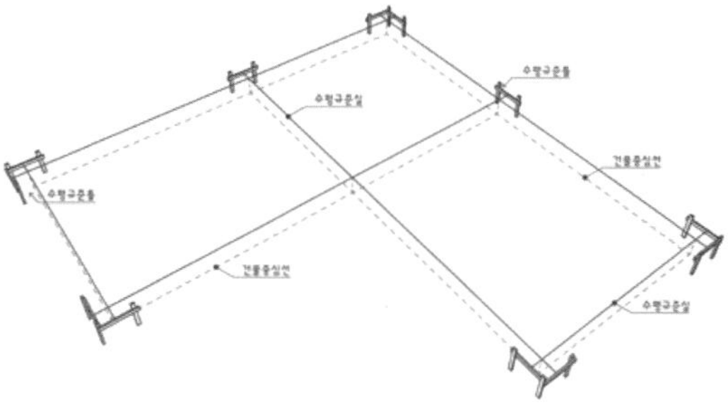

[그림 3-6] 수평규준틀설치도

[그림 3-7] 수평규준틀과 기초터파기

2) 터파기와 구조체 공사

터파기 완료된 후 기초공사를 위하여 터파기 부분의 바닥 지표면의 단단하기를 확인하기 위하여 시험을 하게 되는데 이것을 지내력 시험이라하며, 건물이 대형일수록 터파기한 바닥의 단단하기가 좋아야 한다. 지표면 바닥이 건물의 무게에 견디지 못할 경우, 약한 부분으로 건물이 기울어지거나 내려앉는

[그림 3-8] 지내력 시험(평판 재하시험-300㎠판에 일정한 무게로 눌러 가라앉는 깊이로 지내력 측정)

[그림 3-9] 파일공사(지내력이 부족할 때 파일시공을 하며 파일구멍을 미리 뚫고 파일을 항타하여 시공)

현상이 발생할 수 있어 반드시 지내력 시험을 통하여 설계된 하중에 미달할 경우 파일 등을 박아 부족한 지내력을 확보하여야 한다.

건축물의 터파기 이후 공사과정은 건축물의 뼈대를 이루는 구조체 공사가 우선하여 이루어지며, 구조체가 완성된 이후 마감공사가 진행되는 것이 일반적인 건축물의 공사과정이다. 건축물의 뼈대를 구성하는 구조체 공사는 구조도면을 기초로 이루어지며, 구조도면은 건축물의 용도와 특성에 따라 건축물이 견디어야 하는 적재하중(가구, 물품, 사람, 기계 등 수시로 이동하거나 경우에 따라 건물에 놓지 않을 수도 있는 하중과 건물의 자체무게와 같이 항상 건물에 무게를 전달하는 하중)을 공학적 계산에 의한 구조일반사항구조평면도, 각 구조체별 일람표, 구조체 상세도 등으로 구성된다.

3) 도면 목록표

구조도면 일람표는 구조도면의 종류를 한눈에 파악할 수 있도록 정리한 도면이다. 위 목록표에서 구조도면의 구성은 구조일반사항, 기둥의 중심위치를 설명한 주심도, 각종 구조 평면도, 각 구조부재별 일람표, 배근상세도 등으로 구성된 것을 살펴볼 수 있다.

1 S 도 면 목 록 표
축 척: NONE

일련번호	도면번호	도 면 명	축 척(A1)	비 고	일련번호	도면번호	도 면 명	축 척(A1)	비 고
	구 조								
001	S - 001	도면목록표	NONE						
002	002	구조일반사항-1	NONE						
003	003	구조일반사항-2	NONE						
004	004	구조일반사항-3	NONE						
005	005	구조일반사항-4	NONE						
006	006	구조일반사항-5	NONE						
007	007	구조일반사항-6	NONE						
008	101	주심도	1/100						
009	102	MAT 기초평면도	1/100						
010	103	지하1층 구조평면도	1/100						
011	104	1층 구조평면도	1/100						
012	105	2층 구조평면도	1/100						
013	106	지붕 구조평면도	1/100						
014	201	기둥 일람표	1/30						
015	202	보일람표-1	1/30						
016	203	보일람표-2	1/30						
017	204	슬라브, 벽체 일람표	NONE						
018	205	계단 배근도	1/30						
019	206	잡상세도	1/30						

[그림 3-10] 구조도면 목록표

구조일반사항은 구조도면의 설명서와 같은 역할을 하며, 구조도면에서 정해야하는 규칙, 기준 등을 요약한 도면이다.

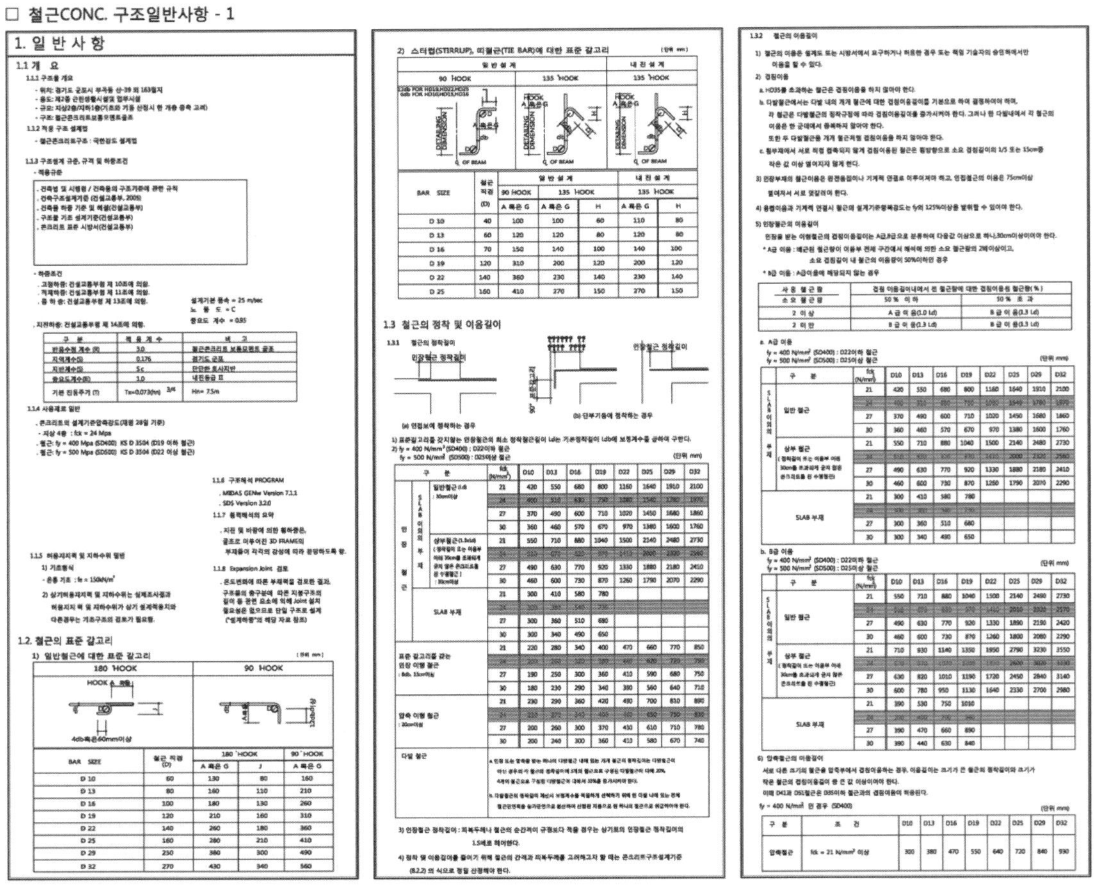

[그림 3-11] 구조일반사항

구조일반사항에서 확인하여야하는 사항은 구조체의 구성 성분의 특성, 예를 들면, 콘크리트 강도, 철근의 강도, 철근의 이음 길이, 오픈되는 부분에 대한 보강 방법과 기준, 기타 철근 등의 배근 방법 등을 확인하여야 한다. 특히 철근의 이음 및 정착 길이 등은 철근의 굵기별로 정하게 되므로 반드시 확인하여야 한다. 도면에서 철근의 표시방법은 상부철근은 실선으로 표기하며, 하부철근은 통상적으로 점선으로 표기한다.

현장에서 흔히 일반철근(D10, D13, D16...)과 하이바(고장력철근-HD10, HD13, HD16....)라고 불리우나, 원래는 철근의 항복강도(철근이 파괴되는 강도)에 따라 항복강도 35(kg/㎟)이상인 SD35규격의 철근을 고장력철근(High Tensile Bar) 약어로 HD로 표시하고, 항복강도 30(kg/㎟)이하인 SD30규격의 철근을 일반철근(Mild Bar) 약어로 D로 표시한다.

따라서 동일한 직경 10mm의 철근이라도 SD35규격의 철근은 SD35, HD10으로 표시하고, SD30규격의 철근은 SD30, D10으로 표시하는 것이 올바른 표기법이며, 일반적으로 일반철근을 D로, 고장력철근을 HD로 표기한다.

구조도에서 표기하는 약어는

- 수직철근을 V (Vertical)
- 수평철근을 H (Horizontal)
- 철근의 간격을 @
- F : 기초
- S : 슬래브 (sS: 계단 슬래브)
- G : Girder (기둥과 기둥을 연결하는 보-큰보)
- B : Beam (큰보와 큰보를 연결하는 보-작은보)
- C : Column (기둥)
- W : Wall (옹벽)
- T. & B. : 상부와 하부(Top & Bottom)
- D : 일반철근
- HD : 고장력 철근
- 주근 : 건물의 하중을 집중적으로 받는 철근
- 보조근 : 건물의 하중을 주근에 전달하는 보조적 역할을 수행하는 철근
- 띠철근(대근) : 기둥의 수직주철근이 좌굴되는 현상을 방지하기 위한 철근으로 수평 띠형태의 철근
- 늑근 : 보의 수평주철근이 절단되려는 현상을 방지하기 위한 수직 띠형태의 철근
- 단부(Ext.) : 부재의 끝부분(통상 부재 – 기둥, 보, 슬래브 – 의 1/4지점의 양끝부분)
- 중앙부(Cent.) : 부재의 중앙부(통상 부재 – 기둥, 보, 슬래브 – 의 1/2지점의 가운데부분)

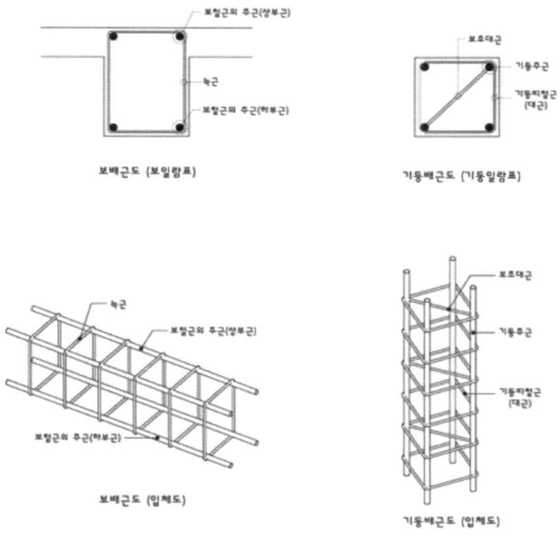

[그림 3-12] 보 철근명칭 및 기둥철근명칭

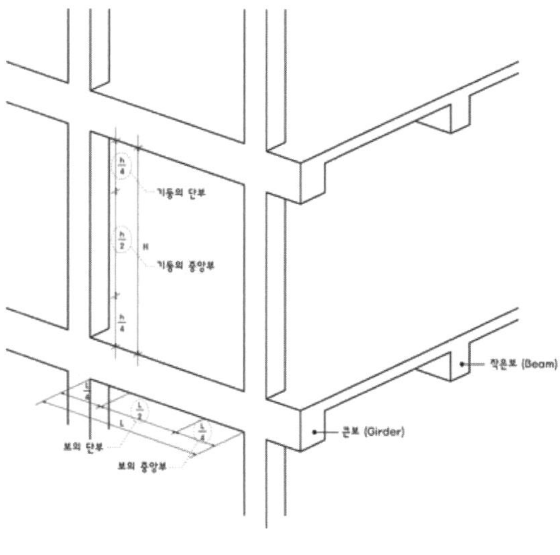

[그림 3-13] 구조체의 단부 및 중앙부

위 구조일반사항의 철근이음 및 겹친길이의 기준을 종류별로 규정하고 있다. 즉 인장철근일 경우, 철근의 지름별, 콘크리트 강도별, 철근끝부분의 갈고리 유무에 따라 철근의 이음길이 기준을 정하고 있으며, 철근의 끝부분 갈고리의 기준 등의 일반적으로 도면으로 설명하기 힘든 부분을 시방서와 같이 구성하고 있는 것이 구조 일반 사항이다.

4) 주심도

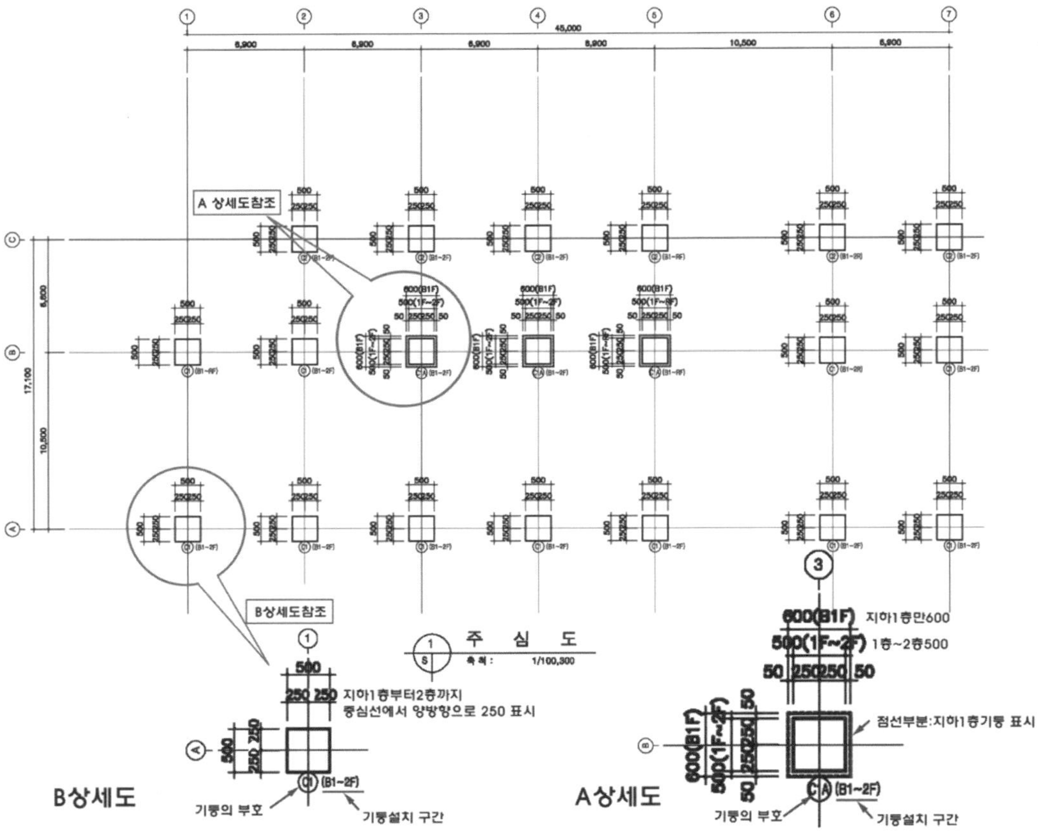

[그림 3-14] 주심도

주심도는 기둥의 설치위치를 표현한 도면이다. 기둥간격은 축척이 1/300, 기둥크기는 1/100으로 표현하였다. 이것은 축척이 작을 경우 기둥의 규격이 표현되기 어려워 1개의 도면에 2개의 축척을 사용하여 표현한 방법으로 주로 주심도 작성에 사용된다. 경우에 따라 주심도에 옹벽을 표현하기도 하지만, 도면이 복잡해지는 단점이 있어 생략하는 경우가 많다. 주심도는 기둥이 전체층에 어떻게 변화되어 설치되어야 하는가를 보여주는 도면으로 중심선으로부터 기둥규격의 변화를 표현하며, 기둥의 부호면, 설치구간, 규격 등을 표현하며, 철근의 표현은 기둥일람표에 표현하고 주심도에는 철근표현을 생략한다.

5) 기초 평면도

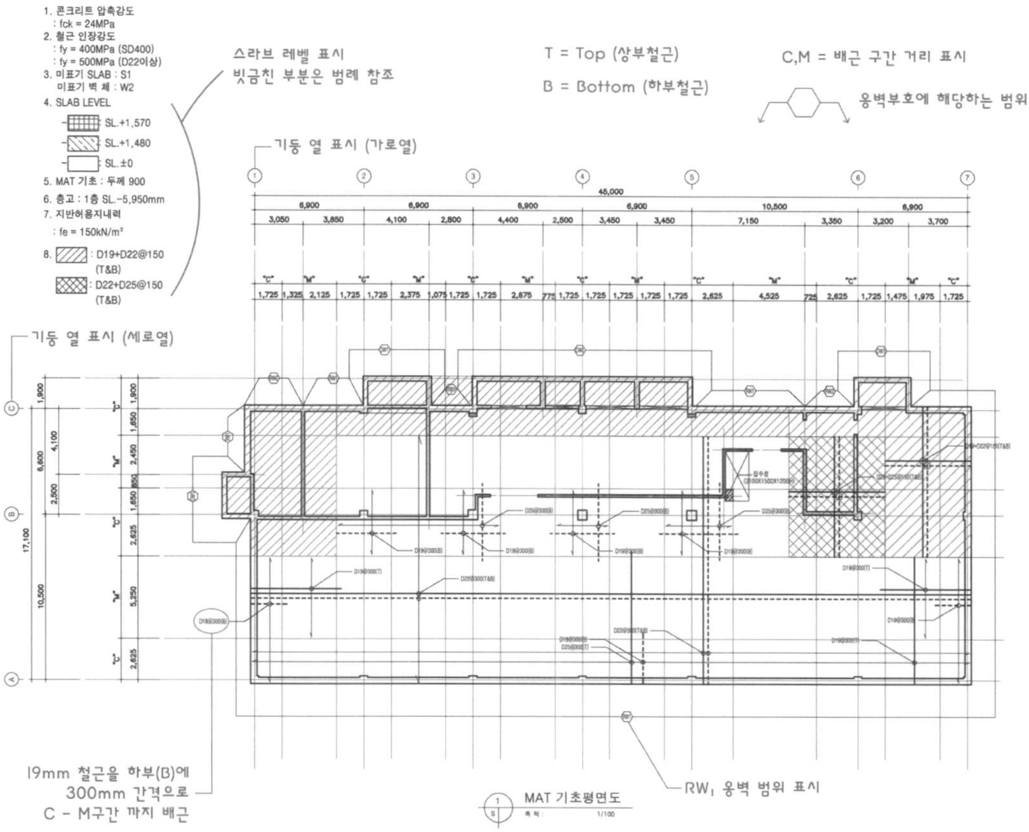

[그림 3-15] MAT 기초 구조 평면도

이 건물의 기초는 전체가 기초역할을 할 수 있도록 한 온통기초 형식이다. 일반적으로 Mat기초라고 하며, 이 도면은 기초부분의 철근배근을 표시한 평면도로 구조계산에 의하여 산출된 적정한 철근의

[그림 3-16] Mat 철근배근완료후 콘크리트 타설준비

[그림 3-17] 철근배근 검사

길이, 크기, 수량, 콘크리트 규격 등을 도면으로 표현한 것으로 각 구간별로 철근의 배근을 구분할 수 있도록 작성되었으며, 주기란에 도면으로 표현되지 못하는 부분을 범례로 표시하였다.

6) 구조 평면도

지하층 구조평면도는 Mat평면도에 나타나지 않은 지하층의 구조 부재에 대한 도면이다. 구조부재의 부호, 기둥과 옹벽의 크기, 옹벽에 설치하는 개구부의 가로크기, 설치 위치, 형태 등이 표시된 도면이다. 각 부재의 크기는 일반적으로 중심선에서 양방향으로 치수를 표기한다. 위 도면에서 좌측 상단에 방재센타 구조평면도는 지하층 바닥에서 1570mm 올라간 바닥부분으로 B열과 C열, 1열과 2열에서 우측으로 4100mm 이동한 지점에서 방재실 바닥 슬래브가 형성되어 있어 표현된 방재실 바닥 레벨에서의 구조 평면도 이다. 평면도에서 ×표시된 부분은 바닥이 없거나 뚫려있는 경우, 막힌 공간인 경우 등에 사용한다. 지하구조평면도의 ×는 환기용D.A, 방재실 하부 막힌 공간, 집수정 부분에 사용하였다.

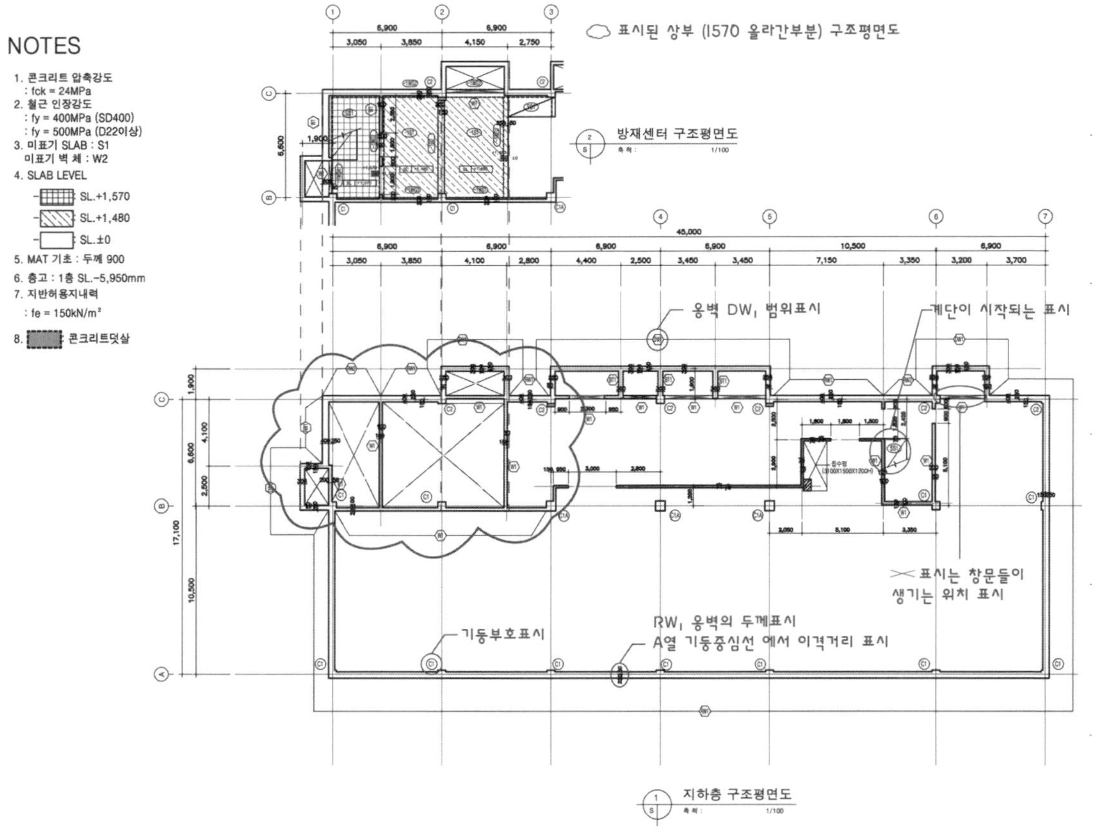

[그림 3-18] 지하층 구조 평면도

[그림 3-19] 동절기 콘크리트 타설을 위한 보온덮개(동절기공사로 콘크리트동해방지용으로 덮개와 난로사용)

[그림 3-20] 기초콘크리트 타설(콘크리트동해방지용 시설)

[그림 3-21] 지하 Mat 콘크리트 타설 완료 양생

[그림 3-22] 지하 옹벽(RW1) 철근 배근 공사

1층 구조평면도에서 슬래브 하부(지하층 천정부분)에 설치되는 보가 표시되어 있다. 보는 슬래브에 전달되는 하중을 기둥에 전달하는 역할을 하는 구조부재로 기둥과 기둥을 연결하는 보를 큰보(Girder), 큰보와 큰보에 연결되는 작은보(Beam), 그리고 옹벽속에 매립되어 설치되는 옹벽보(Wall Giredr), 지하 땅속에 설치되는 지중보 등으로 구분되며, 일반적으로 보의 표시는 슬래브에 가려 안보이는 부재로 점선으로 표시하며, 큰보를 'G' 로, 작은보를 'B' , 옹벽보를 wG로 표시하며, 슬래브를 'S' 로 표시한다. 1층 구조평면도의 빗금친 부분은 바닥구조 마감선이 높고 낮은 부분을 구분하기 위하여 표시한 선으로 주기의 범례를 참고한다. 구조마감선의 차이는 건축마감재료의 특성에 따라 마감공사를 하기 위하여 필요한 치수만큼의 차이에 의하여 발생한 것으로, 일례로 타일마감의 경우 붙임두께가 타일과 몰탈을 포함하여 약 50mm, 화강석의 경우 돌두께 30mm, 몰탈50mm를 포함하여 80mm의 붙임 두께가 필요하다. 따라서 화강석 마감인 부분은 구조레벨을 바닥 건축마감선에서 80mm, 타일 마감인 부분은 50mm 레벨을 낮추어야 한다. 1층 구조 평면에서 빗금친 부분과 기타 해치된 부분은 마감재의 특성과 방수 기능을 위하여 구조 마감선을 낮추어 공사하도록 표시되었다.

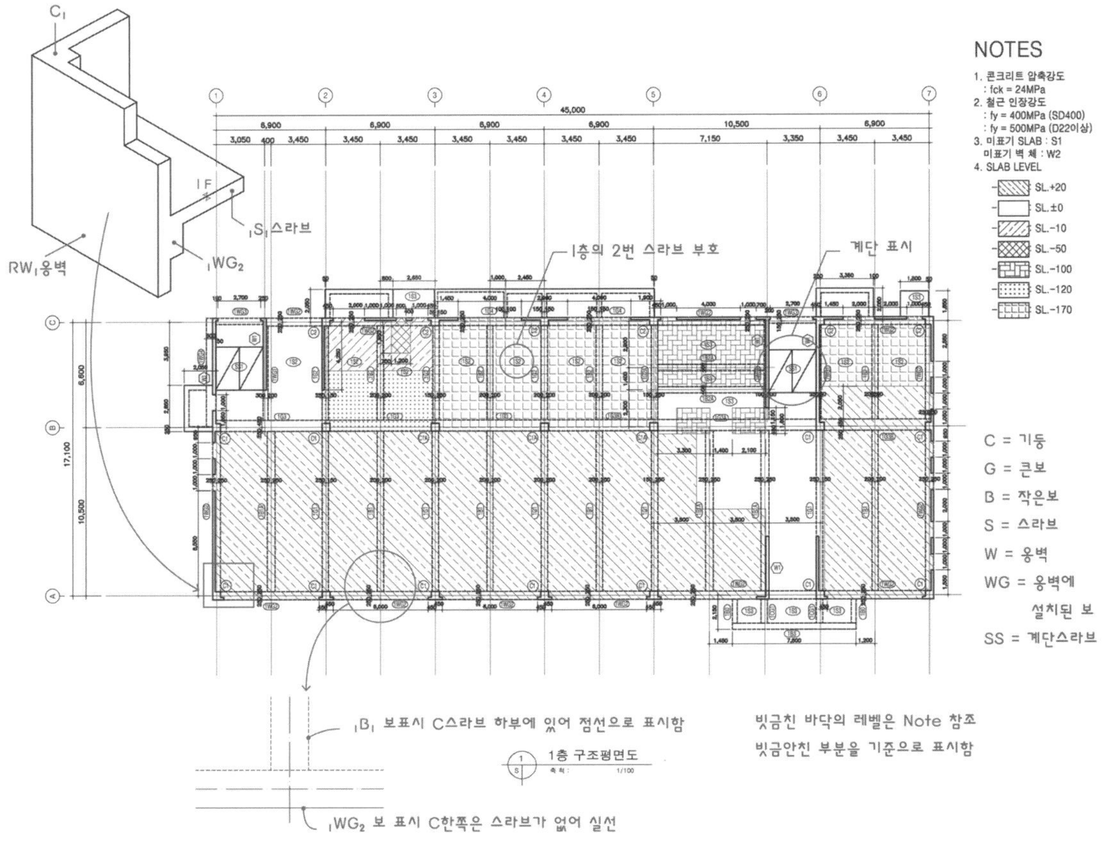

[그림 3-23] 1층 구조 평면도

[그림 3-24] 바닥 레벨차이를 고려한 거푸집공사

[그림 3-25] 콘크리트 타설 공사

이와 같이 구조평면도는 구조를 이루는 부재의 규격, 각 부재간의 관계, 배근상태, 구조마감 레벨, 구조부재의 명칭 등을 표시한 도면이며, 건축마감재를 고려하여 구조계산서를 기초로하여 작성되는 도면으로 콘크리트, 철골 등의 구조체 부분이 표현된 도면이다.

7) 기둥 및 보 일람표

구조평면도를 기초로 뼈대를 이루는 골조공사의 형태가 진행되며, 세부사항으로 각 골조 부재의 규격, 형태, 보완사항 등을 추가로 표시한 도면이 각 부재별 리스트이다. 대표적으로 기둥 일람표, 보일람표, 슬래브 일람표, 옹벽일람표 등이 있으며, 도면의 표현 방법에 따라 이외 일람표가 추가될 수 있다. 일람표의 작성은 표로 작성될 수도 있으며, 통상적으로 그림이 병행된 표의 형태로 작성된다.

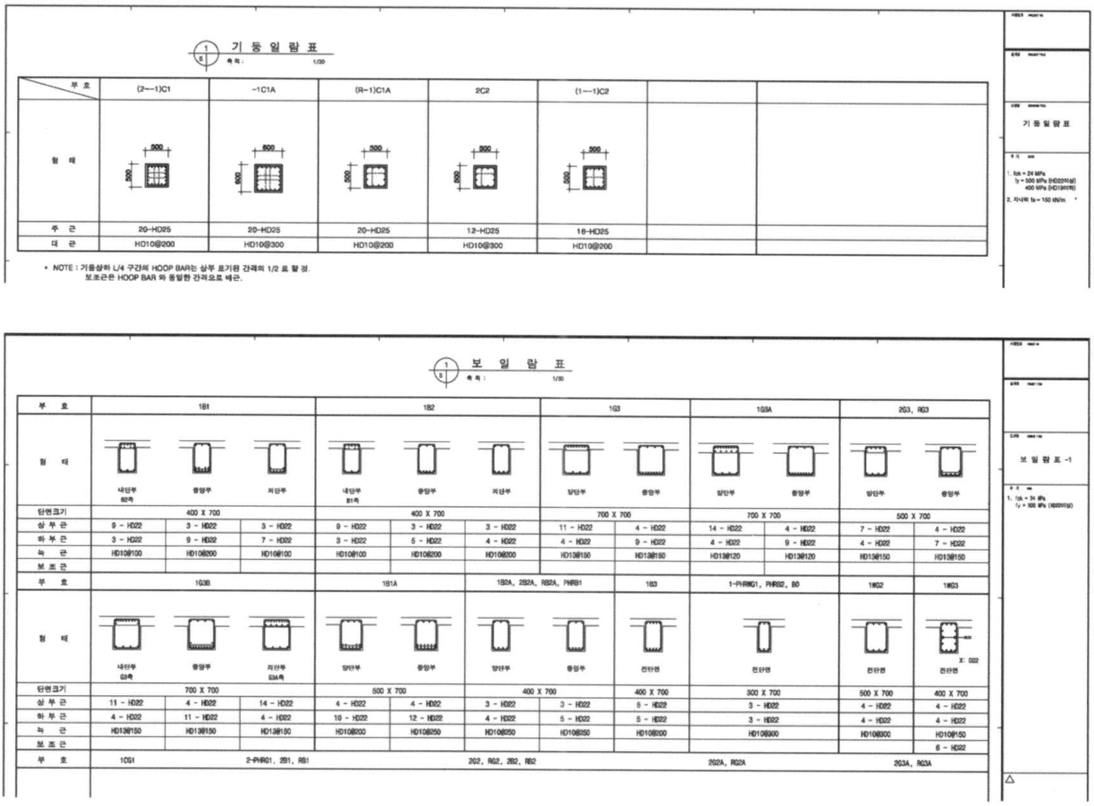

[그림 3-26] 기둥 및 보 일람표

기둥일람표는 기둥의 형태, 철근배근, 기둥의 크기 등을 표시하여 정리한 도면이다. 기둥 C1은 2층에서 지하1층까지를 '(2~-1)C1' 으로 표기하였으며, 수직으로 세워지는 철근인 주근은 20개로 철근의 지름이 25mm, 고강도 철근, 띠철근(대근)은 10mm철근을 200mm간격으로 배근하도록 표시하였다.

[그림 3-27] C1 기둥 주근 철근배근(기초콘크리트에 정착시키기 위하여 90도 각도로 구부림)

[그림 3-28] 기둥 주철근의 좌굴을 방지하는 띠철근(대근)과 보조대근

보일람표는 큰보 및 작은보의 형태, 크기, 배근상태 등을 정리한 도면으로 작은보 1층의 B1을 '1B1' 으로 표기하였으며, 1층의 구조평면도에서 보 'B2' 에 연결되는 부분을 '내단부 B2측' 으로 표시하여 상부주철근 22mm, 9개설치, 하부 주철근 22mm 3개설치, 늑근 10mm를 100mm간격으로 설치하도록 표시하였으며, B1보의 중앙부는 상부에 주근22mm 3개, 하부에 22mm 9개, 늑근 10mm, 200간격으로 설치하며, 보의 외부측, 측 내단부 B2의 반대편 단부에 상부근 22mm 3개, 하부에 22mm 7개, 늑근 10mm, 100mm간격으로 설치하도록 표시되었다.

[그림 3-29] 큰보의 단부 철근배근

[그림 3-30] 보의 단부와 중앙부 상부 철근배근

8) 슬래브 배근 일람표

슬래브 배근일람표는 작성자 또는 설계자의 설계도면 작성 기준에 따라 구조평면도에 축척에 따라 철근을 직접 표시하는 방법이 있고, 위 슬래브 배근 일람표와 같이 표로 정리하여 표시하는 방법 등과 같이 다소 차이가 발생할 수 있다. 구조평면도에 직접 배근을 표시하는 방법은 수량, 위치, 이름부, 개구부 등의 특징과 정확하게 일치하는 배근도를 작성할 수 있으나. 시간이 많이 소요되고 도면이 복잡해 지는 특성이 있으며, 위 슬래브배근도와 같이 표와 배근타입으로 표시하는 방법은 도면작성의 소요시간이 적고 간략하게 표현하여 공사자에게 배근의 기준을 전달하기가 간단하고 명료하지만, 구조평면도의 특성을 반영하기 어렵다는 단점이 있다.

슬래브의 형식구분은 단변 및 장변의 비율에 따라 결정 되는 경우가 일반적이다. 위 슬래브 배근일람표는 슬래브가 고정되는 방식에 따라서 4개 타입별로 슬래브가 하중을 지지하고 보나 옹벽 등에 전달하는 방식에 따라 구분하여 배근의 간격, 철근 배근방식, 등을 정리한 도면이다. 슬래브의 단변 순수 슬래브 길이(옹벽두께를 제외한 길이)의 1/4거리에 해당하는 양쪽 옹벽인접부를 단부, 그 외 1/2부분을 중앙부라 하며, 단부부분이 주근, 장변방향이 부근이라한다. 슬래브는 단변길이의 2배가 넘는 장변

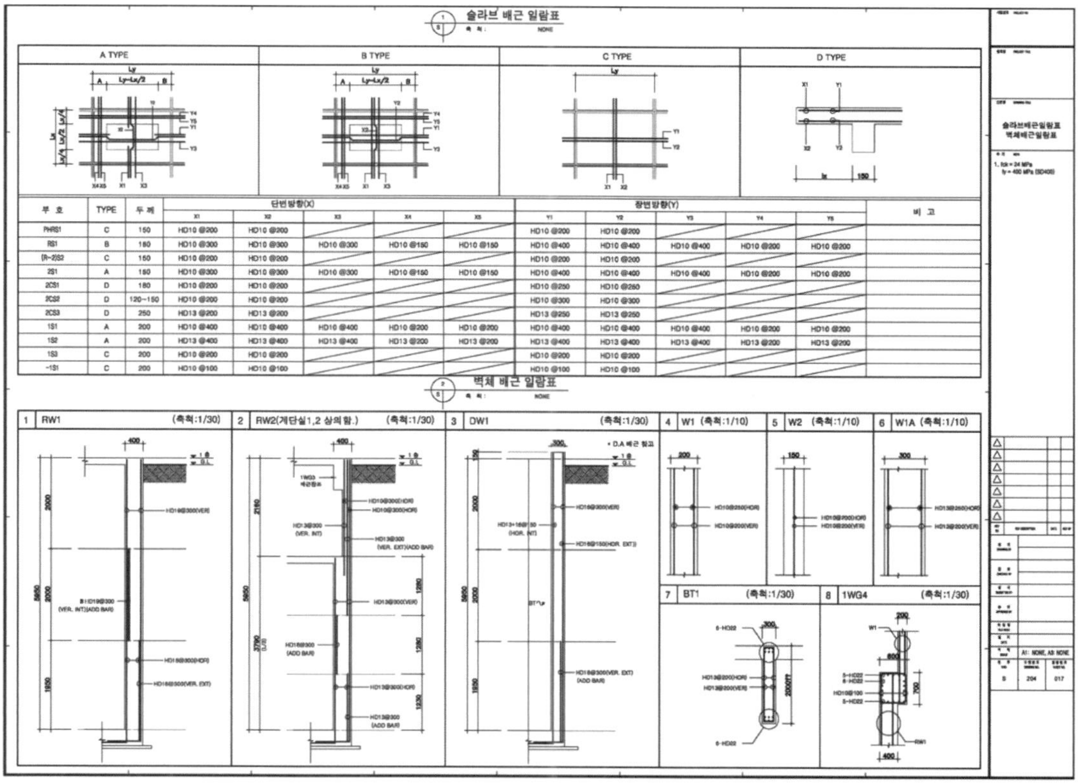

[그림 3-31] 슬래브 옹벽 배근 일람표

을 가진 슬래브를 1방향 슬래브, 단변이 장변길이의 2배 이하를 2방향 슬래브라하며, 1방향 슬래브는 단변방향의 주근이 바닥의 주요하중을 지탱하며, 부근은 거의 하중을 지지하지 못한다. 반면 2방향 슬래브는 부근인 장변방향의 철근도 일정부분 하중을 지탱하는 특징을 가진다.

슬래브 번호 '2S1' 은 2층의 S1 슬래브로 A타입(2방향 슬래브)의 슬래브이며, 슬래브 콘크리트 두께가 150mm, 배근은 주근인 X1철근은 단변의 중앙 상부철근으로 10mm 간격 300m이며, 단변길이의 1/4까지만 배근하고 나머지 1/2부분은 배근하지 않는다. 이러한 철근을 'CUT BAR' 이라 한다. X2 철근도 주근의 중앙부 철근으로단변의 1/4지점에서 구부려 중앙부서 하부에 배근하는 철근으로 'BEND BAR' 라하며, CUT BAR과 규격, 배근간격이 동일하다. 즉 중앙 상부의 주근은 X1철근 300mm간격, X2철근 300mm 간격으로 배근하게 되어 결과적으로 X1과 X2의 각 철근의 간격이 150mm가 되게 된다. X3의 철근은 중앙부 하부의 주근으로 10mm철근, 간격 300mm로 배근하도록 되어있으며, 이에 따라 중앙부에서는 X2철근이 300mm로 BEND되어 하부로 배근되어, 중앙부의 하부철근 X2가 300mm, X3이 300mm간격으로 배근되어 결과적으로 X2와 X3의 간격이 150mm가 된다. 따라서 X1, X2, X3의 철근은 중앙부(도면의 Ly-Lx2 부분)에만 배근되는 철근이며, 장변의 단부부분(단변길이의 1/4에 해당하는 거리-A, B 범위 임)에 배근되는 X4와 X5철근은 도면의 A와 B범위에서 배근되는 철근으로 상하 모두 10mm철근을 300mm간격으로 배근하도록 되어 있다. 부근의 Y1, Y2, Y3 철근의 배근방식도 주근의 X철근과 동일하게 해석하면 된다. 여기서 실선은 상부 철근, 점선은 하부철근을 표시한다.

옹벽배근일람표는 옹벽의 형태, 철근의 배근상태 등을 표현한 도면이다. 철근과 콘크리트로 벽체를 이루는 것을 옹벽이라하며, 기둥의 역할과 시선 차단과 경계를 설정하는 벽체의 역할을 수행하는 구조 부재이다.

[그림 3-32] 슬래브 철근배근과 스페이서(철근이 콘크리트에 묻힐 수 있도록 간격을 유지하기 위한 부재)

[그림 3-33] 옹벽 배근 철근 간격 검사

[그림 3-34] 옹벽 배근 철근 간격

RW1옹벽은 지하층에서 1층까지, 즉 지하1층에만 형성되는 옹벽으로 두께가 400mm, 철근이 수직철근은 천체옹벽높이부분에 19mm, 간격 300mm를 배근하고, 기초상부에서 1950mm까지 16mm철근을 간격 300mm로 외부측에 추가 배근하고, 중앙부인 2000mm에 해당하는 부분에 19mm철근 2개를 간격 300mm으로 내부측에 추가로 배근하도록 표현되었다. 수평철근은 높이 전체구간에 16mm철근을 300mm간격으로 내부와 외부에 동일하게 배근하도록 표현되었다.

10) 기초 배근도

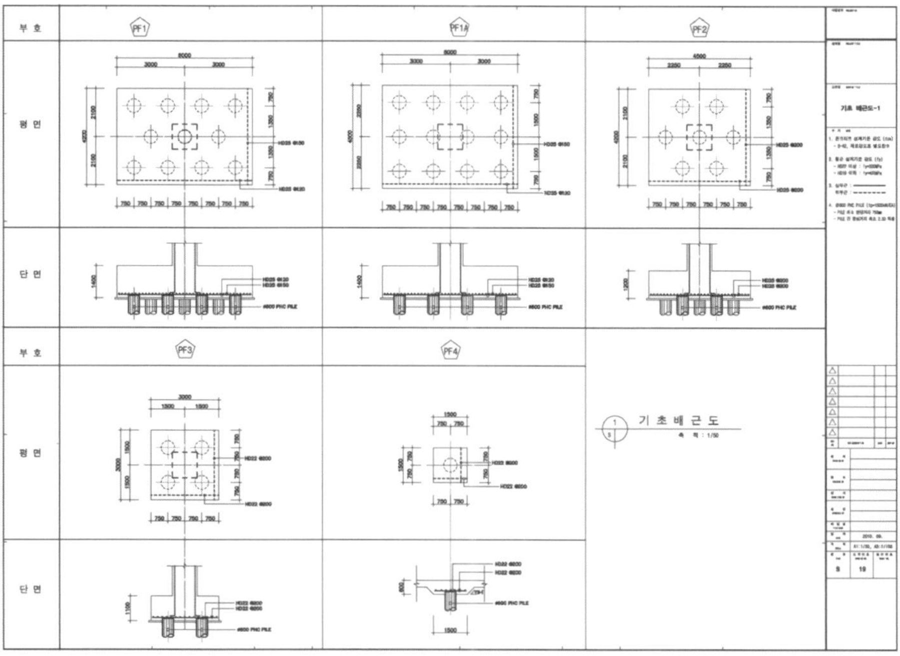

[그림 3-35] 기초배근 일람표

위 기초 배근도는 다른 건축물의 독립 기초 배근일람표 도면이다. 독립기초의 도면표현 방법과 배근, 그리고 지내력이 설계기준에 미달할 경우 사용하는 파일이 추가된 경우의 도면으로 평면상에서 파일 부분을 점선으로 표시하고 중심선 부분의 사각형 기둥을 중심으로 상하좌우 대칭으로 파일이 배치되었으며, 평면상에서 기초의 가로세로 크기와 파일 배치, 철근배근이 표시되었고, 단면에서 기초의 두께, 파일과 기초의 접합위치, 철근배근 등이 표시되었다. 철근배근이 평면상에서 점선으로, 단면상에서 점과 실선으로 표현되었다.

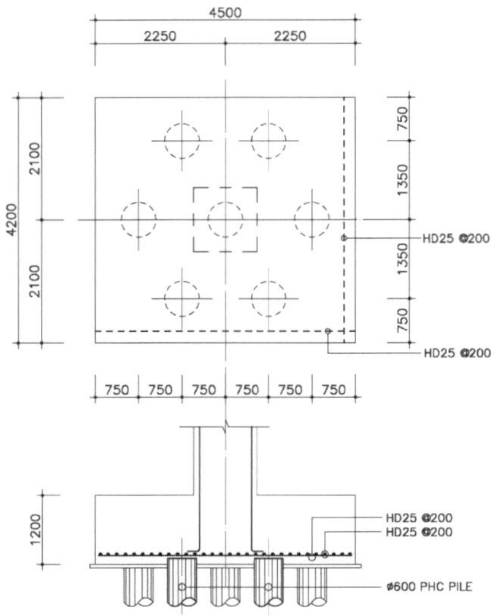

[그림 3-36] F2 기초파일과 배근도

[그림 3-37] F2 기초파일과 배근과정

11) 계단 배근도

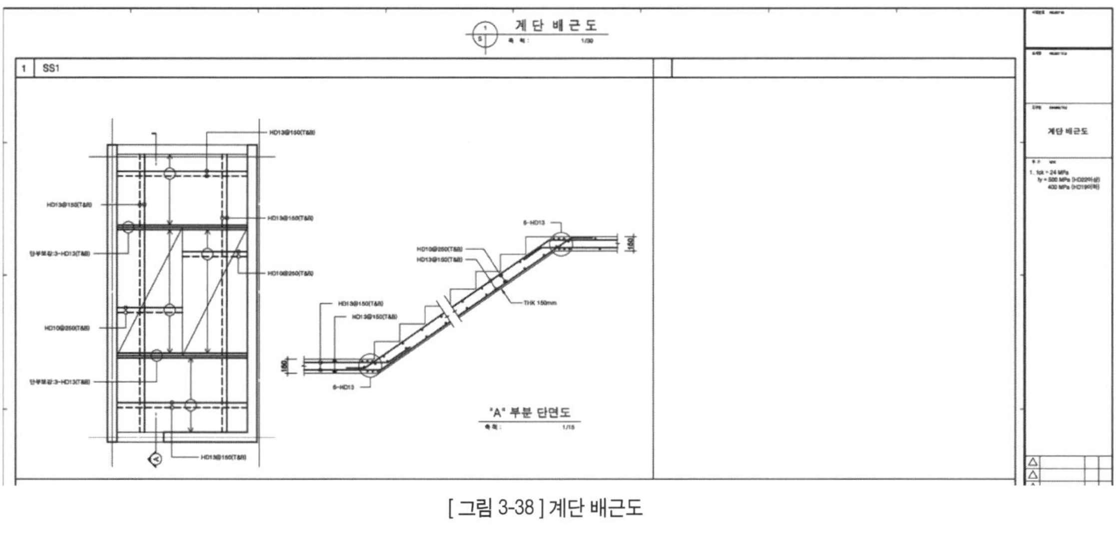

[그림 3-38] 계단 배근도

계단의 구조 형식은 슬래브와 유사하여 그 부호도 계단(Stair) 슬래브(Slab)의 영문 앞글자를 사용하여 'SS' 로 표현하며, 슬래브와 같이 옹벽, 보 등에 고정되는 형식에 의하여 계단의 형식을 구분하며 배근 일람표는 일반적으로 위 계단배근도와 같이 작성된다. 계단의 배근도면의 철근 표시는 평면도에서 상부근을 실선, 하부근을 점선으로 표시한다. 평면도에서 철근의 배근 범위를 화살표로 표현하여 철근의 종류별 배근 범위를 표시하였다. 도면에서 나타난 것과 같이 단면의 계단이 경사에서 수평으로 전환되는 'O' 표기된 부분은 상부에 3개, 하부에 3개의 13mm철근을 별도로 추가 배근하도록 표시되었으며, 상부철근을 'T' , 하부철근을 'B' 로 표현하였다. 계단슬래브의 두께는 150mm이며, 계단 단의 가장 적은 부분의 치수가 계단 슬래브의 두께 측정 기준이다.

[그림 3-39] 계단 및 계단참의 철근배근과 거푸집 공사

[그림 3-40] 계단 철근배근 및 거푸집 공사

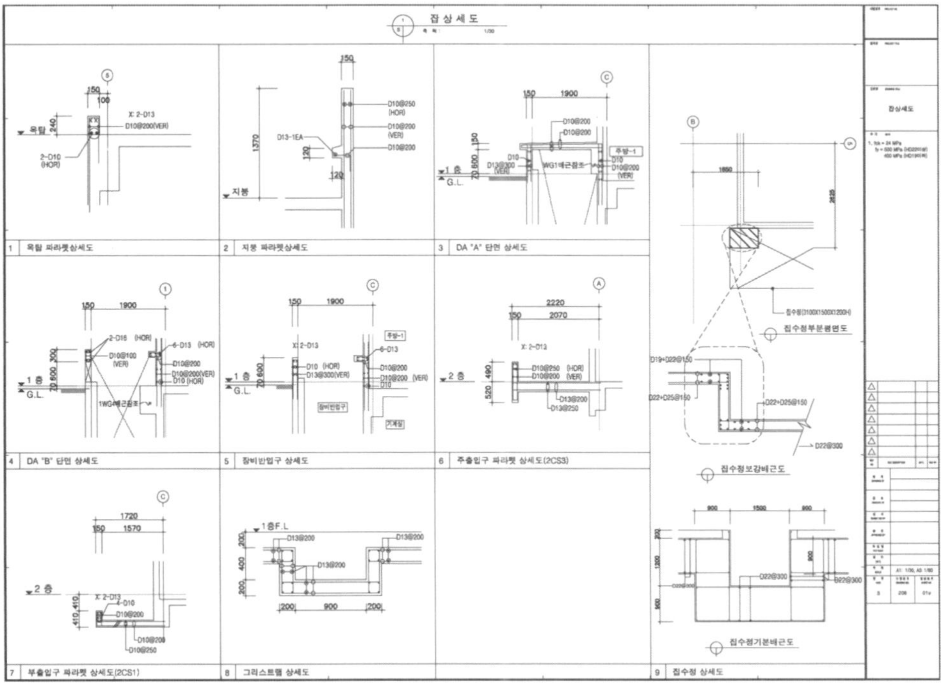

[그림 3-41] 구조 상세도

구조도면의 마지막 부분에 해당하는 도면이 구조 상세도이다. 이 도면은 평면도의 축척에서 표현하기 어려운 부분에 대하여 확대하여 상세하게 표현하거나, 평면상으로 표현이 않되는 부분을 단면이나 입면, 투상도 등으로 전환하여 표현한 도면으로 공사자에게 설계자의 정확한 설계의도와 목적을 전달하여 공사가 설계도서대로 시공될 수 있도록 하기 위한 도면이다. 도면에 상세도별로 표현된 번호는 평면도나 기타 도면에서 표기된 참고표시 도면의 부분을 반영한 번호이다.

건축물 건설공사의 진행 순서는 위 구조도면을 기초로 뼈대공사가 우선 시행되며, 뼈대공사가 완료됨에 따라 건축 마감, 기계, 전기, 소방, 통신 등의 마감공사가 순차적으로 진행된다.
마감공사와 관련하여 내부 및 외부의 구조와 형태가 단순한 일반적 상가 건축물을 실제 사례로 건축도면과 실제가 어떻게 이루어지는지에 대해서 알아보도록 하자. 이 건축물은 창고시설 단지내의 식당과 사무실이 공존하고 있는 간단한 평면이지만 지하층의 설비시설과 건축 전 공정의 내용들을 비교적 쉽게 이해할 수 있는 건물이다.

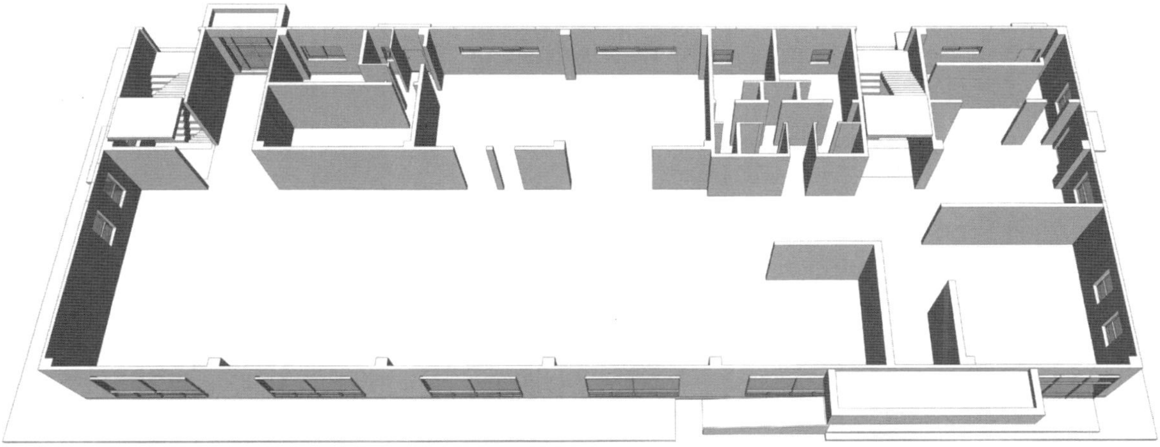

[그림 3-42]

12) 1층 평면도

현재 1층의 평면을 살펴보면 전면과 후면에 출입구, 부출입구가 있으며 출입구를 중심으로 하여 상하부를 연결하는 수직동선(계단)이 존재한다. 계단 옆에는 화장실과 장애인 화장실이 존재한다. 2층에는 두 개의 계단에서 연결되는 중앙동선으로 중심으로 하여 양옆으로 사무실과 필요개실이 존재하는 전형적인 상가식, 군대막사식 평면이 형성되어 있음을 알 수 있다.

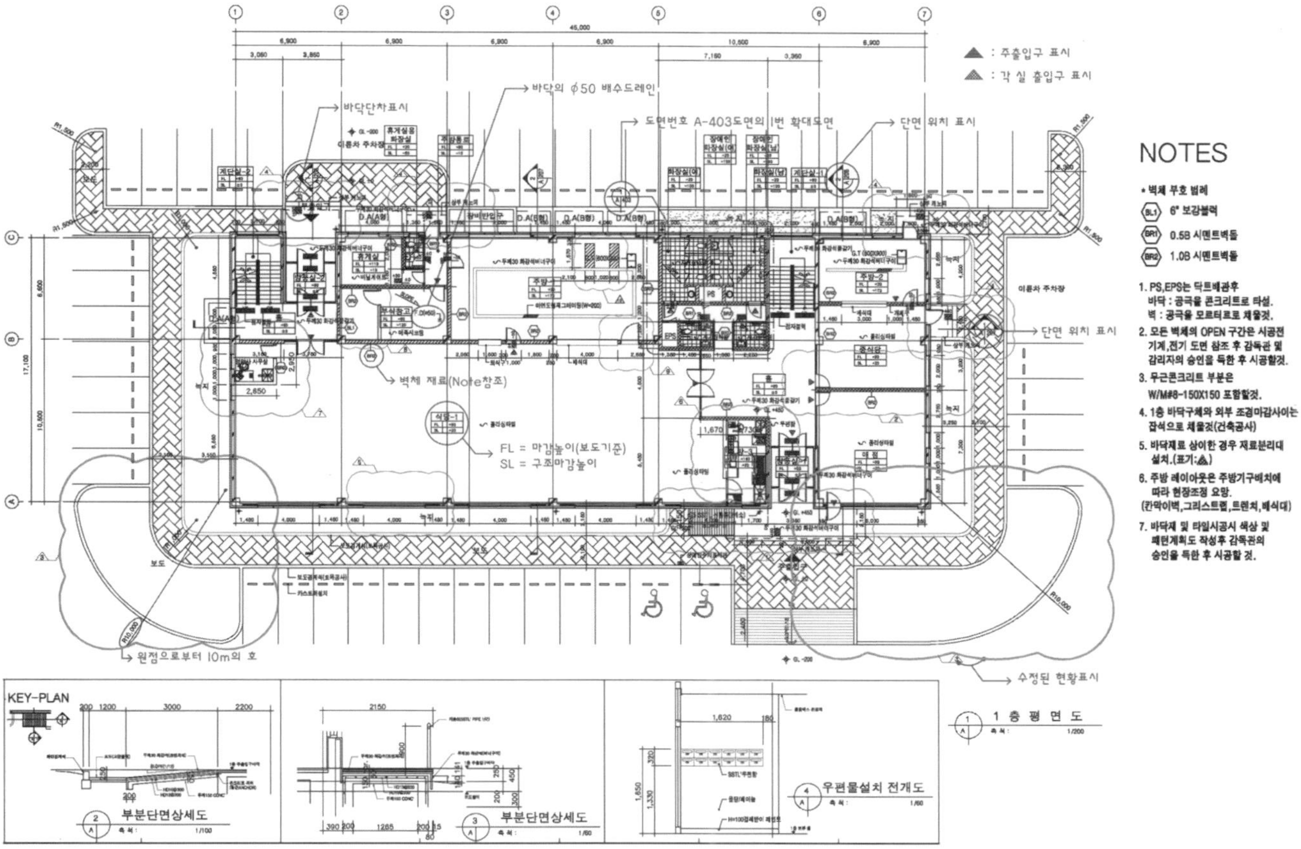

[그림 3-43] 1층평면도

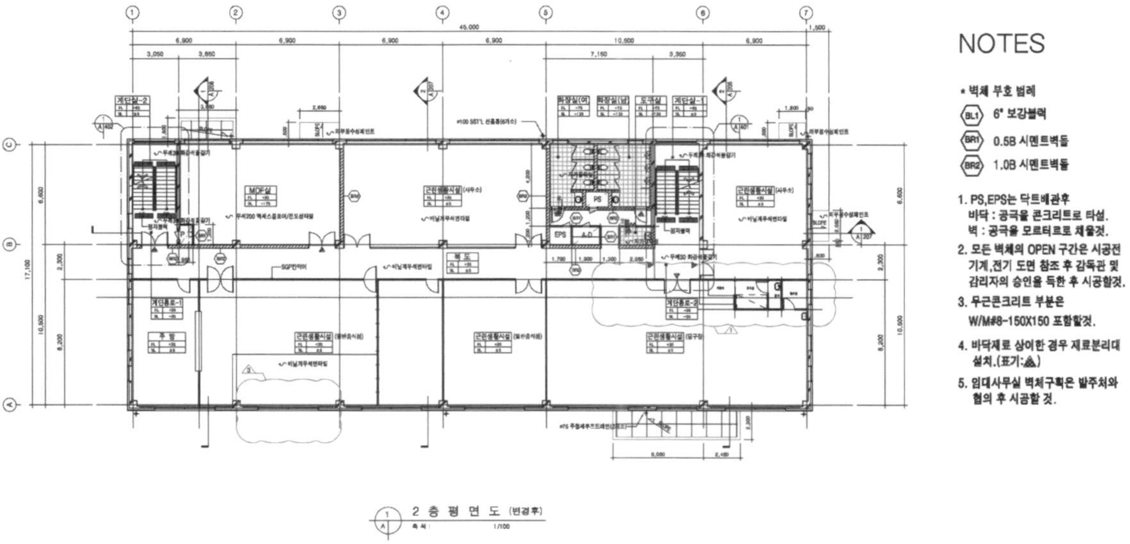

[그림 3-44] 2층평면도

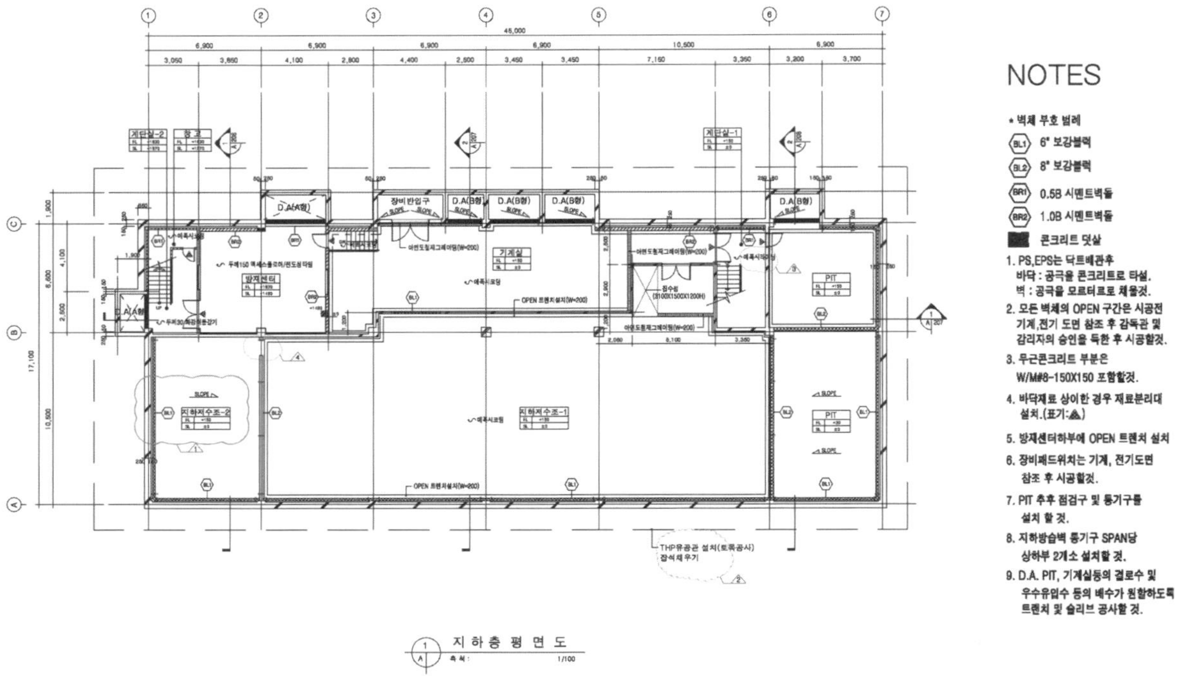

[그림 3-45] 지하층평면도

13) 입면도 및 입면 상세도

입면에서는 건축물 각 부분의 평면상으로 표현하기 어려운 부분의 형태, 마감재료, 기타 필요한 치수와 기둥열 번호, 층구분 등이 표현되며, 축척상 표현하기 어려운 부분은 입면 상세도 등으로 확대하여 재료의 구분, 치수, 마감상태, 형태 등을 명확하게 설명한다.

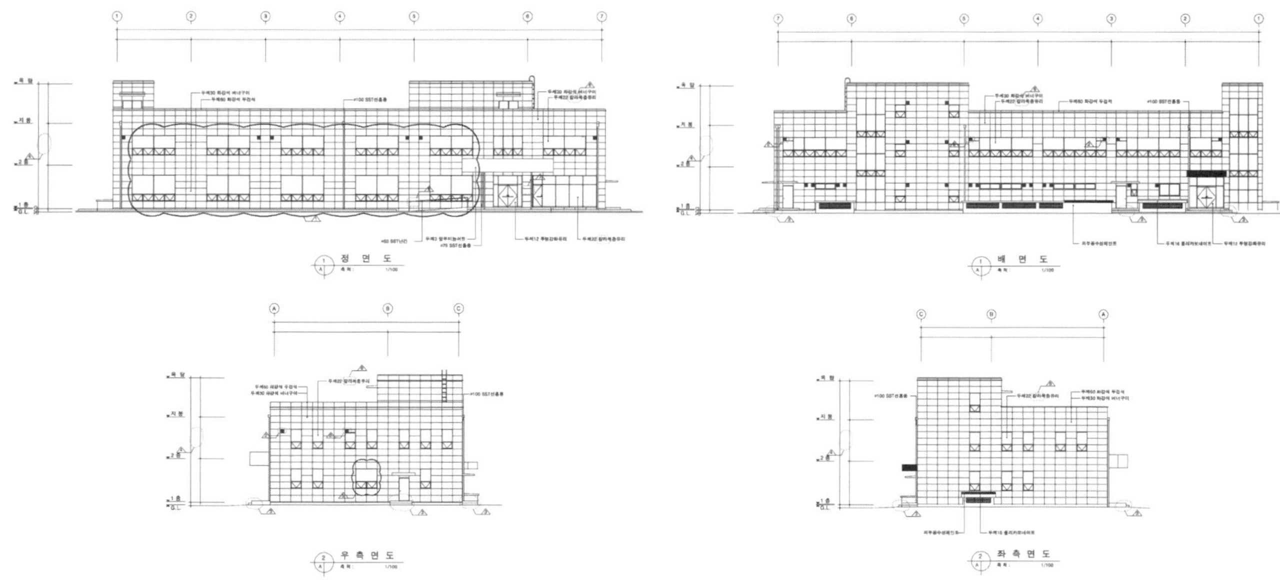

[그림 3-46] 입면도 등

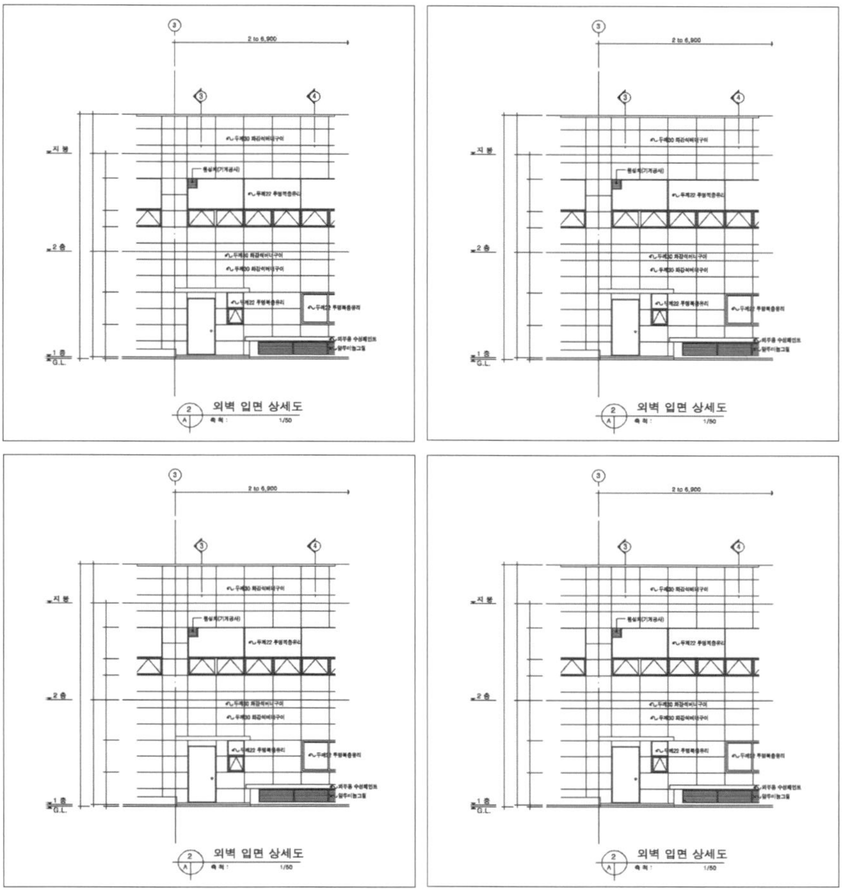

[그림 3-47] 입면상세도

14) 단면도 및 단면 상세도

단면도는 일반적으로 큰 축척의 종단면도, 횡단면도가 작성되며, 큰 축척의 단면도에서는 각 층간의 관계, 층높이, 각 실간의 관계, 각 실의 바닥이나 천정등의 고저차, 마감재료 등이 표현되며, 종횡단면도의 큰축척에서 표현하기 어려운 부분을 상세도로 표현한다.

지하에 기계실과 설비실, 1층의 식당, 2층의 사무실 및 필요한 각각의 실, 그리고 상부에 계단실과 창고 등이 있는 도면이다. 단면의 위치는 평면도상에서 표시된 1 A 207 부분을 절단한 것으로, 평면도에서 도면번호 A-207도면의 1번 도면이 주단면도-1 도면이며, 횡단면도라고도 한다. 평면상에서 유의해야 하는 부분이 주단면도-1부분의 D.A로 표기된 지표면 부분의 길쭉하게 생긴 부분이 있음을 확인할 수 있다. 평면의 상부와 좌측 부분에 D.A라고 표현된 부분을 볼 수 있는데 이 부분은 지하층에 공기 및 채광이 확보될 수 있도록 공기통로와 빛우물의 역할을 하는 개구부를 표시한 공간이다. 구름마크로 표시된 부분은 당초 도면에서 변경된 부분을 표시한 것으로 세부사항은 우측 삼각형번호 부분을 참고하면 된다.

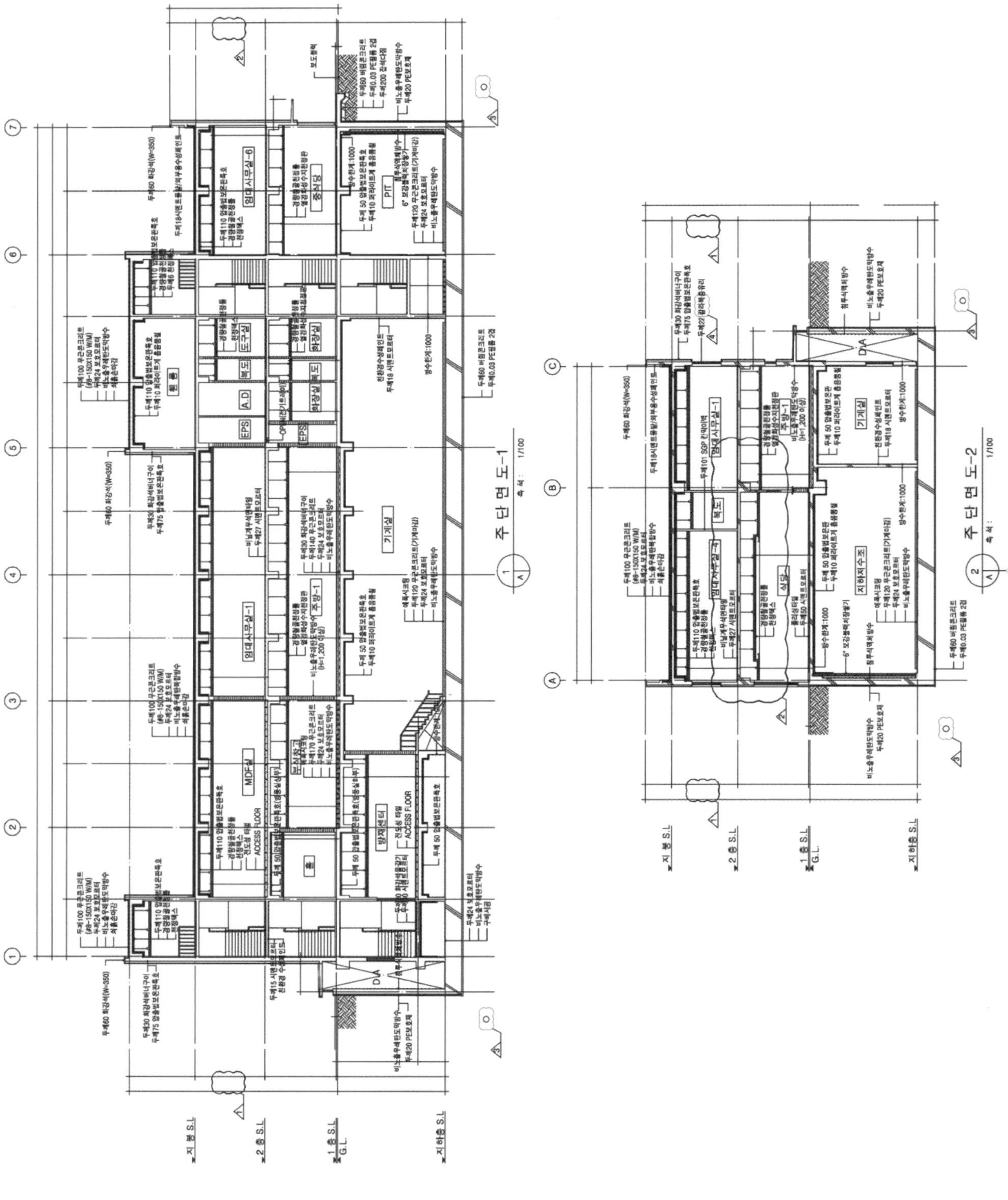

[그림 3-48] 단면도

3-2 건축마감공사 도면

1. 개요

건축설계도면의 기본도면은 배치도, 평면도, 입면도, 단면도라 할 수 있다. 건축공사의 과정에서 이 기본도면과 구조도면만 충실하게 작성되어 있어도 공사가 가능하지만 도면축척에 의한 표현의 한계, 도면이 복잡해지는 현상에 따라서 도면을 잘못 이해할 수 있는 현상이 발생할 가능성이 많아진다. 따라서 이러한 현상을 방지하고 건축물을 목적하는 대로 건설하기 위하여 추가적으로 작성하는 도면이 확대도 또는 상세도, 전개도 등으로 기본도면에서 표현되지 못한 사항을 작성하게 된다.
건축평면도에서 건축물의 외벽에 대한 표시는 벽체와 창문 등으로 표현되는 경우가 많다. 평면도에서 일반적으로 사용하는 축척인 1/100, 1/200 등의 축척에서는 벽체와 문, 창 등의 표현이 일반적이며, 이에 마감재료와 벽체, 문, 벽체를 구성하는 재료, 치수 등을 상세하게 표현하기 위하여 벽체부분의 구성이 변경되는 부분마다 확대도를 작성하게 되며, 축척은 일반1/50이하로 작성한다.

2. 마감공사 도면의 종류

1) 외벽평면, 입면 및 단면 상세도

외벽 평면, 입면 및 단면상세도는 표제란에서 살펴보는 것과 같이 도면번호가 A-302, 전체 도면의 일련번호가 021, 즉 A-302번 도면장수가 21번째라는 의미이며, 축척은 A1용지로 출력을 하게 되면 축척이 1/50, A3의 용지에 출력하면 1/100의 축척이 된다는 표현이다.

또한 건물의 전체를 간단하게 표현한 KEY PLAN에서 점선으로 표현된 부분에 대하여 지하, 1층, 2층 평면부분을 나타냈으며, 부분 지하층평면도에 단면표시된 2개부분인 ③번 ④번의 지시절단선에서 삼각형방향으로 절단하여 바라본 도면이 ③번의 외벽단면 상세도-1, ④번의 외벽단면 상세도-2 도면으로 건물일부분까지만 표현하고 나머지 부분은 생략하여 표현하였다.

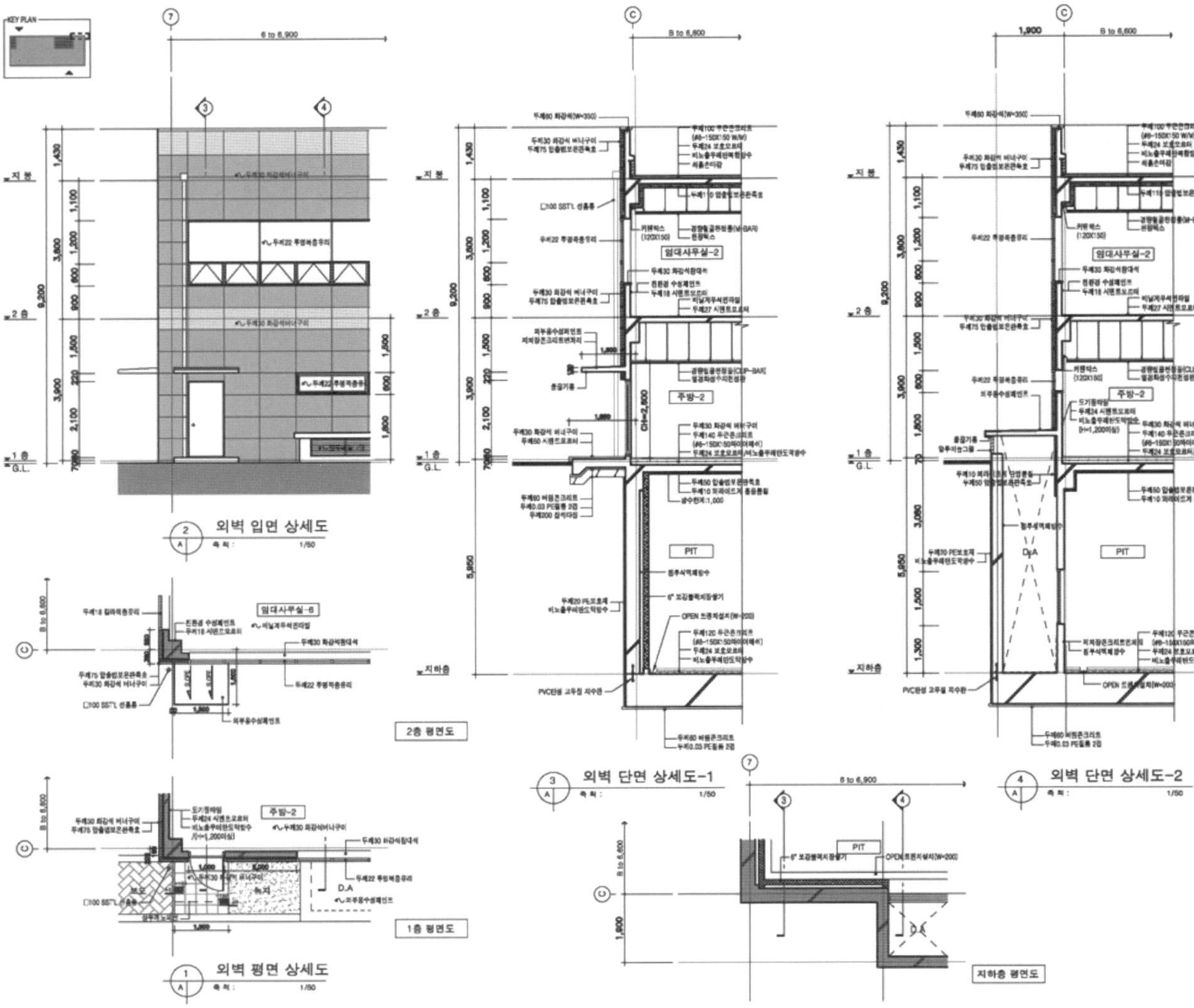

[그림 3-49] 외벽평면, 입면 및 단면 상세도

[그림 3-50] 기초바닥과 옹벽콘크리트의 이어치기 부분에 지하수 침투를 방지하기 위한 PVC 지수판

[그림 3-51] 외벽콘크리트 옹벽공사와 2층옹벽 거푸집, 1층옹벽 거푸집 철거, 지하외벽 방수완료후 방수보호재 시공

[그림 3-52] 지하옹벽방수재 및 방수보호재에 외벽화강석을 설치하기 위한 고정철물

[그림 3-53] 화강석과 단열재시공 과정으로 단열재를 옹벽에 부착하고 화강석 고정철물 설치

[그림 3-54] 옥상파라펫 두겁석 설치과정으로 외벽 화강석설치를 완료하고 최종 두께60에 폭이350인 두겁석 설치과정

[그림 3-55] 실내 창대석 설치 준비과정으로 창틀설치후 창틀하부 단열재 충진, 실내벽 몰탈미장완료후 창대석을 설치하기 위한 과정

[그림 3-56] 지붕슬래브에 설치하는 단열재. 보부위 및 슬래브하부의 단열재로 콘크리트가 채워지면 콘크리트와 일체가 된다.

[그림 3-57] 지붕슬래브 단열재설치완료된 모습으로 외벽단면상세도의 지붕슬래브 하부에 표시된 두께110 압출법보온판 특호 로 표기된 단열재 설치완료

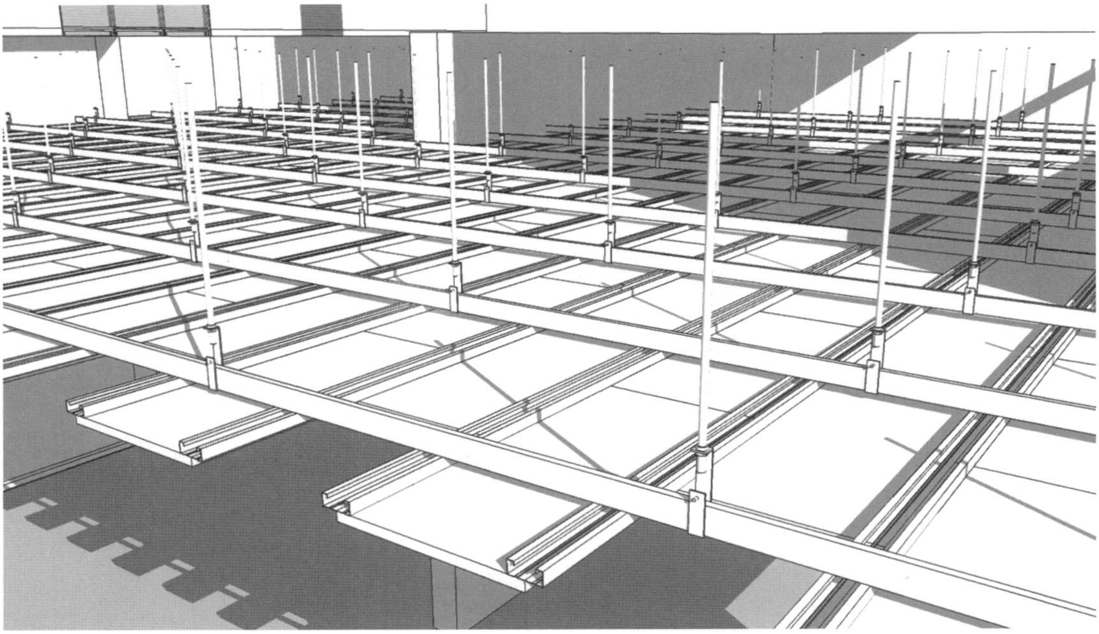

[그림 3-58] 천정내부구성. 외벽단면상세도에서 천정부분의 구성은 천정 최하부 천정재, 천정재를 고정하기 위한 M자형태의 알미늄재(M-Bar), M바를 고정하기 위한 채널(마이너채널 또는 캐링), U볼트, 달대(900mm간격)으로 설치된다.

외벽단면상세도의 ③과 ④의 지붕부분을 살펴보면 옥상 콘크리트슬래브를 쇠흙손으로 마감면을 고른 다음 비노출우레탄복합방수 완료후 보호몰탈공사 완료, 그 다음 와이어메쉬와 무근콘크리트를 타설하도록 되어있다. 비노출이란 햇빛, 바람 등에 노출되지 않도록 별도의 마감재료로 피복하여 보호하도록 구성된 재료를 말한다. 이 비노출우레탄복합방수재를 시공하기 위하여 콘크리트면에 요철이 없어야하며, 바탕면이 평탄하여야 우레탄재질이 찢기거나 파손되지 않는다. 따라서 방수재 시공전에 바탕면을 정리하고 우레탄방수공사를 하여야 누수의 하자가 발생하지 않는다. 또한 우레탄복합 방수를

[그림 3-59] 옥상방수공사전 옥상 슬래브면 바탕면 고르기

[그림 3-60] 옥상 우레탄복합방수 공사 후 담수시험

완료한 후에 직접 물을 담아 누수가 되는지 확인하는 담수시험을 시행한 다음 후속공정을 진행하여야 한다. 담수시험결과 누수가 발생하지 않는 것이 확인되면 바로 우레탄복합방수재를 보호하기 위하여 보호몰탈을 시공하고, 보호몰탈이 경화된 후 방수재를 보호하고, 옥상의 빗물을 드레인 방향으로 유도하는 구배를 주기 위하여 무근콘크리트를 타설하며, 무근콘크리트의 균열을 방지하기 위하여 무근콘크리트속에 와이어메쉬를 매립한 후 콘크리트를 타설하여 마무리한다.

2) 화장실 확대평면도 및 전개도

아래 도면은 1층 평면도에서 표현된 화장실 부분을 확대한 도면이다. 1층 평면도에서 확대도면 표시부호인 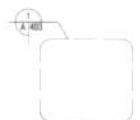 표시된 부분의 도면을 세부적으로 확인하고자 할 경우 도면번호 A-403번 도면의 1번으로 도면을 찾아볼 수 있도록 안내하는 표시이며, 이 도면의 확대안내도면은 도면 표제란 부분에 표시된 도면번호 A-403번 도면의 1번으로 화장실 확대평면도 및 전개도이다.

화장실 확대도의 평면구성은 남녀 화장실과 장애인용 남녀화장실, 화장실 등의 배관설비를 위한 파이프 설비공간인 P.S(Pipe Shaft), 전기배선을 위한 수직배관 공간인EPS(Electric Pipe Shaft), 세면대설치 공간 등이 표현되어 있으며, 전개도는 화장실 내부 벽체 및 칸막이, 타일 줄눈 나누기, 화장실 악세사리, 거울, 창문의 위치 등을 표현한 전개도 등으로 구성되어 있다.

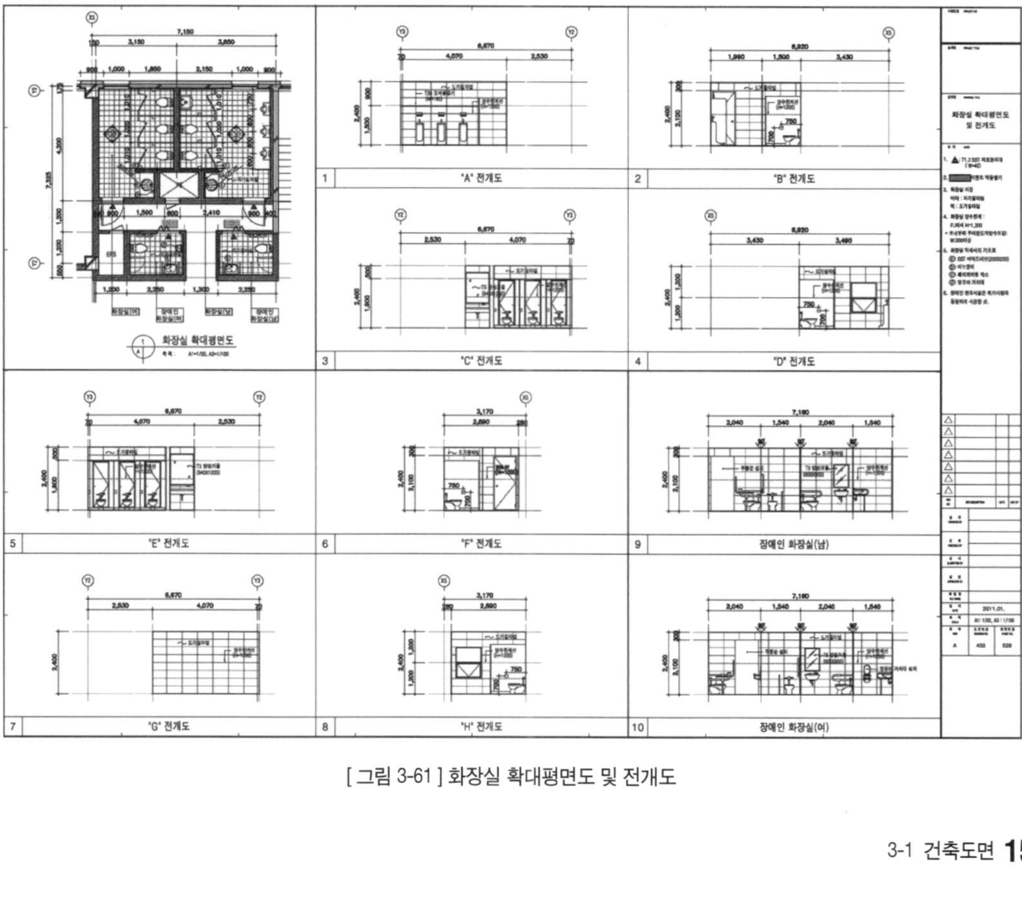

[그림 3-61] 화장실 확대평면도 및 전개도

화장실은 소변기, 대변기, 세면대, 그리고 대변기 칸막이시설, 휴지걸이 등의 악세사리, 마감재료 등의 다양한 재료가 한곳에 집약되는 시설의 대표적 실이다. 따라서 이렇게 다양한 재료나 시설이 집약되는 시설은 축척이1/100이상인 도면에서 표현하기가 어렵기 때문에 평면도와 같이 축척이 큰 도면에서는 간단한 위치정도를 표현하고, 기타 상세한 부분은 확대도면으로 다시 표현하여 각각의 시설과 재료 등이 구성되는 관계를 설명하며, 평면에서 설명하기 어려운 부분을 평면에 바라보는 방향을 표시하여 전개도로 작성하여 설명한다. 평면도에서는 각 재료나 시설간의 이격거리, 위치, 크기 등을 나타내며, 전개도에서는 확대평면도에서 나타내기 어려운 각 재료, 시설물의 설치위치 및 크기, 타일의 줄눈위치 등을 나타내며 평면도의 지시 방향에 따라 A, B...등의 방향을 전개도에서 찾아보면 된다.

[그림 3-62] 화장실 바닥 우레탄도막방수

[그림 3-63] 화장실 우레탄방수를 보호하기 위한 몰탈

[그림 3-64] 타일공사

[그림 3-65] 세면대 설치공사

[그림 3-66] 소변기 설치

[그림 3-67] 화장실 환풍기 설치

아래 도면은 1층 주방부분을 확대한 평면도이다. 주방부분은 내부 아연도철제 그레이팅으로 바닥 배수를 위한 수로, 바닥은 두께30mm 화강석 버너구이(버너불로 열을 가하면 표면이 열에 의하여 팽창하여 터져나가는 현상이 발생하여 표면이 약간 거친 마감상태를 나타내는 현상의 마감방식), 'BR2' 로 표기 된 벽체는 표제부 노트란에 표기된 것을 참고하면 조적벽으로 그 위에 타일을 부착하고, 부식창고, 휴게실 및 부속 화장실, 외부통로 및 출입구, 식당경계벽의 배식대와 퇴식구, 출입구 등으로 구성되어있다.

바닥의 마감레벨을 표현하는 'FL.' 은 식당바닥면마감이 +80, 주방이 +30으로 식당보다 50mm가 낮도록 되어있으며, 휴게실마감레벨은 +110, 통로바닥 +80으로 휴게실보다 30mm높게 되어있다. 출입문 부분에 각 실의 출입구 표시가 삼각형에 해치된 모습으로 표현되어 있으며, 출입문 부분에 마감레벨의 차이를 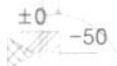

로 표시하여 각 실간의 레벨변화를 보여주고 있다.

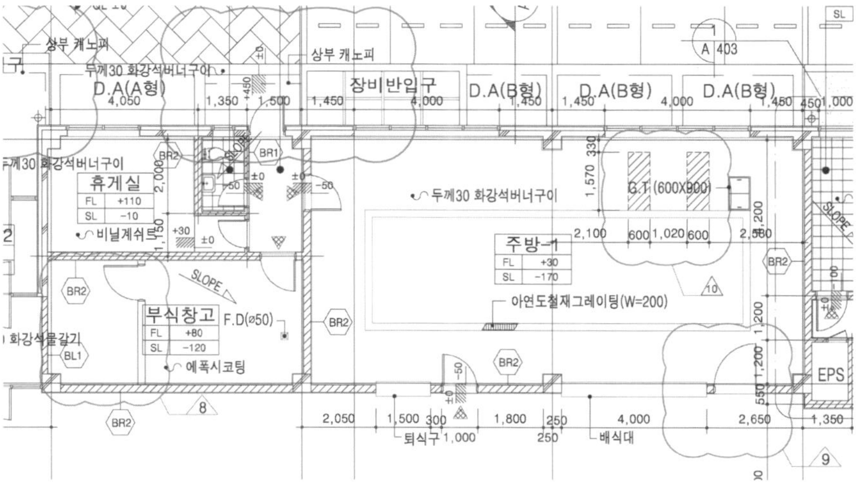

[그림 3-68] 1층 주방 확대 평면도

[그림 3-69] 주방 타일의 떠붙이기 공법. 방수호호몰탈위에 타일붙임용 몰탈을 떠붙이기 공법으로 시공

[그림 3-70] 벽타일 공사 완료 및 바닥 트랜치설치. 트랜치마감높이로 주방바닥 화강석 버너구이 공사 예정

[그림 3-71] 주방의 트랜치와 그리스트랩

[그림 3-72] 주방의 트랜치와 화강석 마감

[그림 3-73] 1층 주방배식대 스텐레스 틀 설치

3) 창호도

평면도에서 각 실간의 관계, 마감재료, 각종 단면도 및 상세도 등의 안내 등을 표현하며, 축척이 1/100 이상인 경우 더 이상의 추가사항을 표현하기 어려워 일반적으로 창호에 대한 도면을 별도로 작성하는 경우가 많다. 평면상에서 창호의 명칭을 설명하고, 별도로 창호 일람표를 작성하여 창의 규격, 재료, 모양, 기타 상세한 마감사항 등을 정리하여 표현한다.

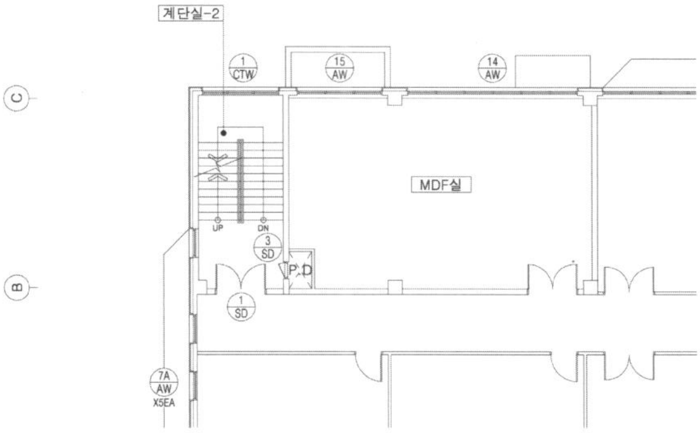

[그림 3-74] 2층(부분) 창호 평면도

4 SSD	스텐레스 스틸 양여닫이문 및 고정창

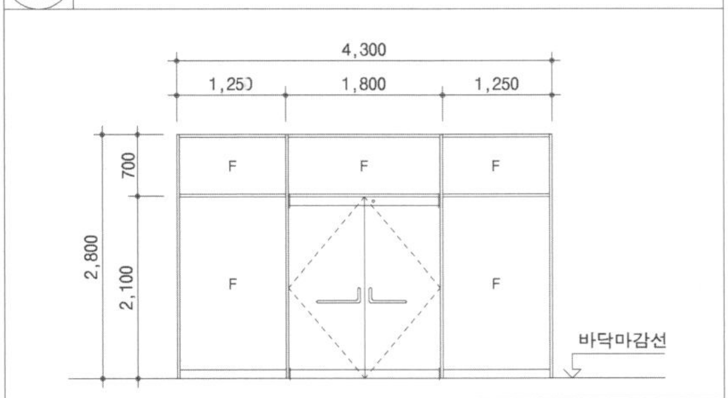

식당 (1개소)
두께1.5 스텐레스스틸(150X45)
두께5 강화유리 (고정창), 두께12 투명강화유리 (문)
후로아힌지2조, 시건장치2개, ⌀38.1 SST PIPE손잡이/기타앙카철물
헤어라인마감

[그림 3-75] SSD-4 식당 스테인레스 창호 일람표

14 AW	알루미늄 창

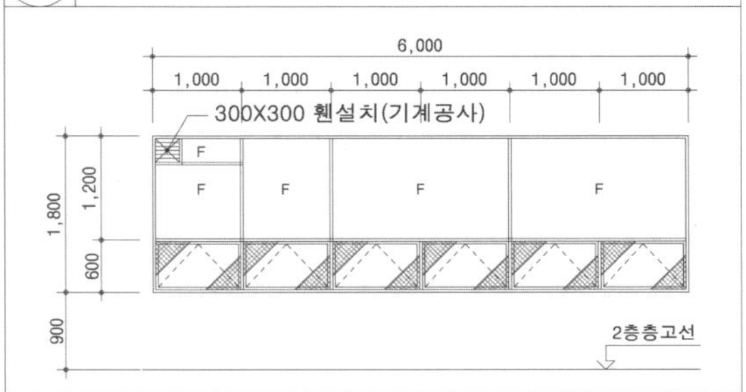

MDF실, 임대사무실1, 6호 (4개소)
120X45 AL BAR
두께22 투명복층유리
제작자 일식
불소도장 2회
방충망 설치(OPEN 부위 해당)

[그림 3-76] AW-14알루미늄 창호 일람표

위 창호일람표는 1층의 식당 출입구와 2층의 창호평면도에서 표시한 창호를 형태와 재료, 치수 등을 상세하게 표현한 도면이다. 위 도면은 창호평면도에서 SSD(Stainless Steel Door)-4, AW(Aluminum Window-알루미늄창호의 약자)-14로 표시된 창호를 상세하게 표현한 도면이다. 위 창호도를 살펴보면, 설치위치가 SSD-4는 식당, AW-14는 2층 MDF실 외에 임대사무실 등에 설치되며, 창호틀의 규격이 SSD는 가로4300×2800mm의 스텐레스스틸로 두께1.5mm스텐레스철판이 150×45mm이며, AW는

규격이6000×1800mm로 120×45mm 알루미늄 틀로 표제부의 주기란을 보면 단열바로 규정되어있다. 유리는 SSD가 'F'로 표시된 부분은 5mm강화유리, 열리는 부분은 12mm강화유리이며, AW창호는 두께가 22mm 투명한 2중유리(복층)로 색상은 투명하다. SSD의 부속철물은 문을 여닫는 기능을 하는 힌지로 플로어힌지(바닥에 매입되어 설치됨), 잠금장치(문짝 상부와 하부에 설치), 문손잡이(지름 38mm스텐레스파이프손잡이), 기타 문고정용 앙카철물 등이 있으며 AW창문의 철물(잠금장치 등)은 일반적으로 알루미늄창에 설치하는 철물을 설치한다는 '일식'으로 되어있으며, 문틀의 마감은 SSD는 머릿결모양의 반사가 안되는 스텐레스 마감이고, AW는 알류미늄의 색상은 불소도장2회, 기타 창이 열리는 부분에 방충망을 설치하도록 설계되어 있다. 그리고 창호의 'F' 표시는 고정(Fix)되어 있다는 표시이며, AW창문의 좌측 상단부에 환기용 휀을 설치할 수 있도록 유리와 알루미늄 창틀을 제작하도록 설계되어 있고, SSD는 바닥마감선에 문을 바로 설치하며, AW는 2층 바닥층고선으로부터 900mm 올라간 위치에 창의 하단이 위치하도록 되어있다. 창문의 하단부는 Pul l Down창표기로 끌어당겨서 여는 창문을 표기한 것이다. 창호도에서 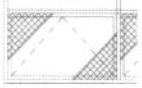 로 표시된 것과 같이 역 'V' 자로 표기된 것으로 창호 표시에서 여닫는 방향 즉, 힌지가 붙는 방향을 표시한 것으로 V자의 꼭지점이 손잡이, 나머지가 힌지가 붙는 부분을 표시하며, 그물처럼 표시된 부분은 방충망을 표시한 것이다.

[그림 3-77] 1층 식당 출입 스텐레스 강화도어 틀 설치

[그림 3-78] AW-14창호 설치

1. 개요

건축물의 구조체공사, 건축마감공사와 병행하여 건축물의 혈관과 같은 역할을 하는 설비공사도 동시에 이루어진다. 건축설비는 전기, 기계, 소방, 통신 등이 포함되며, 도면에서 전기도면, 기계도면, 소방설비도면(전기부분, 기계부분), 그리고 방송, 통신부분의 도면으로 구성된다.

2. 전기설비도면의 종류

1) 전기도면 목록표 및 범례

설비도면의 구성은 일반적으로 도면목록, 범례도, 순으로 작성되어 설비도면에서 사용하는 각종 도면기호 등을 설명하여 도면에서 사용한 기호, 부호, 선의 종류에 따른 도면에서의 규격 등을 나타내며, 설비도면은 전기, 기계등의 전문지식을 바탕으로 보아야하는 부분이 많다.

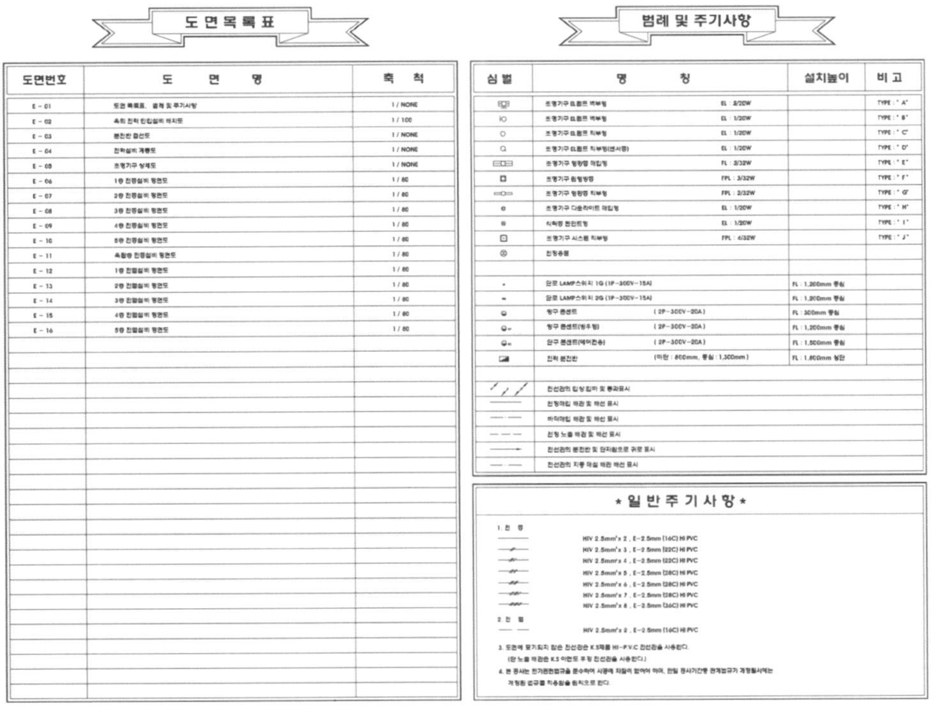

[그림 3-79] 전기도면 목록표 및 범례

그림 3-79 도면은 일반적으로 사용하는 전기도면의 목록표와 범례이다. 이 도면의 범례에서 도면에 사용되는 심벌과 그 명칭, 전선의 표시 등을 규정하고 있으며, 이에 따라 본 도면에서 표현되는 심벌과 선의 종류 등은 위 도면을 참고하여 보아야 한다.

2) 전기 분전반 결선도

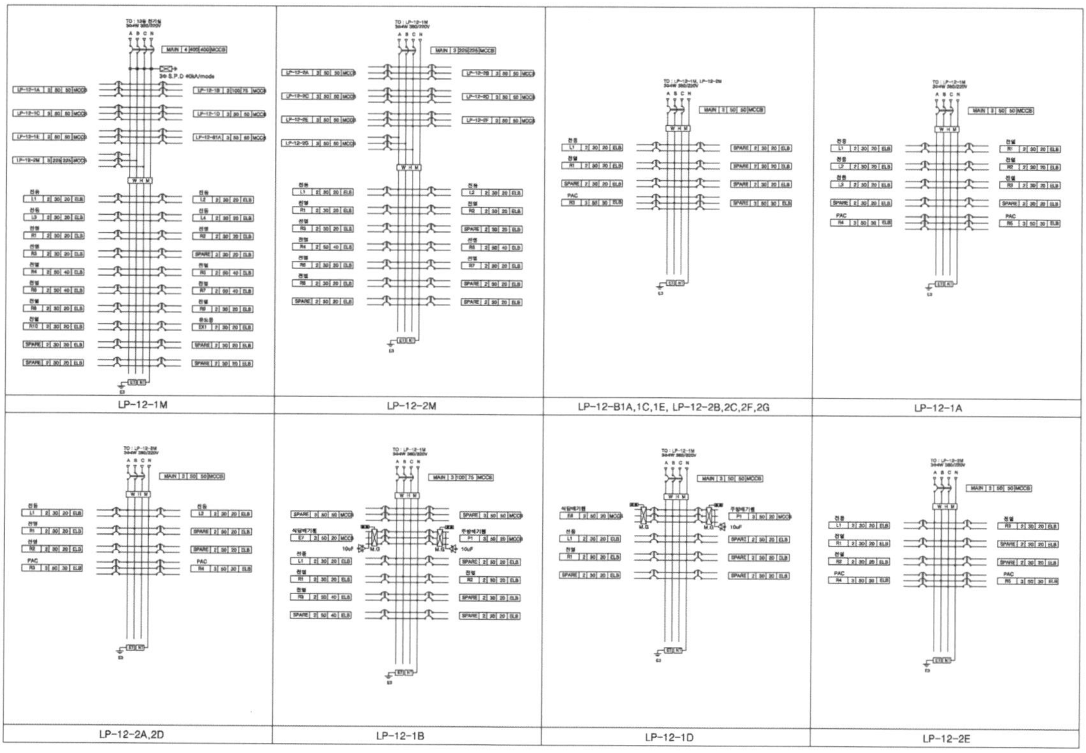

[그림 3-80] 전기 분전반 결선도

위 도면은 분전반의 전선 결선을 설계한 분전반 결선도이다. 분전반은 전기를 인입하여 각각의 실이나 장비등에 전기를 분배해 주는 역할을 하는 전기설비로 전기의 배급이 분전반에서 시작된다고 할 수 있으며, 전기의 공급량, 분배의 현황을 작성한 도면이다. 위 도면에서 살펴볼 수 있는 것은 이건물의 분전반의 구성이 LP-12-1M~LP-12-2E까지 8개의 수배전반으로 구성되어 있으며, LP-12-1M의 결선도에서 살펴보는바와 같이 13동에서 주전력이 3Ø 4W 380/220V의 전기가 입입되어 전기실의 MCC판넬에 결선되도록 구성되어 있다.

[그림 3-81] 전기분전반

[그림 3-82] MCC판넬

3) 전력간선계통도

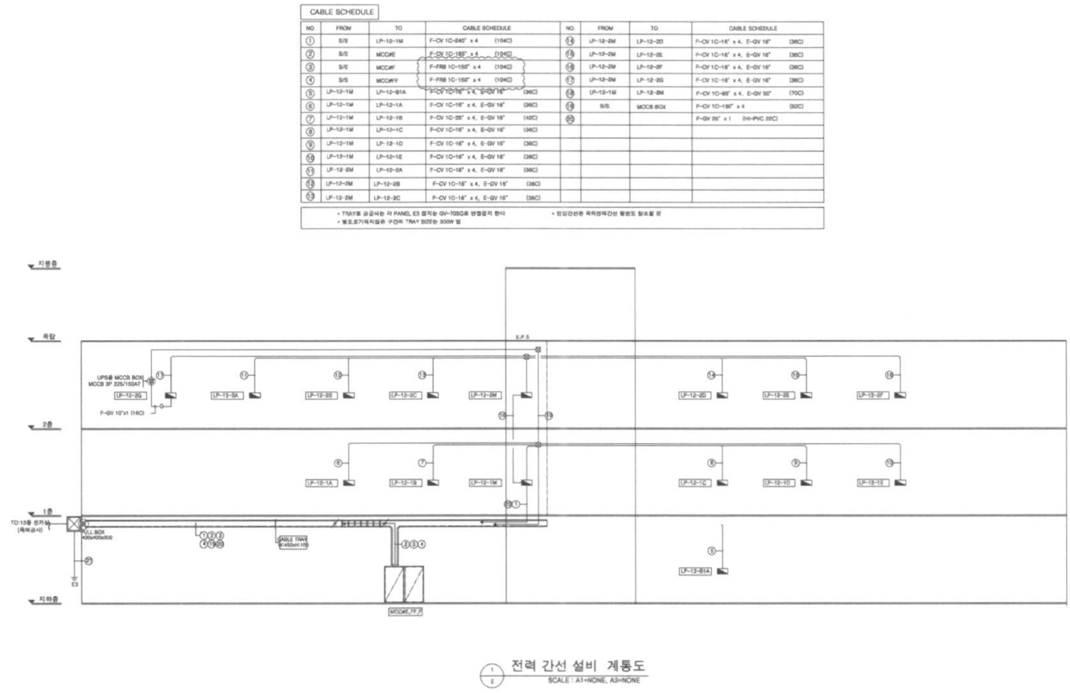

[그림 3-83] 전력간선계통도

위 도면은 건물내에서 전력의 인입과 각 실에 배분되는 현황을 작성한 도면으로 건축물의 단면을 약식으로 표현하고, 여기에 전기 배선의 각층, 장비, 분전함 등에 연결되는 상황을 나타낸 도면이다. 분전함 결선도에서 나타난것과 같이 1층 옥외 부분에 13동 전기실에서 전기가 전기맨홀을 통과하여 지하실 MCC판넬로 인입되고, 여기서 각 층 분전함으로 전기가 연결되도록 구성된 상황을 살펴볼 수 있다. 지하층, 1층, 2층과 같이 전기배선이 MCC판넬, 분전함까지 전선을 배선하는 방법은 도면에서 CABLE TRAY(지하층의 경우 W:450 ×H:100)을 사용하는 것이 일반적이며, 이도면에서도 CABLE TRAY를 사용하여 전선을 배선하도록 설계되었다. 또한 도면에 표기된 숫자는 전선의 규격을 나타내며, 전선의 규격을 위 표에 CABLE SCHEDULE로 작성하였으며, CABLE SCHEDULE의 구름마크된 것은 원래도면에서 수정된 것을 나타낸 것이다. 도면에서 옥외 맨홀 하부의 21번 전선과 연결된 'E3' 으로 표시된 것은 접지를 나타낸 것이다.

[그림 3-84] 지하층 케이블트레이

[그림 3-85] 2층 케이블트레이

[그림 3-86] 벽체 분전반 공사

[그림 3-87] 벽체 분전함

4) 전등설비 평면도

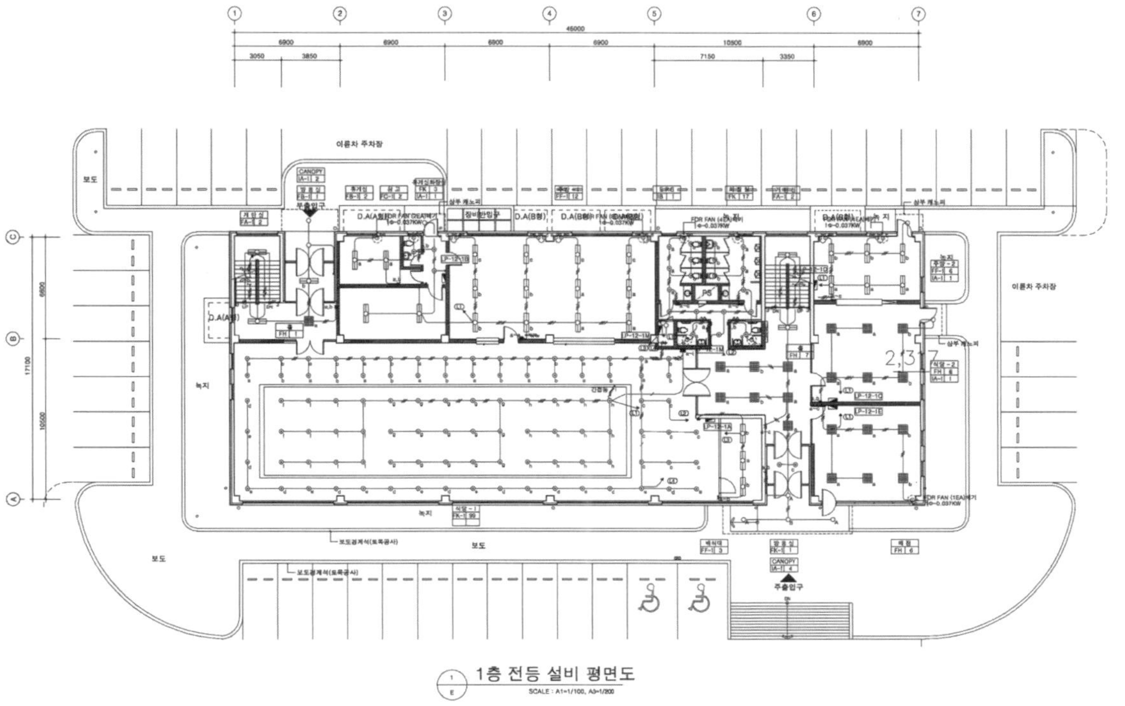

[그림 3-88] 1층 전등설비 평면도

위 도면은 전기도면의 1층 전등설비 평면도이다. 전등설비 평면도는 건축평면도를 활용하여 작성되며, 1층의 전등의 위치와 스위치위치 및 스위치 결선방법을 설계한 도면이다. 전등의 표시는 범례에서 나타낸 것을 참고하며, 주로 형광등과 다운라이트 등으로 구성되었다. 전등과 전등의 전선의 규격과 수량도 범례를 참고하여야 한다.

스위치는 전등옆에 표시된 알파벳 소문자(예, 'a')와 스위치에 표시된 알파벳을 보면 스위치에 연결된 전등을 확인할 수 있으며, 전등과 스위치가 같은 알파벳일 때 전등이 연결된 것으로 같은 알파벳 스위치를 작동하여야 전등이 점등과 소등된다. 도면의 (L2) → 표시된 것은 분전함 'L2' 로 전선이 연결된다는 의미이다.

전기 배선공사는 콘크리트 타설을 위한 거푸집 설치가 완료되면 거푸집에 설계된 관경의 PVC나 스틸파이프를 배관하고, 콘크리트 타설완료후 마감공사할 때 PVC배관이나 스틸파이프에 전선을 끼워 넣어 배선한다.

[그림 3-89] 전기 배선공사

[그림 3-90] 천정 조명설치 완료

5) 접지 설치 평면도

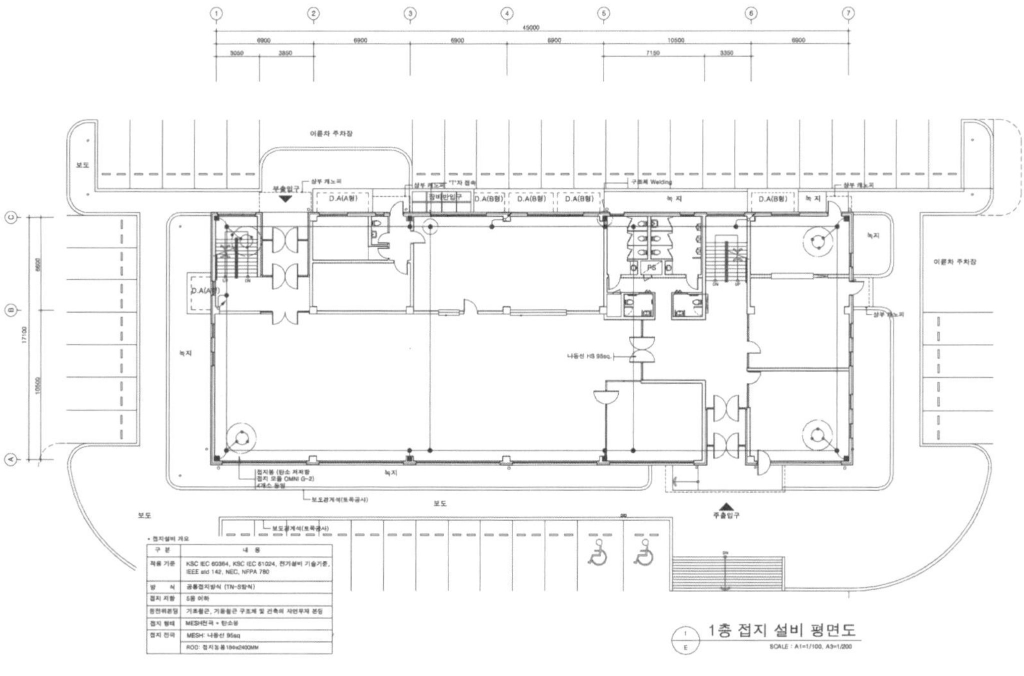

[그림 3-91] 접지 설치 평면도

위 도면은 접지(낙뢰나 전기기기로부터 감전을 막기 위해 그 케이스를 전기적으로 땅과 접속하는 것)를 설계한 도면으로 원래 지하층 평면도에 작성되어야하지만 일반적 평면에 적용하기 위하여 1층 평면도를 이용하여 설계되었다. 이 도면에서 평면의 좌측하단 표에 접지의 방식을 설명하였으며, 표에 설명된 내용을 도면에 표기하였다. 접지형태가 전체도면에서 살펴보면 마치 사다리(MESH)처럼 구성되어 있으며, 4개소에 접지봉 지름18mm, 길이 2400mm를 삼각형 형태로 땅속에 매설하도록 되어있으며, 기초철근과 기둥철근에 접지선을 연결하도록 되어있다.

[그림 3-92] 구리나선 접지공사

3. 기계설비도면의 종류

1) 기계설비도면 목록표 및 범례도

기계도면의 구성은 전기도면의 구성과 유사하다. 일반적으로 도면목록표, 도면에서 사용하는 심벌, 기호 등을 설명하는 범례도 등으로 시작하며, 계통도, 위생배관, 냉방 및 난방, 급수 및 배수, 공조설비, 가스설비 등이 기계설비도면에 속한다.

도면목록표

도면번호	도 면 명	축 척	
		A 1	A 3
M - 01	도면목록표 및 범례표	NONE	NONE
M - 02	장비 일람표 및 위생기구 일람표	NONE	NONE
M - 03	옥외 급수배관 관로도	1/2000	1/4000
M - 04	옥외 오배수배관 관로도	1/2000	1/4000
M - 05	환기 닥트 계통도	NONE	NONE
M - 06	1층 난방 및 환기평면도	1/100	1/200
M - 07	2층, 지붕층 난방 및 환기평면도	1/100	1/200
M - 08	위생배관 계통도	NONE	NONE
M - 09	기계실 확대 위생배관 평면도	1/75	1/150
M - 10	지하층, 1층 위생배관 평면도	1/100	1/200
M - 11	2층, 지붕층 위생배관 평면도	1/100	1/200
M - 12	화장실 확대 위생배관 평면도	1/40	1/80
M - 13	자동제어 일람표	NONE	NONE
M - 14	자동제어 계통도	NONE	NONE
M - 15	기계실 확대 자동제어 평면도	1/50	1/100
M - 17	옥외 가스배관 관로도	1/2000	1/4000
M - 18	가스 배관 계통도	NONE	NONE
M - 19	1층 가스배관 평면도	1/100	1/200
M - 20	조정기 상세도	NONE	NONE

범 례

기 호	명 칭	비 고
—— · ——	급 수 공 급 관	KSD - 5301 (동관 : L-TYPE) 옥외 매설 : PEM관 (KSD-3408)
—— ·· ——	급 탕 공 급 관	KSD - 5301 (동 관 : L - TYPE)
——CHS——	통 기 관	KSM - 3404 (PVC관 VG2)
—— D ——	배 수 관	KSM - 3404 (PVC관 VG1)
—— S ——	오 수 관	KSM - 3404 (PVC관 VG1)
F.D	바 닥 배 수 구	
C.O	소 제 구	
F.C.O	바 닥 소 제 구	
	체 크 밸 브	
	게 이 트 밸 브	
	볼 밸 브	
	스 트 레 이 너	
——C.W——	시 수 관	PEM관 (KSD - 3408)
——R.G——	냉 매 가 스 관	동 관 (KSD - 5301)
——R.L——	냉 매 액 관	동 관 (KSD - 5301)
—— PD ——	팩 케 지 배 수 관	P V C 관 (VG2)

[그림 3-93] 기계설비도면 목록표 및 범례도

2) 기계장비 일람표

기계설비에 포함되는 각종 장비에 대한 도면으로 장비일람표가 작성된다. 표에는 설계된 건물에 사용되는 장비와 위생기구 등이 표현되며, 평면도 등에서 장비번호로 설치위치와 개소를 표현한다.

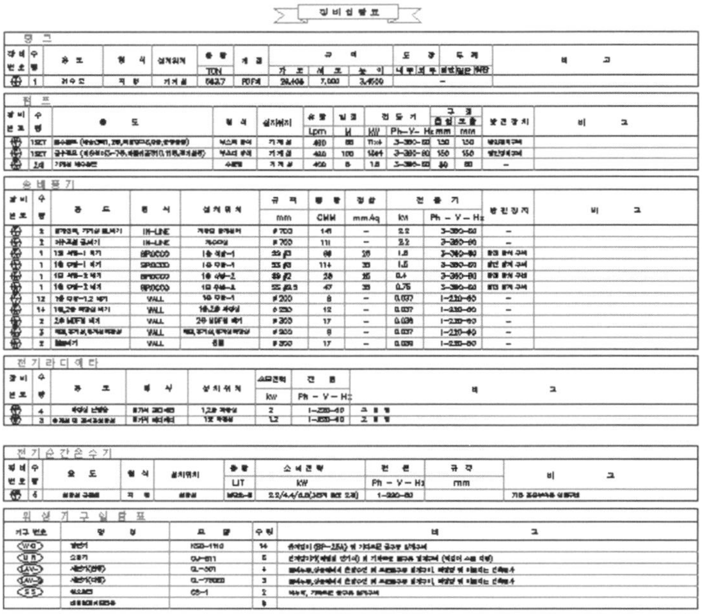

[그림 3-94] 기계장비 일람표

장비 등은 설계시 건축물에 필요한 요구사항을 반영하여 계산된 각종 자료를 기준에 적합한 장비가 선정되며, 기타 유지관리와 사용상의 편의성, 미적요소, 그리고 경제성 등을 바탕으로 선정되는 것이 일반적이다. 장비일람표에는 장비의 번호, 수량, 명칭, 규격, 설치위치 등이 표현된다.

[그림 3-95] 지하 물탱크설치를 위한 구조틀

[그림 3-96] 구조틀위 설치한 물탱크(SMC제품)

3) 위생배관 계통도

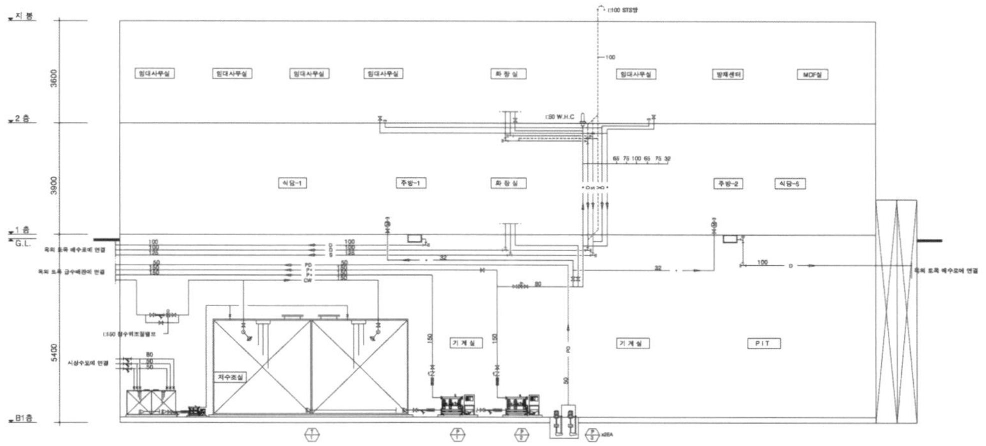

[그림 3-97] 기계설비 위생배관 계통도

위생배관 계통도는 위생과(급수, 배수) 관련된 배관의 현황을 건축물의 개략적인 단면형태에 표현한 도면이다. 이도면에서는 각 주요 장비의 위치와 배관과의 관계, 배관의 관경, 각 실의 배관인입 현황 등을 나타내며, 위 도면에서 표현된 배관은 아래 그림과 같다.

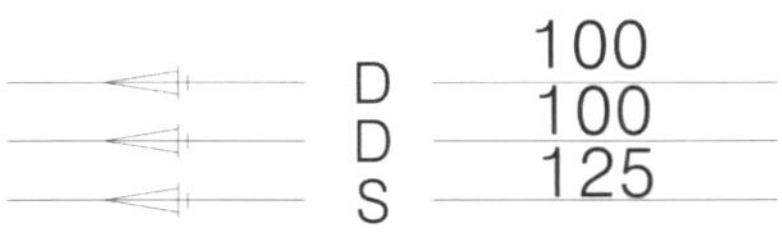

[그림 3-98] 배관 표현

- 화살표는 물의 흐름방향
- D는 드레인(배수)
- S는 화장실 배수(정화조용 배수관)
- 숫자(100,100,125): 배관의 관경

[그림 3-99] 배관 표현

- 화살표 : 물의 흐름방향
- PD : 팩케지 배수관(펌핑하여 배수하는 관)
- P◎ : 펌핑 급수관(다른 곳으로 펌핑하여 급수)
- CW : 시상수관(수도관), 숫자는 배관관경임

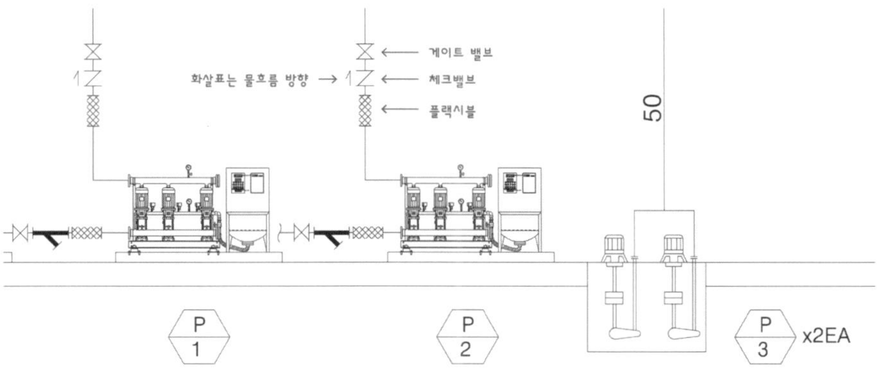

[그림 3-100] 계통도 지하펌프 구성도

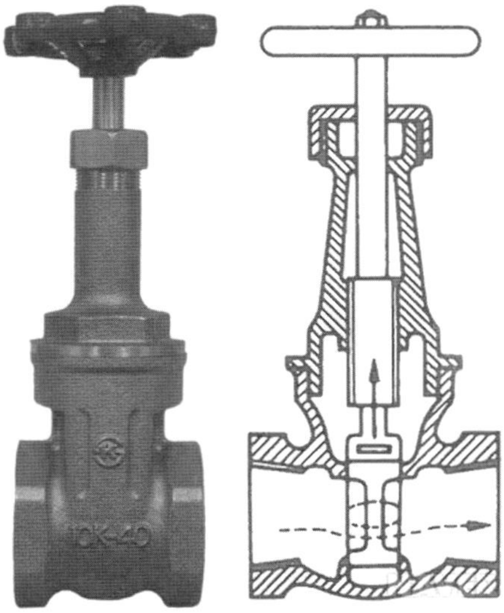

게이트 밸브: 배관의 중간에 삽입하여 유체(물, 기름 등)의 흐름을 조정하기 위한 밸브

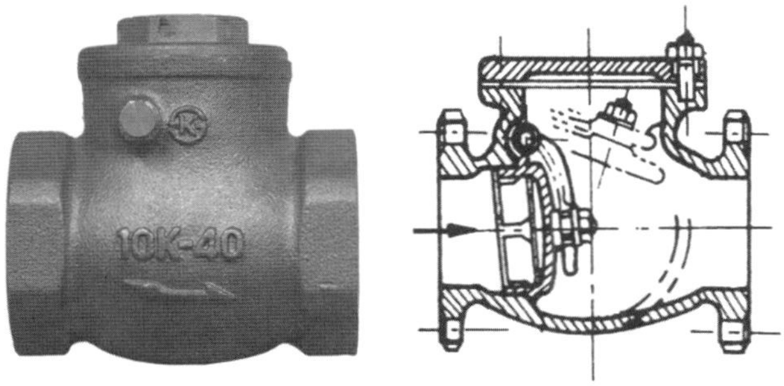

체크밸브: 내부유체(물, 기름 등)이 화살표 방향으로 흐르며 반대방향으로 역류하지 못하도록 구성된 밸브

[그림 3-101] 게이트밸브와 체크밸브

펌프는 기계설비의 급수와 배수에서 중요한 역할을 담당하는 장비이다. 급수와 배수는 펌프를 통하여 원하는 곳에 보내지며, 펌프의 수량을 조절하기 위하여 밸브라는 기구를 사용하게 되는데, 수량조절이 용이한 게이트 밸브와 역류방지를 위한 체크밸브가 주로 사용되며, 펌프의 배수토출구와 인접하여 설치되며, 펌프의 진동 등을 흡수하기 위하여 플렉시블이라는 스프링과 같이 생긴 부품을 사용한다.

[그림 3-102] 기계실(물탱크실)의 펌프

[그림 3-103] 기계실의 장비

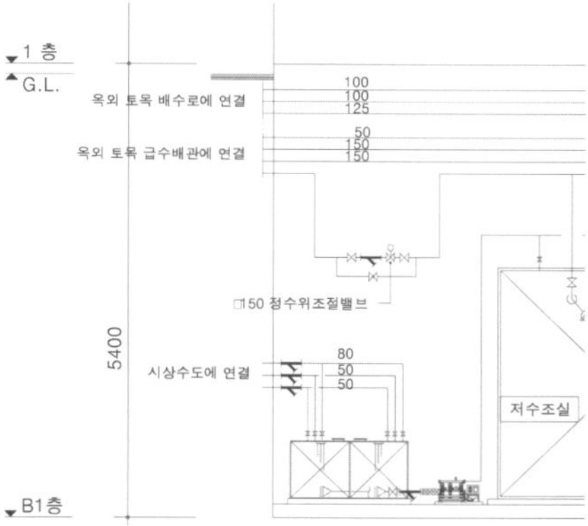

[그림 3-104] 위생배관계통도의 급배수인입과 배수

[그림 3-105] 옥외 토목배수관로에 건물배수관을 연결

위 그림에서 외부와 건물과의 배관관계를 나타낸 것이 계통도에 나타났으며, 옥외토목배수로 배수와 다른 곳으로 배관을 연결하며 상수도에서 건물로 인입하는 부분의 배관을 계통도에서 살펴볼 수 있다.

[그림 3-106] 오수관과 배수관을 건물에서 옥외로 배관

[그림 3-107] 건물에서 나온 배관을 토목 맨홀에 연결

4) 위생배관 평면도

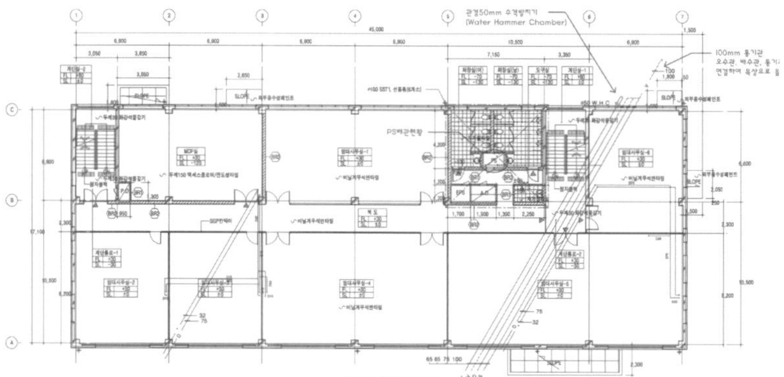

[그림 3-108] 2층 위생배관 평면도

위생배관 평면도는 급수와 배수 계획을 설계한 도면이다. 위 도면에서 화장실과 인접한 파이프닥트(P.S)에 급수와 배수에 관련된 배관을 표현한 도면으로 배관의 오르내림 표시를 범례도에서 정한 기준으로 배관의 관경을 표현한 도면이다.

[그림 3-109] 배관 피트(P.S) 하부 배관

[그림 3-110] 화장실 하부 배관

5) 환기덕트 계통도

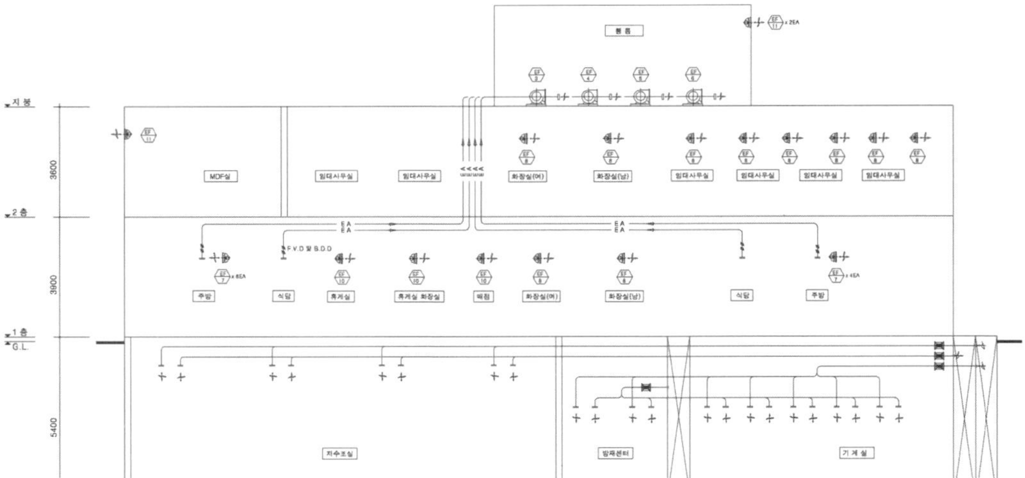

[그림 3-111] 환기덕트 계통도

환기덕트 계통도는 덕트의 구성을 약식 단면도에 덕트의 구성을 층별로 구분할 수 있도록 설계된 도면이다. 환기닥트 계통도에서 지하층은 드라이에리어(D.A)에 덕트를 통하여 환기(급기 및 배기)를 할 수 있도록 설계되었으며, 1층은 옥상의 공조기를 통하여 배기만 할 수 있도록 설계하였고, 화장실과 2층은 외벽환풍기로, 1층 주방은 외벽환풍기와 덕트로 환기할 수 있도록 설계되었다.

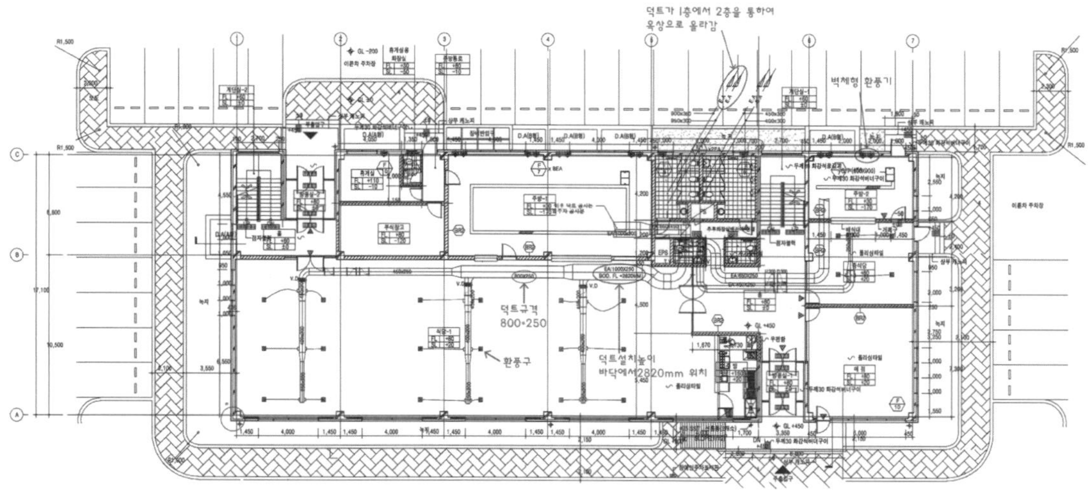

[그림 3-112] 그림 1층 덕트 평면도

덕트란 실내의 오염된 공기를 외부로 배출하고 신선한 공기를 실내로 보내기 위하여 인공으로 만든 공기 통로로 일반적으로 철판을 각형으로 절곡하여 제작하거나 굴곡이 가능한 원형의 PVC제품 등을 많이 사용한다. 덕트는 공기조화를 위한 설비로 덕트에 공기를 배출하거나 공급하기 위한 송풍기, 즉 공조기가 필요하며, 건물의 일정부분에 공조실이 마련된다. 이건물은 옥상의 계단실 옆에 공조실이 설계되어 있어 옥상으로 공기를 배출하고 급기하도록 설계되어 있다.

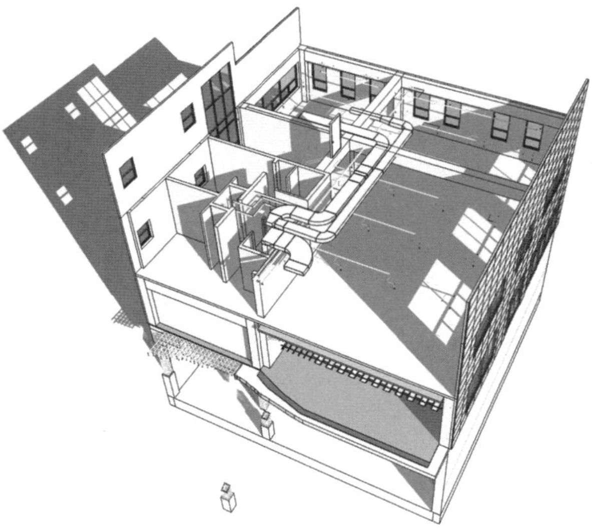

[그림 3-113] 공기조화 덕트

[그림 3-114] 공조 덕트 공사

이러한 설비공사가 완료되면 건축 마감공사, 즉 천정마감공사가 이루어지며, 최종적으로 전기설비, 기계설비, 소방설비, 통신설비 등의 시운전을 통하여 이상이 없이 작동이 될 때 건축물을 건물주에게 인수인계하고 공사를 종료하게 된다.

4 _ 실제 건축과정과 도면 사례

REAL BUILDING PROCESS AND CASE STUDIES

PART 04

PART 04 실제 건축과정과 도면 사례
Real Building Process and Case Studies

4-1 건축 도면

DRAWING BASIC 4-1

1. 개요

건축물을 건축하는 과정에서 건축 도면의 역할은 일상생활에서 우리가 말하고, 듣고, 쓰고, 읽는 언어와 같은 역할을 수행한다. 건축물을 짓고자 하는 사람, 즉 건축주와 건축주의 의뢰를 받아서 설계 및 디자인을 수행하는 설계자의 의견과 철학 등을 도면에 담아내어 건축물을 공사하고자 하는 시공자에게 그 의지를 전달하는 것이 바로 도면의 역할이다. 따라서 도면의 역할은 공사를 시행하게 될 시공자에게 정확한 의지를 전달할 수 있도록 표현하는 것이 중요하다. 다시 말해서 표현되어진 도면을 보는 사람마다 다르게 해석할 수 있는 요소가 있다면, 완공되어진 건축물의 형태가 건축주와 설계자가 의도한 건축물이 아닐 수도 있다는 것이다.

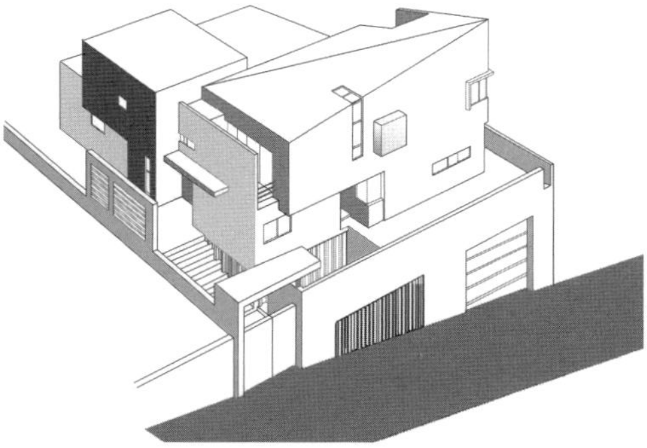

건축의 언어로서 도면은 주로 선으로 구성되며, 이에 보조적인 역할로 치수와 글씨가 있다. 선과 치수, 그리고 글씨의 조합으로 건축주와 설계자의 정확한 의사를 만들어내야 하며, 그 결과에 따라 시공자는 정확한 건축물을 완공하게 되는 것이다. 이번 장에서는 실제로 건축되어진 건축물의 사례를 통하여 도면의 중요성과 도면에 나타난 사항이 실제로 어떻게 구축되어졌는가 등의 사례를 살펴 보도록 하자.

[그림 4-1] 주택 조감도 및 전경

2. 도면의 종류

건축 도면의 종류에는 앞서 언급한 내용과 같으며, 전 그림의 주택조감도 및 전경에 나타난 주택을 완공하기 위하여 사용되어진 도면을 중심으로 설명을 하도록 하겠다. 실제 공사에 사용되어진 도면의 종류는 건축부분, 구조부분, 설비부분, 전기부분으로 나누어 실제 도면과 공사과정 등을 사례로 들어 보도록 한다.

1) 배치도

배치도는 건축물이 대지에 어떻게 위치하며 도로와의 관계, 대지의 고저차이, 조경이나 주차, 진입, 외부공간의 활용 등에 대하여 설명하는 도면이라 할 수 있다. 또한, 건축물의 배치와 관련하여 건축물의 위치를 표현한 것 이외에 대지 주변현황, 지적 관계, 건축물 및 대지의 방향 등이 표시되며, 일반적으로 한 장의 도면에 이러한 사항을 다 표현할 수 없어 별도의 내용으로 작성되어진다. 이에 따라 배치도와 유사한 도면으로 건축개요, 조경계획도, 주차계획도, 상수 또는 하수나 우수 그리고 오수계획도, 대지 종횡단면도 등이 있다.

■ 건 축 개 요

공 사 명	K&C씨 주택 신축공사			조경계획	법 정	해당 없음
대지위치					계 획	
지역/지구	관리 지역/군사시설보호구역(8m 위임지역)			정 화 조	오수정화조 15인조	
도로현황	북서측 8 m 도로			외장계획	외 벽	티타늄강판(징크), 적벽돌, 라임코트
대지면적	555.00 m^2 (167.89 평)				지 붕	콘크리트 평스라브, 금속판넬
건축면적	191.66 m^2 (119.84 평)				창 호	22mm 복층 투명 유리
연 면 적	391.62 m^2 (118.53 평)					
건 폐 율	34.53 %					
용 적 률	51.74 %					
층 수	지하1층, 지상 2 층					
주요구조	철골철근콘크리트 조					
층별면적	층 별	면 적	용 도			
	지하1층	104.65 m^2 (31.66 평)	주차장, 창고, 보일러실,계단실			
	소 계	104.65 m^2 (31.66 평)	주차장면적 90.25 m^2			
	1 층	180.52 m^2 (54.61 평)	단독주택			
	2 층	106.65 m^2 (32.26 평)	단독주택			
	소 계	287.17 m^2 (86.87 평)				
	합 계	391.62 m^2 (118.53 평)				
주차계획	법 정	1+(301.37−100)/87 = 3.31 대				
	계 획	➡ 4				

단독주택
신축공사

건축 개요

none

00 A-000

[그림 4-2] 건축개요도

건축 개요도에는 건축물의 용도, 규모, 구조, 위치 등의 문서적 내용들로 구성된다. 건축 인허가에 따른 필요사항과 건축물 대장의 작성, 등기작성 등에 필요한 사항 등이 기록된다. 내용을 살펴 보면, 좀 어려운 용어가 등장하는데 건축면적, 연면적, 건폐율, 용적률과 같은 용어가 등장한다.

이것을 좀 쉽게 풀어 설명하자면,

■ 건축면적

건축물이 가장 많이 외부로 돌출되어 있는 부분의 면적으로 하늘에서 수직으로 빛이 비추어진다고 가정할 때 수평면으로 그림자가 드리워지는 부분의 면적이라고 이해하면 된다.

■ 연면적

각 층의 건축물의 바닥면적의 합계를 말한다. 흔히들 연건평이라고 한다.

■ 건폐율

대지면적에 대한 건축면적의 비율을 말합니다. 이것은 대지의 공지를 확보하기 위한 수단으로 정의된 용어이다. 통상 건폐율 60%로 제한한다면, 대지면적이 100m^{2}일 때, 건축할 수 있는 최대 1개층 면적이 60m^{2}를 넘을 수 없다는 의미이다. 이 내용은 좀더 전문적인 설명이 필요해서 복잡해질 수 있으므로 이정도만 이해하기 바란다.

■ 용적률

건폐율과 유사한 개념으로 연면적에 대한 대지면적의 비율을 나타낸다. 여기서 말한 연면적이라 하는 것은 지하층과 지상층 중에서 주차장 용도로 사용하는 면적을 제외한 전체 면적을 말하며, 이것은 지상의 용적, 즉 층수를 제한하기 위한 수단으로 만들어진 용어라 할 수 있다. 용적률 200% 이하라고 제한한다면, 대지 면적이 100m^{2}일 때, 지상층 전체 면적을 200m^2 이하로 해야 한다는 의미이다. 엄밀한 의미로 층수를 제한한다기 보다는 지상층의 전체 면적을 제한한다고 해야 맞을 것이다. 즉, 100m^{2}씩 2개층을 건축할 수도 있고, 50m^{2}씩 4개층을 또는 25m^{2}씩 8개층을 지을 수 있기 때문이다.

기타 나머지 내용은 보게 되면 일반적으로 이해하는데 어려움이 없을 것이다.

[그림 4-3]의 주택 배치도에서 나타난 내용을 살펴 보면, 범례에 표기된 것과 같이 대지 내에 배치된 건축물의 층수가 지하 1층, 지상 2층인 것을 알 수 있으며, 건축물의 범위가 빗금, 점선의 표현으로 그 외

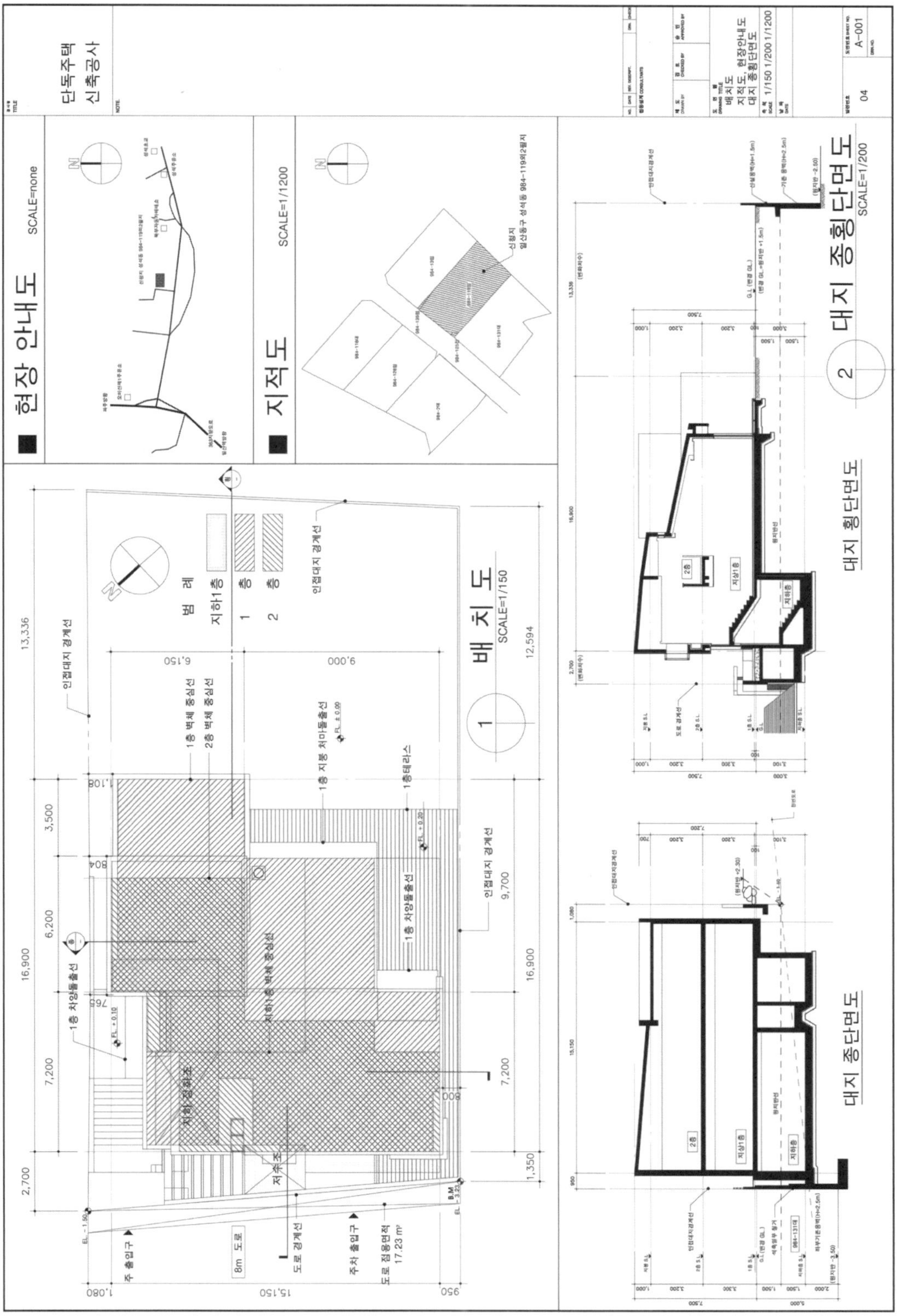
단독주택 신축공사
현장 안내도
SCALE=none
지적도
SCALE=1/1200
배치도
SCALE=1/150
범례
지하1층
1층
2층
대지 종횡단면도
SCALE=1/200
대지 횡단면도
대지 종단면도
A-001

[그림 4-3] 주택 배치도

곽라인이 그려진 것을 볼 수 있다. 또한, 방위가 정북이 45° 정도 기울어져 있으며, 도로가 북서쪽으로 8m의 도로가 있다는 것이 표현되어 있다. 자세히 살펴 보면, 대지의 높이(level)가 표현되어 있어 안마당인 정원의 높이가 '± 0,00' 으로 표기되어 있는 것을 확인할 수 있을 것이다. 이것이 이 건축물을 공사하는 동안 사용하는 기준 높이이다. 이 기준 높이는 특정한 장소를 임의로 정하여 사용하는 것으로 공사과정상 높이의 변화가 발생하지 않는 장소로 통상 전면 도로나 정원 등을 기준 높이로 정한다. 그리고 도로면을 살펴 보면, 하단 부위에 '−3.23', 상단 부위에 '−1.50' 으로 표기된 것을 볼 수 있다. 이것은 정원으로부터 표기된 숫자만큼 아래로 내려와 있음을 나타낸다. 즉, '−' 표시는 기준면보다 낮게 내려와 있음을, 반대로 '+' 표기된 부분은 기준면보다 올라가 있음을 나타낸다. 도로면에 보면 '×' 표 영역이 구획되어 있고 도로점용면적이라고 되어 있는 부분이 있다. 이것은 공사과정에서 일정 기간 동안 세금을 지불하고 도로를 사용하여 건설 자재나 가설 담장 등을 설치하여 사용할 수 있는 영역을 표시한 것이다.

현장 안내도는 현장의 주변 현황을 나타낸 도면으로 일반적으로 축척이 없으며, 지적도는 지적법에 의한 지적 사항을 표기한 도면으로 축척은 지적도 상에 나타난 축척을 그대로 표시한다. 또한, 대지 종횡단면도는 배치도상에 나타난 종횡단면 안내선에 따라 대지를 종으로, 횡으로 절단하여 보았을 때, 나타나는 대지의 형상을 표현한 도면이다. 이 도면은 인접한 대지나 도로와의 관계를 나타내기 위한 도면으로 대지의 높이차, 건축물의 높이에 따른 인접대지에 대한 법규적 영향 등을 검토하기 위한 기준으로 활용한다. 종횡단면도에서 살펴 볼 수 있듯이 인접대지와의 높이 차이가 많이 나는 것을 알 수 있다.

[그림 4-4]는 배치도의 일종으로 대지 내에서 발생하는 빗물과 생활하수, 오수 등을 처리하기 위한 계획도를 말한다. 그림 상단의 내용을 살펴 보면, 빗금이 쳐진 건물 내부에 정화조가 표현되어 있다. 정화조에서 발생한 오수를 외부로 배출하기 위한 방법이 표현되어 있고, 대지 외곽으로 빗물을 외부로 배출하기 위한 배관과 맨홀이 표현된 것을 살펴볼 수 있다. 맨홀의 위치와 수량은 빗물의 양, 배관의 경사 등에 따라 결정된다. 맨홀에는 우수 맨홀과 오수 맨홀 등이 있으며, 그 구분은 설계자에 따라 다소 차이가 있다. 하단 부위에는 정화조로부터 배관이 어떻게 구성되는가를 나타낸 도면과 대지 내 우수관 또는 오수관의 매설방법과 외부 도로에 매설된 상하수 시설과의 연결방법, 위치 등을 설명한 도면이다.

다음은 실내재료 마감표이다. 실내재료 마감표는 건축물 각각의 실에 따라 사용되어진 재료를 한눈에 파악할 수 있도록 정리한 도면이라 할 수 있다. 건축물의 실내부분의 구성이 크게 바닥, 걸레받이, 벽,

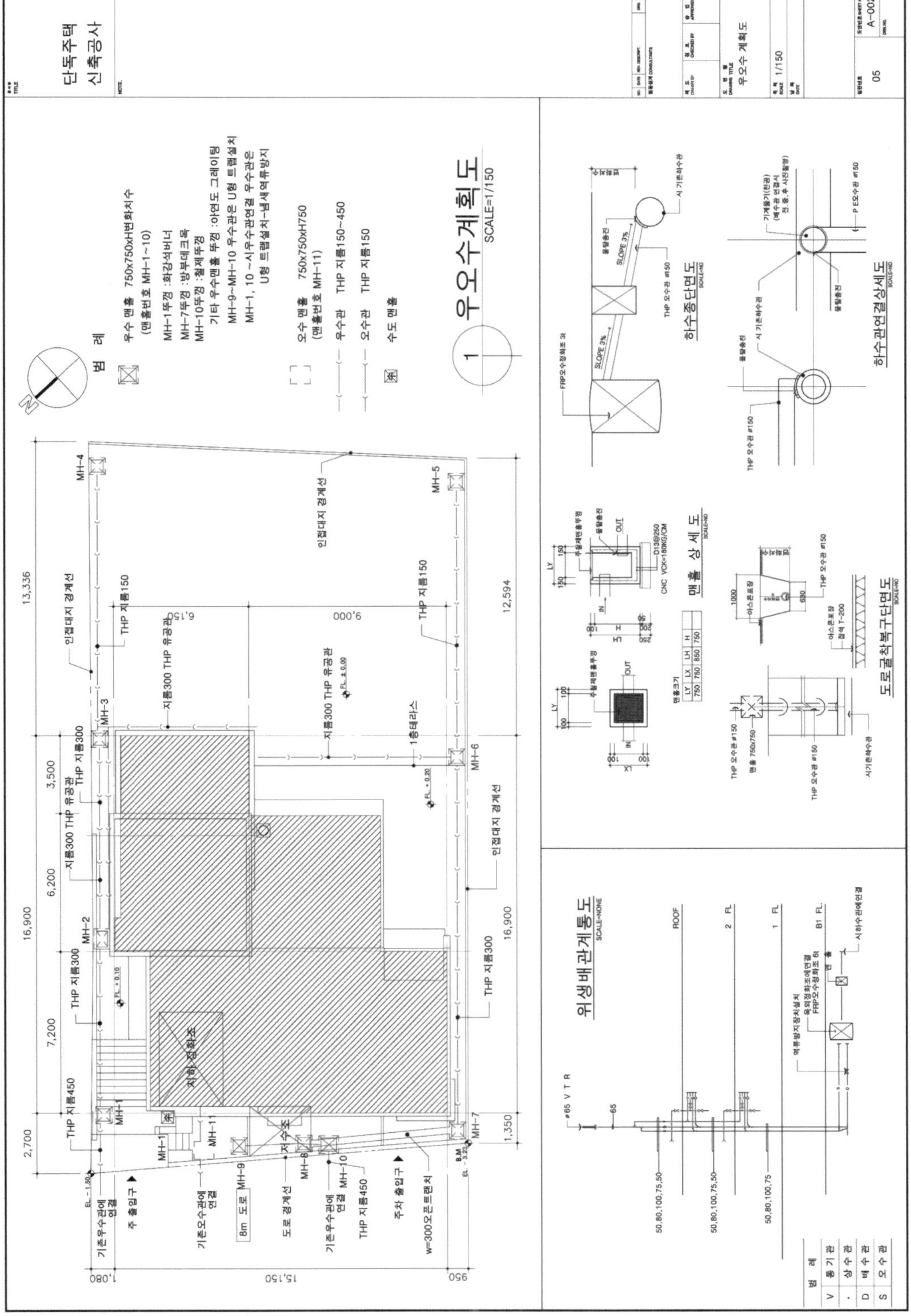

[그림 4-4] 우수 및 오수처리 계획도

천장 등으로 구성된다. 따라서 이 4개소의 재료를 일목요연하게 정리하여 놓음으로써 공사자, 건축주, 설계자 모두 쉽게 사용되어진 재료의 특성을 이해할 수 있다. 여기서 'A/B' 의 형식으로 표시된 부분은 분모에 해당하는 B 재료 위에 A 재료를 시공하라는 의미이다. 즉, '벽지/몰탈(시멘트+모래+물)' 이라고 표현된 것은 몰탈(미장)한 후에 벽지를 바르라는 의미이다. 걸레받이란 바닥과 벽체가 만나는 모서리 부분에 해당하는데 일반적으로 바닥청소를 위해 걸레질을 할 경우 벽체가 걸레의 때에 의해 오

[그림 4-5] 우수 맨홀 설치 장면 및 우수 배수관 연결 장면

1 실내 재료 마감표
축척 : none

층 별	실 명	마감상세	바 닥	걸 레 받 이	벽	천 정	비 고
지하층	주차장		콘크리트 쇠흙손/구체방수/우레탄도막방수	H=100 세라민 페인트	몰탈/수성페인트	두께120경질단열재 /경량철골천정틀/AL.천정재	
	계단실		두께 30 목재 널/ 투명락카	H=100 목재널/투명락카	석고보드/비닐페인트	경량철골천정틀/석고보드/비닐페인트	
	공구실		콘크리트 쇠흙손/구체방수/우레탄도막방수	H=100 세라민 페인트	몰탈/수성페인트	두께120경질단열재 /경량철골천정틀/AL.천정재	
	창고1		콘크리트 쇠흙손/구체방수/우레탄도막방수	H=100 세라민 페인트	몰탈/수성페인트	두께120경질단열재 /경량철골천정틀/AL.천정재	
	창고2		콘크리트 /구체방수/액방2차/보호몰탈	-	몰탈/수성페인트	콘크리트면처리/페인트	
	저수조		콘크리트 /구체방수/액방2차/보호몰탈	-	석고보드/비닐페인트	콘크리트면처리/페인트	
	정화조관리실		콘크리트 /구체방수/액방2차/보호몰탈	-	석고보드/비닐페인트	콘크리트면처리/페인트	
	PIT		콘크리트 /구체방수/액방2차/보호몰탈	-	콘크리트 면처리	콘크리트 면처리	
1 층	Ent.		액방2차/몰탈/두께 30 화강석 물갈기	H=100화강석물갈기(마천석)	석고보드/비닐페인트 몰탈/비닐페인트	경량철골천정틀/석고보드/비닐페인트	
	계단실		몰탈/두께 30 목재 널/ 투명락카	H=100 목재널/투명락카	석고보드/비닐페인트 몰탈/비닐페인트	경량철골천정틀/석고보드/비닐페인트	
	living		판넬히팅/온돌마루판	H=100 목재널/투명락카	석고보드/비닐페인트 패브릭 붙이기(벽난로 설치부위)	경량철골천정틀/석고보드/비닐페인트	
	master's bed room		판넬히팅/온돌마루판	H=100 목재널/투명락카	석고보드/벽지 몰탈/벽지	경량철골천정틀/석고보드/천정지	
	kitchen		판넬히팅/온돌마루판	H=100 목재널/투명락카	석고보드/비닐페인트(씽크부위 도기질타일) 몰탈/비닐페인트(씽크부위 도기질타일)	경량철골천정틀/석고보드/비닐페인트	
	Dining		판넬히팅/온돌마루판	H=100 목재널/투명락카	석고보드/비닐페인트	경량철골천정틀/석고보드/비닐페인트	
	Hall		판넬히팅/온돌마루판	H=100 목재널/투명락카	석고보드/비닐페인트	경량철골천정틀/석고보드/비닐페인트	
	room		판넬히팅/온돌마루판	-	석고보드/벽지 몰탈/벽지	경량철골천정틀/석고보드/천정지	
	util.		판넬히팅/온돌마루판 액방2차/보호몰탈/자기질타일	-	석고보드/비닐페인트(씽크부위 도기질타일) 몰탈/비닐페인트(씽크부위 도기질타일)	경량철골천정틀/석고보드/비닐페인트	
	세면실		판넬히팅/온돌마루판	H=100 목재널/투명락카	몰탈/비닐페인트(세면대부위 거울,도기질타일)	경량철골천정틀/석고보드/비닐페인트	
	파우더룸		판넬히팅/온돌마루판	H=100 목재널/투명락카	석고보드/벽지 몰탈/벽지	경량철골천정틀/석고보드/천정지	
	화장실-1		액방2차/보호몰탈/판넬히팅/자기질타일	-	액체방수2차(H=1000)/도기질타일(모서리방수보강)	경량철골천정틀/PVC천정재	
	화장실-2		액방2차/보호몰탈/판넬히팅/자기질타일	-	액체방수2차(H=1000)/도기질타일(모서리방수보강)	경량철골천정틀/PVC천정재	
2 층	room-1		판넬히팅/온돌마루판	H=100 목재널/투명락카	석고보드/벽지 몰탈/벽지	경량철골천정틀/석고보드/천정지	
	계단실		몰탈/두께 30 목재 널/ 투명락카	H=100 목재널/투명락카	석고보드/비닐페인트 몰탈/비닐페인트	경량철골천정틀/석고보드/비닐페인트	
	가족실		판넬히팅/온돌마루판	H=100 목재널/투명락카	석고보드/벽지 몰탈/벽지	경량철골천정틀/석고보드/천정지	
	보조주방		판넬히팅/온돌마루판	H=100 목재널/투명락카	석고보드/벽지(씽크부위 도기질타일) 몰탈/벽지(씽크부위 도기질타일)	경량철골천정틀/석고보드/천정지	
	room-2		판넬히팅/온돌마루판	H=100 목재널/투명락카	석고보드/벽지 몰탈/벽지	경량철골천정틀/석고보드/천정지	
	복 도		판넬히팅/온돌마루판	H=100 목재널/투명락카	석고보드/비닐페인트 몰탈/비닐페인트	경량철골천정틀/석고보드/비닐페인트	
	파우더룸		판넬히팅/온돌마루판	H=100 목재널/투명락카	석고보드/벽지 몰탈/벽지	경량철골천정틀/석고보드/천정지	
	화장실-1,2		액방2차/보호몰탈/판넬히팅/자기질타일	-	액체방수2차(H=1000)/도기질타일(모서리방수보강)	경량철골천정틀/PVC천정재	
	dress'-1,2		판넬히팅/온돌마루판	-	석고보드/벽지 몰탈/벽지	경량철골천정틀/석고보드/천정지	
	발코니-1		무기질탄성도막방수/몰탈/방부목	-	변색벽돌치장쌓기 라임코트	경량철골천정틀/PVC천정재	
	발코니-2		무기질탄성도막방수/몰탈/방부목	-	티타늄강판(징크), 라임코트	경량철골천정틀/PVC천정재	
	발코니-3		무기질탄성도막방수/몰탈/방부목	-	변색벽돌치장쌓기 티타늄강판(징크)	-	

단독주택 신축공사

실내재료마감표

none

06

A-003

[그림 4-6] 실내재료 마감표

염될 수 있는 부분이 있다. 이 부분에 걸레가 닫더라도 오염의 원인에 의해 더러워질 경우 쉽게 청소 등을 통하여 제거할 수 있도록 벽체와 다른 재질의 재료나 색깔을 사용한다. 이러한 부분이 걸레받이이다. 걸레받이의 표현에 'H=100' 등으로 표현된 것은 높이가 바닥으로부터 100mm 올라가도록 하라는 의미이다.

[그림 4-7] 판넬히팅 위 대리석

[그림 4-8] 거실 통로 마감재

[그림 4-9] 손님방 마감재

2) 평면도

건축 도면에서 가장 중요한 역할을 하는 것이 평면도이다. 따라서 평면도를 정확하게 이해하는 것이 도면을 잘 보는 지름길이라 할 수 있으며, 또한 그만큼 정확하게 평면도를 이해하기가 어려울 수도 있다. [그림 4-10]의 평면도는 지하 1층, 지상 2층 단독주택의 1층 부분 평면도이다. 이 평면도를 통하여 평면도를 보는 법을 소개하면, 우선 도면에서 문과 창의 위치를 파악하는 것이 중요하다. 특히, 문은 사람과 물건 등의 이동과 출입을 가능하게 하는 이동의 통로를 구성하는 요소이다. 따라서 설계자는 평면계획에서 가장 중요하게 여기는 부분이 동선의 계획, 즉 '문을 어디에 둘 것인가?' 하는 것일 수 있다. 그리고 벽체가 어떻게 구성되어 각각의 실을 분할하고 있는가를 살펴야 한다. 즉, 좌우상하 측에 표시된 치수선을 기준으로 실의 규모를 파악해야 하며, 벽체가 지하 또는 2층으로 연속적으로 이어지는 벽체인가 또는 1층에서 끝나는 벽체인가, 그리고 실 명칭, 가구의 위치와 크기, 바닥의 단 차이, 점선으로 표기된 부분의 상황 등을 검토해야 한다. 점선은 어떤 물체에 가려져서 보이지 않는 부분을 표현하거나 평면을 절단하기 위한 절단선(통상 눈높이인 1.5m~1.2m)으로 잘려져 표시하기 어려운 상부를 표현한다.

평면도상에서 나타난 이러한 표기는 표기의 선이 지나간 바로 그 위치에서 건축물을 절단하여 화살표 방향으로 바라보았다는 표시로, 그 도면은 A-302번 도면에 1번째에 그려져 있다는 의미이다.

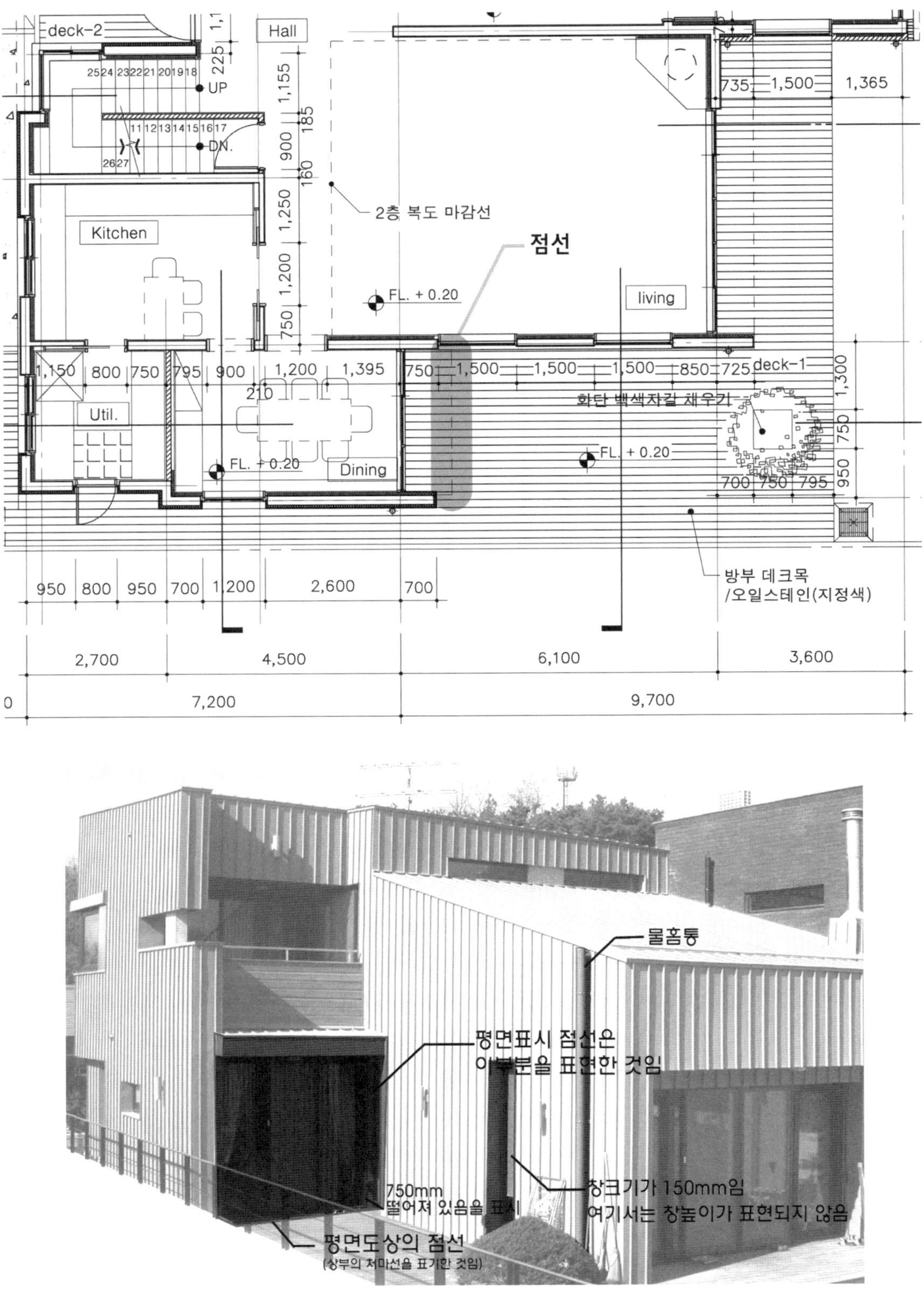
deck-2
Hall
UP
DN.
Kitchen
2층 복도 마감선
점선
FL. + 0.20
living
Util.
Dining
deck-1
화단 백색자갈 채우기
방부 데크목
/오일스테인(지정색)
2,700
4,500
6,100
3,600
7,200
9,700
물홈통
평면표시 점선은
이부분을 표현한 것임
750mm
떨어져 있음을 표시
창크기가 150mm임
여기서는 창높이가 표현되지 않음
평면도상의 점선
(상부의 처마선을 표기한 것임)

[그림 4-10] 평면도

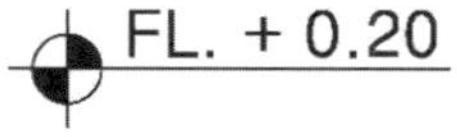

이 표기는 바닥의 높이를 표현한 것이다. 정원의 바닥높이가 기준이 0,00으로 'F.L +0.20' 이란 표시는 정원의 바닥보다 최종 재료의 마감 높이가 200m 높다는 표시이다.

이러한 표기는 [그림 4-10]의 평면도에는 없지만 일반적으로 전개도에 사용하는 표시기호이다. 이 표시에는 색칠된 부분으로 바라보았을 때를 도면의 번호로 나타낸 것이다. 즉, 1번은 좌측으로 바라본 전개도를 그렸을 때, 2번은 아랫방향으로 전개도를 그렸을 때, 3번은 우측 방향으로 바라본 전개도를 그렸을 때, 4번은 위쪽 방향을 바라보고 전개도를 그렸을 때를 나타낸다.

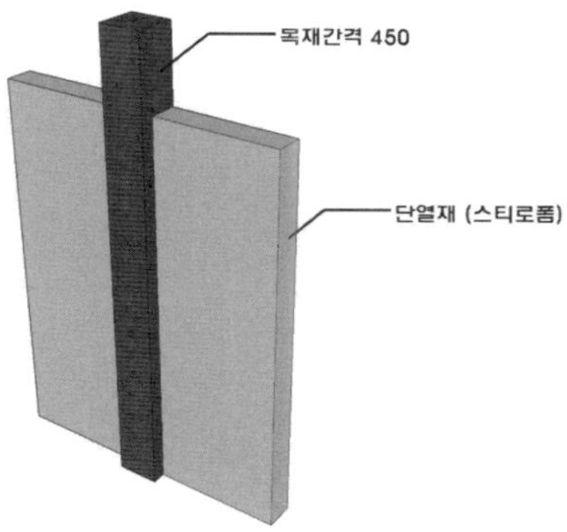

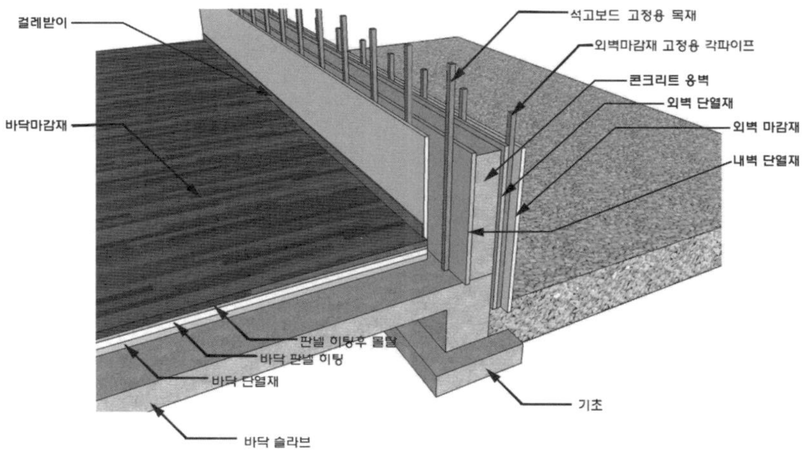

[그림 4-11] 외벽 및 바닥마감

평면도를 확대하여 살펴 보면,

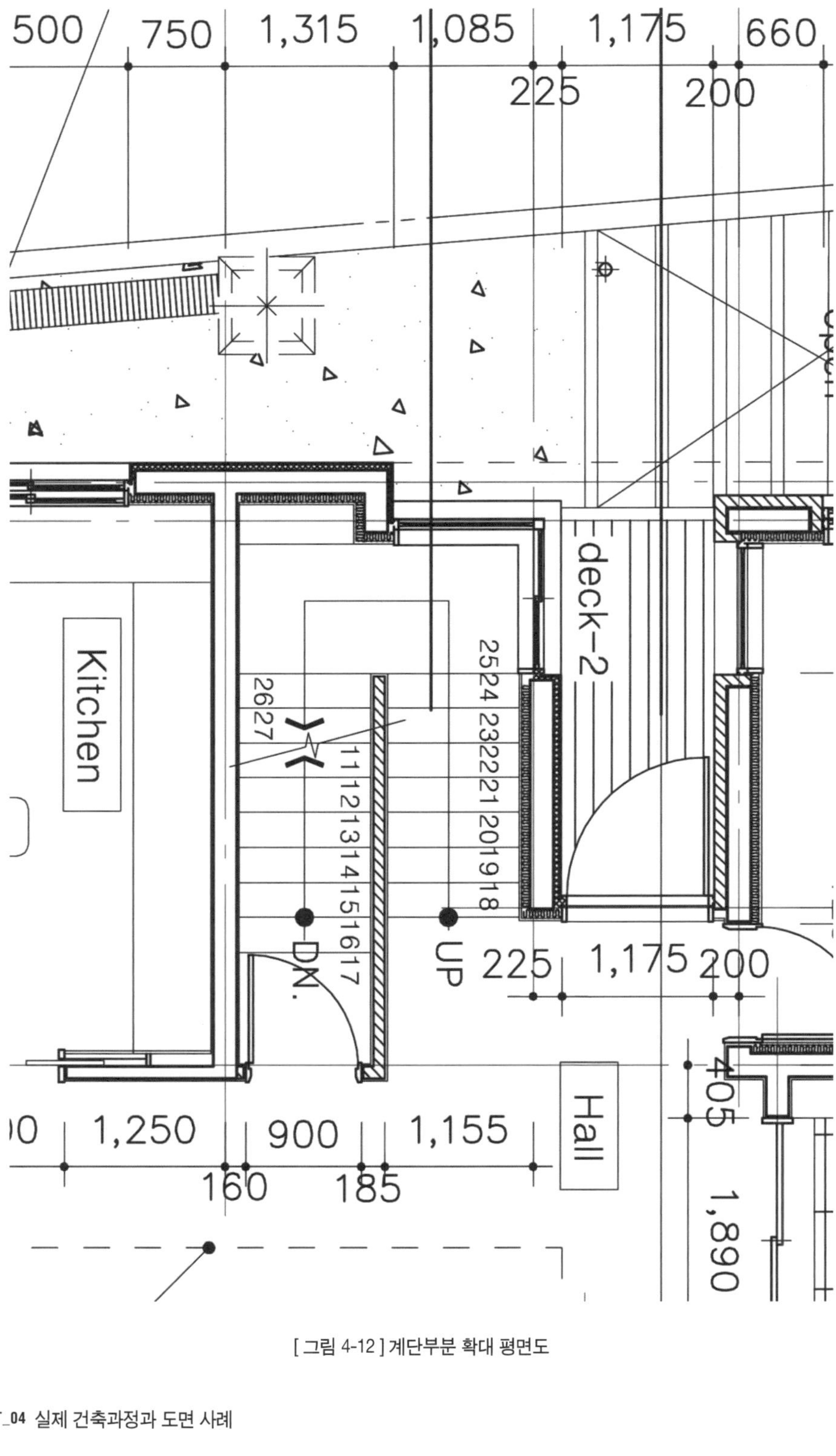

[그림 4-12] 계단부분 확대 평면도

여기서 출입문을 살펴 보면, 출입문 바닥에 문지방이 표시되어 있는지 유무를 살펴 보고, 벽체에서 빗금쳐진 부분과 리본모양의 문양이 표기된 부분에 대하여 구분해야 한다. 문지방은 출입문 문틀과 문틀 바닥에 선이 2개 이상 그려져 있는 경우 문지방이 있다고 보아야 하며 빗금쳐진 벽체는 벽돌을 쌓은 것을 의미한다. 벽돌에도 붉은벽돌, 변색벽돌, 시멘트벽돌 등의 여러 종류가 있다.

통상적으로 건축물의 내부에는 시멘트벽돌을 사용하며, 외부에는 시멘트벽돌 이외에 치장이나 장식이 가능한 벽돌을 사용한다. 벽 두께가 대략 90mm 정도이면 벽돌 1/2장을 길이방향으로 쌓은 것이며, 두께가 190mm 정도이면 1장을 쌓은 것이다. 여기 평면도에는 1/2장을 길이방향으로 쌓은 것이다. 또한, 외벽쪽에 리본모양의 표시는 단열재를 표시한 것이다.

계단은 올라가는 방향을 'UP', 내려가는 방향을 'DN'으로 표현한다. 이 평면도에서는 2층으로 올라가는 방향과 지하로 내려가는 방향이 동시에 표현되어 절단표시가 되어 구분하고 있다. 또한, 지하층에서 계단의 단수가 표시되어 표기되어 있다. 치수는 세부적 치수로 문과 창문의 가로 방향의 크기를

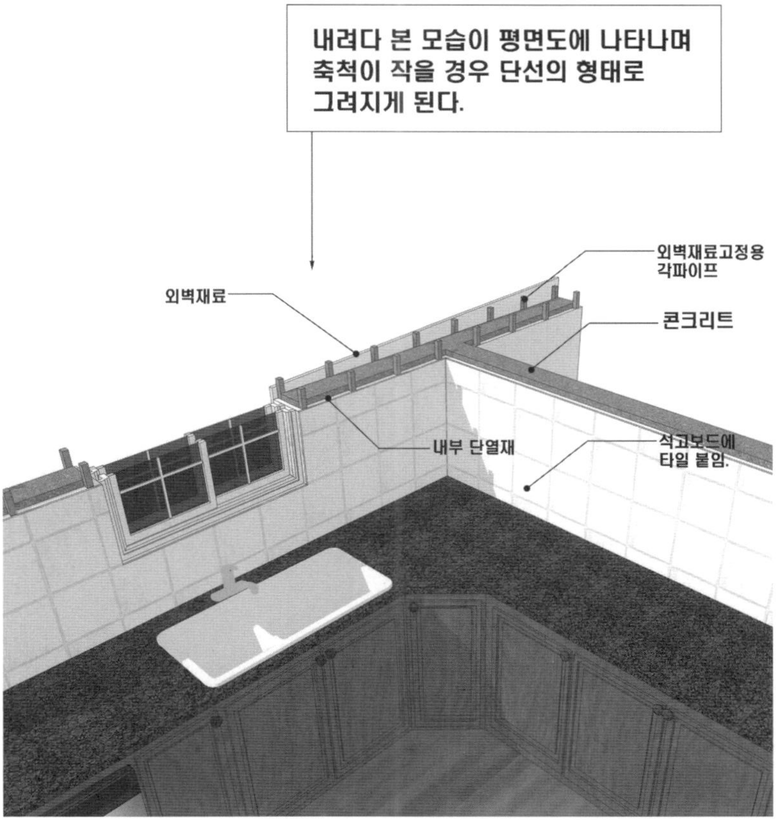

[그림 4-13] 부엌부분 확대평면도

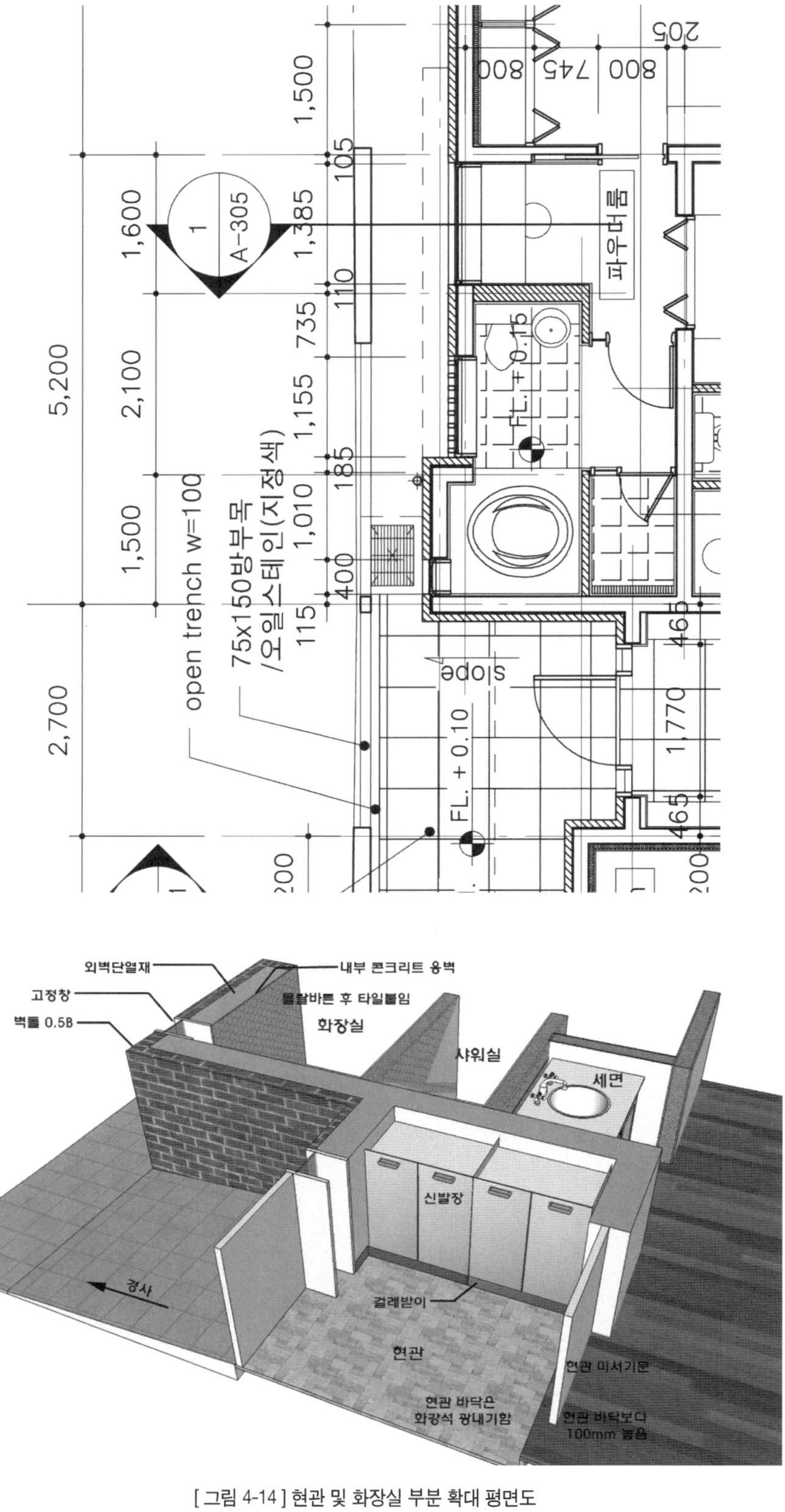

[그림 4-14] 현관 및 화장실 부분 확대 평면도

표시한 것이다. 삼각형과 점 표시가 되어 있는 부분은 외부공간으로 조경을 위한 공간을 표현한 것이다. 주방의 외부 창문이 2개 그려져 있는 것은 2중창이라는 의미이며, 싱크대의 표시를 단선으로 표현하였다.

[그림 4-14]의 현관 및 화장실 부분 확대평면도에서는 홀과 현관, 그리고 현관문이 열린 부분의 바닥의 높이 차이를 살펴 보면 100mm의 차이를 발견할 수 있다. 현관과 홀 사이에 문이 있다. 이 문은 문지방이 없는 문으로 문틀 상부에서 도르래로 움직이는 미서기문으로 성인의 1개 발자국만큼 지난 후에 바닥에 100mm의 턱이 있는 것이다. 물론 현관의 바닥 재료도 홀의 바닥 재료와 차이가 있으며, 현관과 현관문 밖의 바닥은 바닥의 높이차이가 없다.

다만, 현관문 밖의 부분은 상부 쪽으로 약간의 경사를 설치하였다.(도면의 화살표에 SLOPE 표기) 벽체의 표현도 빗금쳐진 벽돌벽과 콘크리트 벽으로 구성되어 있다. 상부에 욕조가 계란형으로 표시되어 있는 것은 월풀(whirlpool)이라는 서양식 욕조이다. 월풀욕조 아래 부분에 구획된 것은 샤워부스로 바닥에 벽체쪽으로 작은 선들이 표현된 것은 물을 배수하기 위한 트랜치라는 것이다. 화장실도 파우더룸과 바닥이 50mm 낮게 표현되어 있다.

이것은 물이 넘치지 못하도록 한 것이다. 월풀이 있는 화장실의 위쪽에 '▤' 표시된 것은 우수 맨홀, 벽체에 원형에 '?' 표시된 것은 지붕에서 내려오는 물 홈통이며, 창문에 사각형이 표시된 것은 방범용 창살을 표시한 것이다.

파우더룸과 화장실 사이의 빗금친 벽체는 시멘트벽돌 1장을 쌓은 벽체로 벽체의 중심선을 기준으로 화장실 쪽과 파우더룸 쪽에 각각 선이 한 개 더 그려진 것을 볼 수 있다. 이것은 벽돌벽에 미장을 하고 타일, 벽지 등의 마감재가 있다는 의미이다. 즉, 벽돌벽이나 콘크리트 벽체에 별도의 선이 추가로 그려지는 것은 마감재가 추가로 부착되어야 함을 나타낸다.

3) 입면도

입면도는 건축물의 외관의 형태를 나타내는 도면이다. 건물의 기능이나 내부 구조 등을 표현한 것이 평면도라 한다면, 건축물의 형태와 미적 요소를 담당하고 있는 중요한 부분이다.

[그림 4-15]의 입면도에서 표현된 내용을 살펴 보면, 전체 건축물의 중요 치수와 각각의 창호 관련 치수가 기입되어 있다. 창호의 가로 크기는 평면도에서 표기되기 때문에 일반적으로 입면도에서는 표기

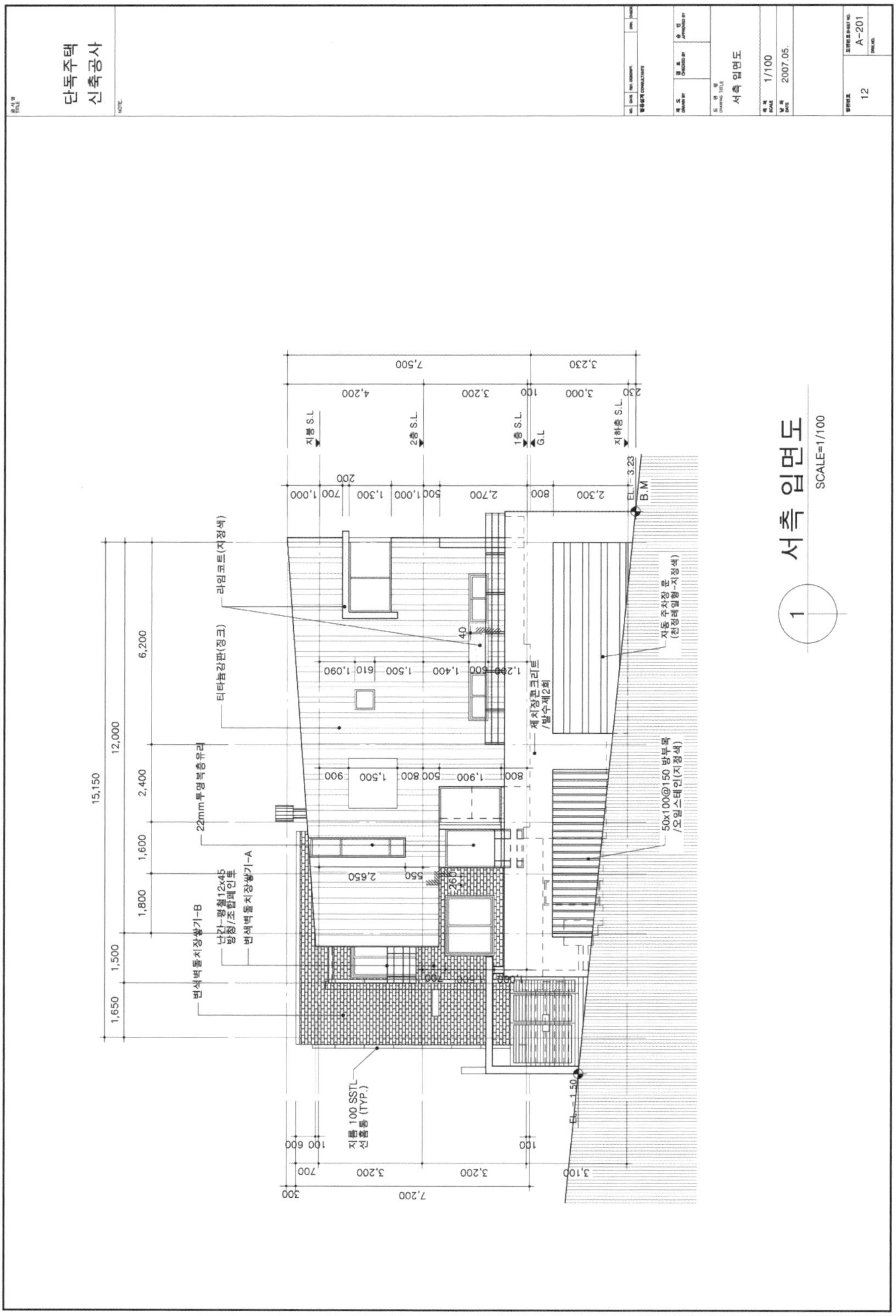

[그림 4-15] 서측 입면도

[그림 4-16] 서측면 외관

[그림 4-17] 북서측 외관

하지 않고, 세로 치수인 높이부분을 표기한다. 또한, 외관을 형성하는 주요 재료, 면의 요철에 의한 돌출과 후퇴 부분의 차이, 색채 등이 표현된다.

[그림 4-15]의 서측 입면도에서 우측 세로 치수선 옆에 2층 S.L. 과 같이 표현된 것은 2층 구조체, 즉 2층 바닥콘크리트면의 높이선임을 나타내며, 도면 중앙부에 230 과 같이 표현된 것은 벽돌벽면보다 230mm 돌출되었음을 나타낸다. 또한, 점선의 표현은 도로면의 담장면에 가려 보이지 않는 부분을 표시한 것이다.

입면도의 좌측에 '지름 100 SSTL. 선홈통(TYP.)' 으로 표현된 것은 지름이 100mm이며, 스테인레스 강관으로 만들어진 지붕의 빗물 등을 지면의 맨홀 등으로 배수시키기 위한 선홈통을 말하며, 'TYP.' 란 표현은 영어의 'typical' 의 약자로 선홈통 모두 동일하다는 의미이다.

중앙 하단에 '50×100@150 방부목' 으로 표기된 것은 폭 50mm, 두께 100mm의 방부목재를 간격 150mm로 균등하게 배치하라는 의미이며, 우측 하단의 '⊕ B.M EL.3.23' 이란 표기는 'Bench Mark Elevation' 란 의미로 기준 높이점을 말한다.

이것은 측량에 의해 제시된 높이를 측정하기 위한 기준으로 대지 내의 모든 높이 기준은 여기서부터 시작된다고 할 수 있다. 즉, 이 대지의 정원은 'B.M' 이라고 표시된 부분으로부터 3.23m 높이 올라갔다고 할 수 있다. 'G.L' 은 'Ground Line' 또는 'Ground Level' 의 약자로 '지표면선' 또는 '지표면 레벨' 을 표시한 것으로서 1층 정원의 레벨을 말한다.

4) 단면도

평면도 상세서에 표현된 단면 안내선인 ‘ ’ 표기에 따라 건축물을 절단하여 도면화한 것을 단면도라 한다. 이러한 단면 안내선이 일직선으로 표시되는 것이 일반적이지만 설계자의 의도에 따라 직선이 굴절되어 표시되기도 한다. 단면도는 건축물의 내부, 외부의 높이 등의 입체적 구성을 보여주기 위한 도면으로 건축공사를 위한 중요한 역할을 한다.

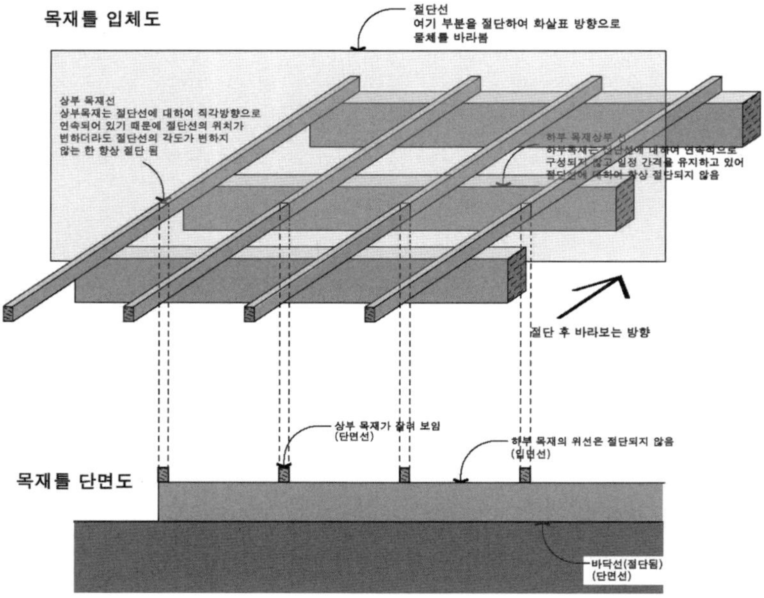

[그림 4-18] 입면선과 단면선의 구분 기준

단면도는 편의상 평면상에서 종방향으로 절단하여 보여준 단면도를 종단면도, 횡방향으로 절단하여 보여준 횡단면도 등으로 구분한다.

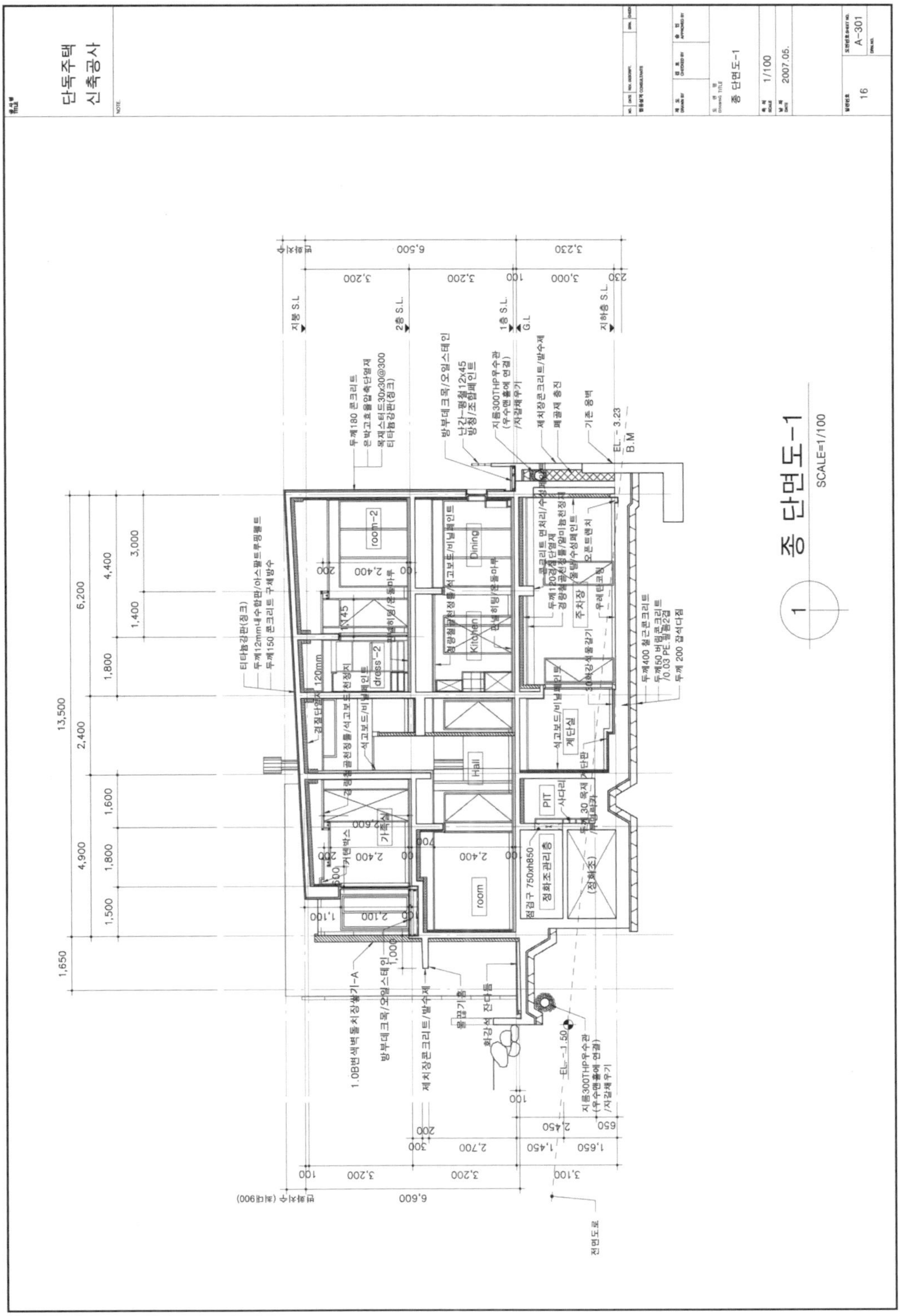

[그림 4-19] 평면상에서 종방향으로 절단한 단면도

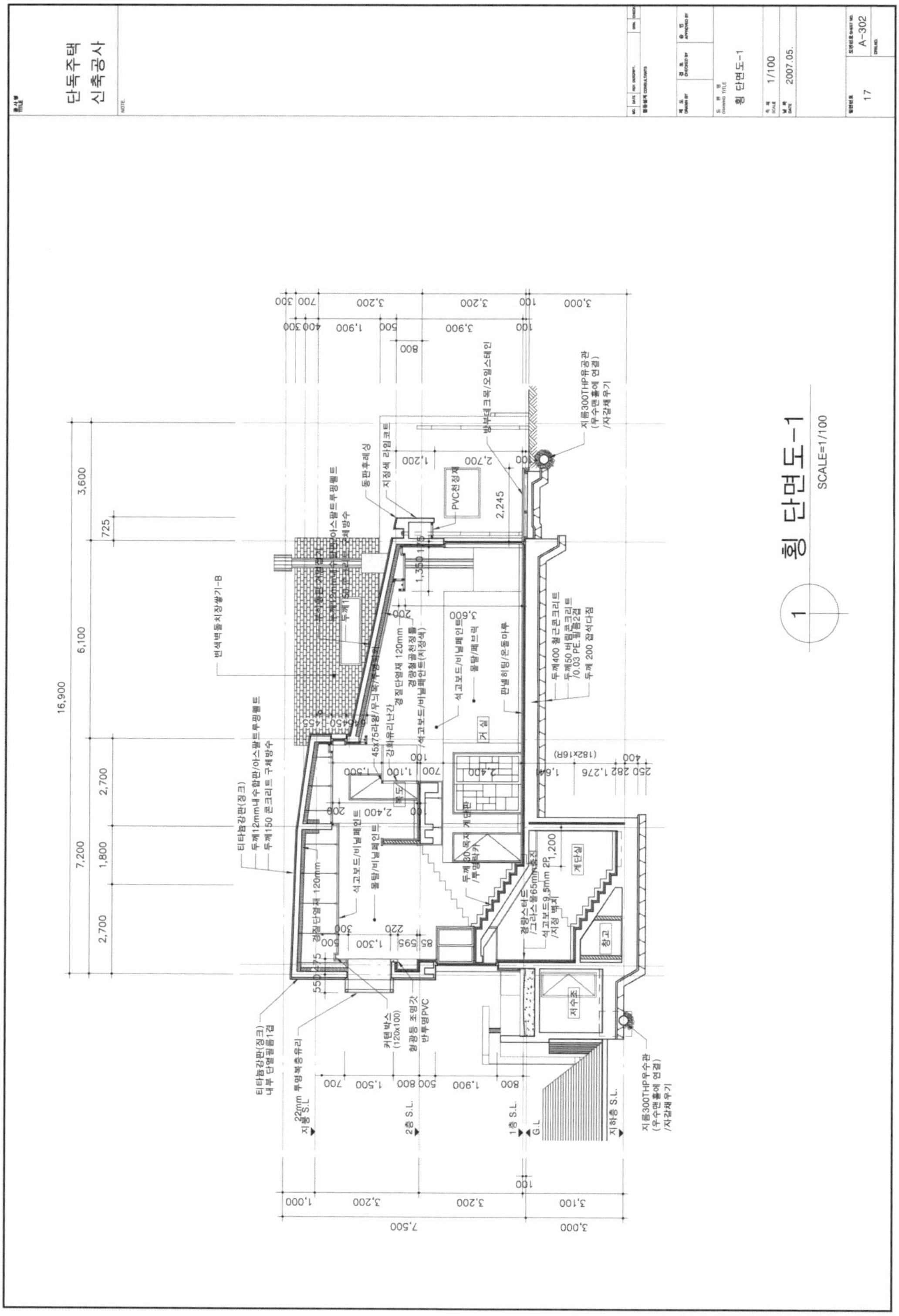

[그림 4-20] 평면상에서 횡방향으로 절단한 단면도

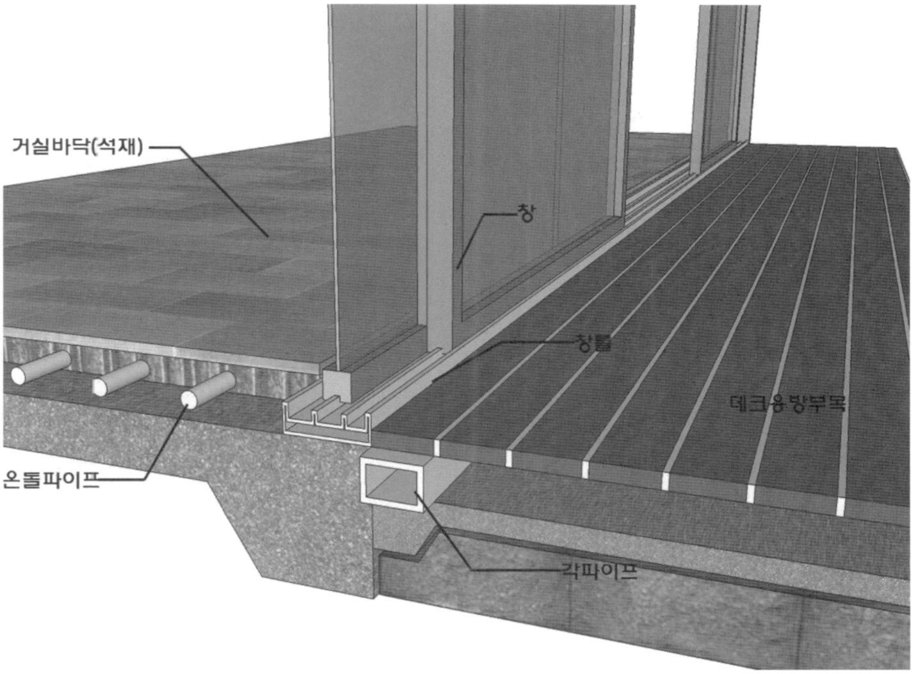

[그림 4-21] 부분 단면상세도-1

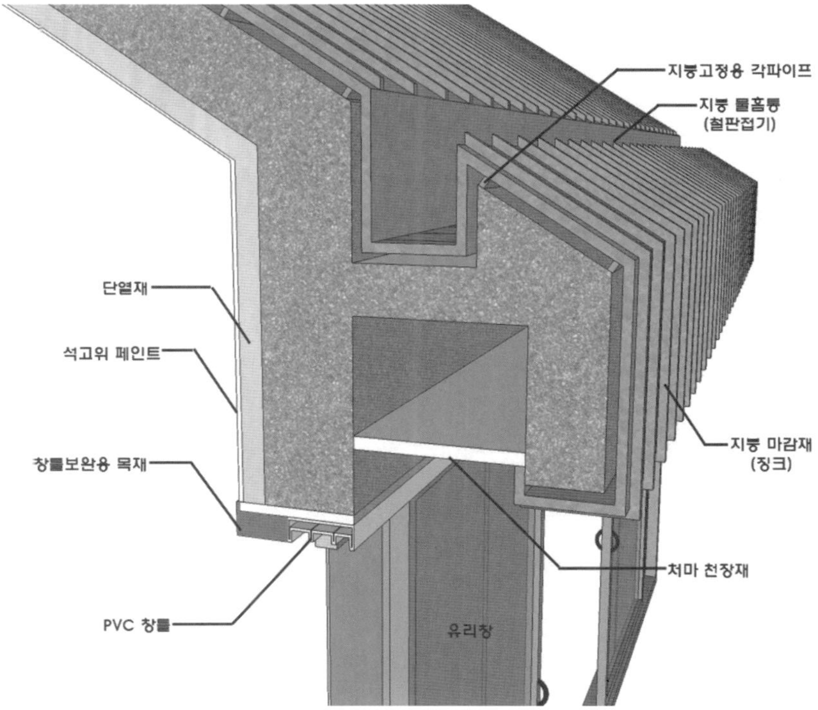

[그림 4-22] 부분 단면상세도-2

평면도상에서 단면 안내선인 'A−301'과 'A−302'라고 표시된 부분의 단면 안내선을 살펴보고 종단면도와 횡단면도를 비교하여 이해해야 한다. 단면 안내선에 따라 절단된 부분은 진하게 표현되며, 절단되지 않고 안내선보다 뒤쪽에 위치하고 있는 벽체, 가구, 창문, 출입문 등은 가는 선으로 표현한다. 즉, 굵은 선으로 그려진 부분은 절단된 면(단면선), 가는 선으로 표시(입면선)된 부분은 후퇴된 면이다. 그래서 선의 강약에 따라 2차원 평면의 단면도를 3차원의 입체 공간으로 읽혀지는 것이다.

5) 창호도

건축물을 구성하는 요소로서 창호가 있다. 창과 문이란 뜻이다. 평면도와 입면도, 그리고 단면도 등으로 창호에 대한 정보가 일부 표현되어지지만, 이러한 기본 도면에 창호의 정보를 정확하게 표현하기에 한계가 있다. 왜냐 하면 창호의 정확한 정보인 내용을 표현하게 되면 창호의 내용 때문에 도면이 복잡해져 창호의 내용보다 더 중요한 내용을 기본 도면에 표현할 수가 없기 때문이다.

그래서 일반적으로 도면의 내용이 간단한 평면도인 경우에 창호의 번호 표시기호를 '$\frac{1}{SD}$(철재 문−1 번째라는 표시임)'과 같이 표기하기도 하며, 도면의 내용이 복잡한 평면도의 경우 별도의 평면도에 창호 부호에 대한 정보만 남겨 놓고 다른 표현을 생략하여 창호 평면으로 구성하기도 한다.

이와 같은 창호 평면도의 안내에 따라 별도의 창호 구성에 대한 도면이 작성되며, 평면도의 세부적 정보보다 창이나 문의 위치를 구별하기 용이하고 창호의 구분에 혼선이 발생하지 않도록 창호 기호 이외의 정보를 삭제하는 도면이 유리하다. 이러한 평면도상에서 표현된 창호의 가로 치수의 크기와 창호도에 나타난 창호의 치수가 일치하는 것이 일반적이다. 창호의 평면도에서 표기된 SD, AD, WD, SSD, PD, FSD, AW, WW, PW 등의 명칭은 다음과 같다.

- SD : Steel Door(철재 문)
- AD : Aluminum Door(알루미늄 문)
- WD : Wood Door(목재 문)
- SSD : Stainless Steel Door(스테인레스 문)
- PD : Plastic Door(플라스틱 문)

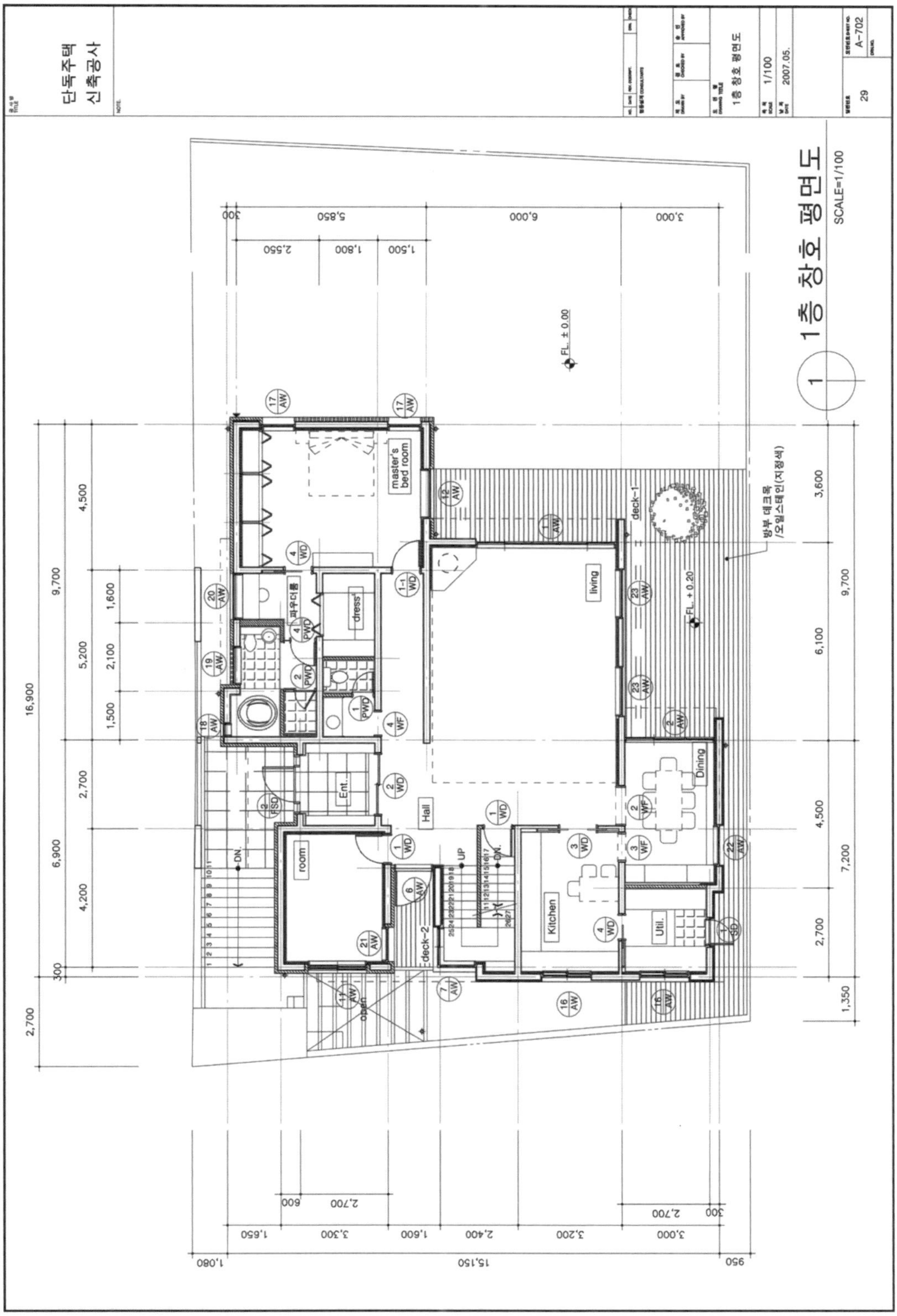

[그림 4-23] 창호 평면도 예

- FSD : Fire protect Steel Door(방화용 철재 문)

- AW : Aluminum Window(알루미늄 창)

- WW : Wood Window(목재 창)

- PW : Plastic Window(플라스틱 창－하이샤시 등)

이러한 기호 위의 숫자는 그 문이나 창문의 순서별로 부여한 고유번호이다. 이러한 조합의 기호가 창호도에 표기되어 창호의 세부사항을 나타낸다.

창호도의 도면에 'F.L, F, Sill, 일식' 등의 용어는 다음과 같다.

- F.L : Finish Line(마감선－구조체인 콘크리트 등이 아닌 최종 마감재료의 끝선)

- F : Fix(고정됨－유리나 문짝 등이 좌우전후 등으로 움직일 수 없도록 고정됨)

- Sill : 문지방

- 일식 : 일체의 모든 것(필요한 구성품을 세부적으로 표현하기 곤란한 경우에 사용함)

창호도에서 중요한 것은 창호의 형태, 규격, 재질, 그리고 그 설치개소 등이다. 창호도에 나타난 치수와 평면이나 단면도에서 표현된 치수가 상호 차이가 날 수 있다. 이것은 마감재에 겹쳐서 표현될 수 있기 때문이며, 창호도 등에서 점선 등으로 표현되기도 한다.

또한, 창호도에 치수가 문이나 창문을 제작하는 정확한 치수가 아닌 경우가 많다. 이것은 현장의 공사과정에서 시공오차가 발생하기 때문에 창호 제작자는 창호도를 기준으로 현장과의 오차를 검토하고 이를 반영하여 창호를 제작하고 설치한다.

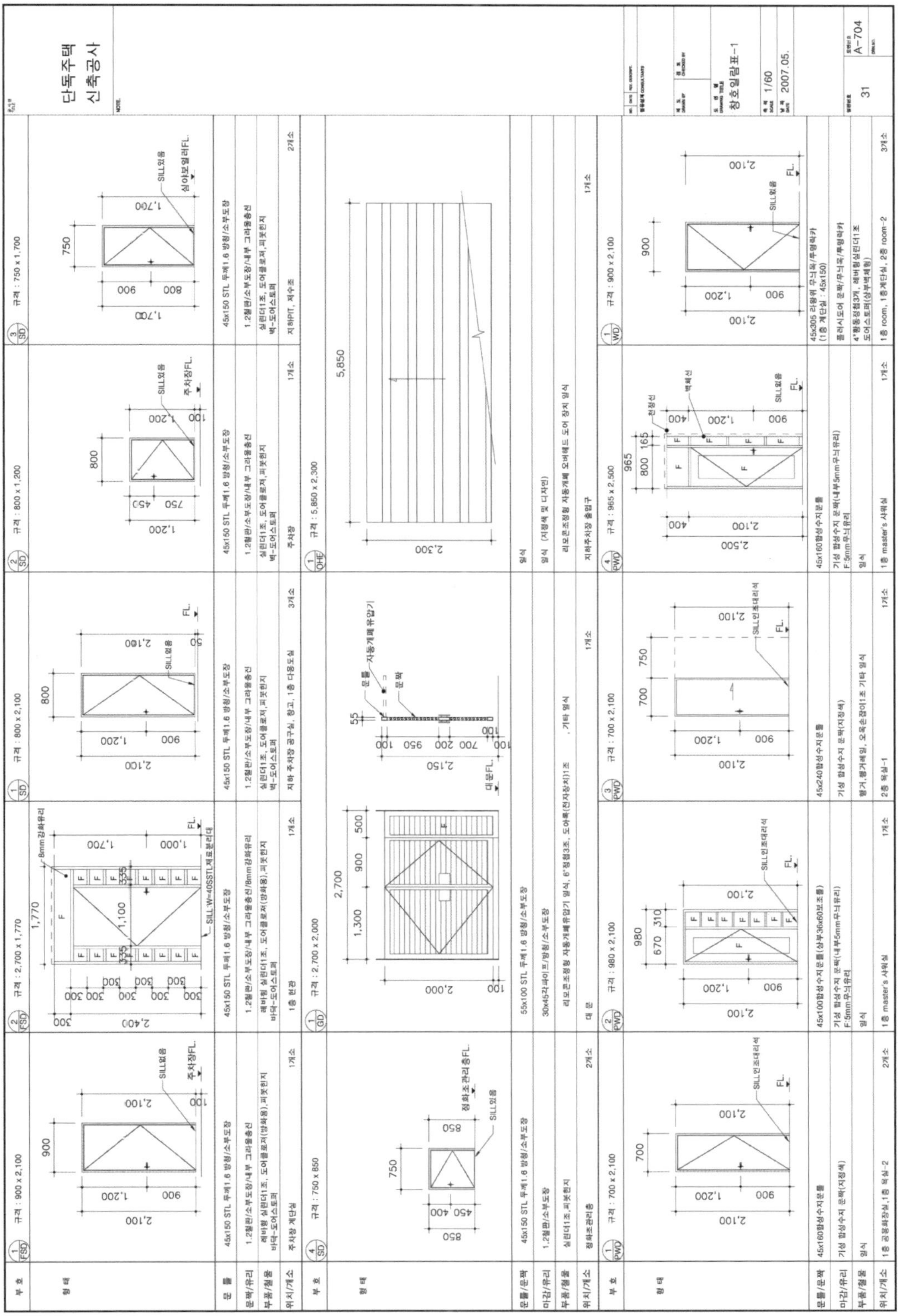

[그림 4-24] 창호도

현재 창문이나 문의 종류가 다양하고 수시로 그 부속품이 개발되고 있어 설계자조차도 정확한 창호의 부속품에 대한 이해가 어려운 실정이다. 따라서 도면의 이해를 위한 본 서에서 여러분은 '창호의 부속철물이 참으로 다양하고 많구나' 라고 이해하길 바라는 정도로 부속철물에 대한 설명을 대신한다.

6) 상세도

도면은 건축주와 설계자의 의견을 반영한 건축물의 형태와 공사 방법, 재료 등의 내용을 규정해 놓은 결과물이다. 앞에서도 언급한 것처럼 건축물의 형태 등을 공사자에게 가장 잘 전달할 수 있는 방법은 직접 공사를 해가며 형태, 공법, 재료 등을 필요한 때마다 직접 설명하는 것이 가장 확실할 것이다. 그러나 이러한 방법은 시간과 경제적인 낭비를 피할 수 없으며, 의도한 바대로 공사가 되지 않았을 경우, 막대한 경제적인 손실은 물론 건축물의 형태를 예측할 수 없는 단점을 가지고 있다.

이러한 단점을 보완하기 위한 수단으로 건축의 언어인 도면을 작성하고, 이러한 도면이 건축 관계자 간의 언어라고 언급하였다. 건축 도면은 작은 도면의 용지 내에 그려지는 특성이 있다. 따라서 실제 건축물의 크기를 그대로 용지에 담아낼 수가 없기 때문에 일정한 비율로 줄여서 작도를 하게 되며, 이것을 축척이라고 했다. 이렇게 일정한 비율로 줄여 작도를 할 경우 지면의 한계에 따라 세부적으로 표현할 수 없는 기술적인 문제가 항상 발생한다.

예를 들면, 상세하게 표현할 경우 그 내용이 너무 많아 표현되는 내용끼리 덧칠해지듯이 표현되는 경우가 발생할 수도 있어 실제 필요한 정보가 오히려 도면언어로서의 기능을 상실하게 된다. 그래서 도면의 축척에 따라 필요한 정보만 표현하고 다른 도면에서 세부적인 내용을 확대하여 표현하게 되며 이것을 상세도라고 한다.

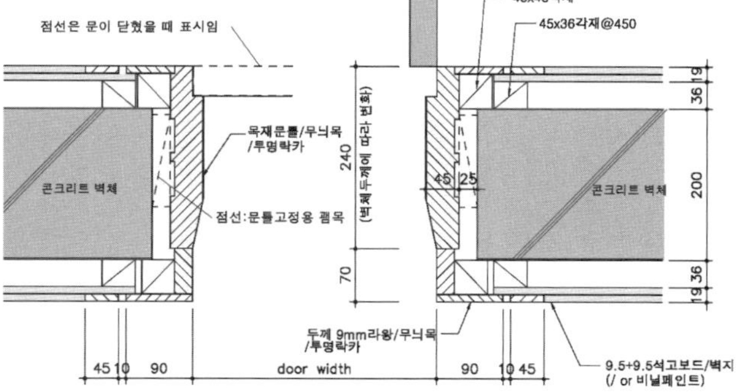

[그림 4-25] 문틀 평면 부분 상세도

[그림 4-26] 문틀 설치 장면

그림의 문틀 평면부분 상세도에 나타난 마감상세도는 수직으로 좌우측에 목재 문틀이 설치되고, 목재 면에 무늬목이라는 재료를 붙여 투명한 락카라는 칠을 하도록 되어 있다. 실제 설치 장면과 비교하여 보면, 문틀과 콘크리트 사이에 간격이 있고 그 사이에 점선표기된 문틀 고정용 R목이 바닥에서부터 문틀 상부까지 3~4개 설치된다. 이 점선의 R목은 문틀을 고정시키고, 간격이나 수직, 수평을 유지하기 위하여 사용되어지는 재료로써 현장 여건에 따라 그 규격이 다르게 제작된다. 즉, 문틀과 콘크리트 사이가 많이 벌어져 있으면 R목의 크기가 커지고 좁아지면 작은 R목이 쓰이는 것이다.

또한, 문틀의 한쪽은 경첩이라는 힌지가 달리고 다른 한쪽은 잠금장치와 더불어 손잡이가 달리게 되며, 문이 닫힐 때 문을 받아주는 문틀의 턱이 있어야 한다. 그리고 도면에서 바닥부분에 점선은 문이 닫혔을 때의 모습을 표현한 것이고, 점선 이외의 선이 표기되어 있지 않은 것은 문지방이나 턱이 없다는 것이다. 그리고 콘크리트 면을 미장을 하거나 다른 재료로 마무리를 하여야 하는데, 도면에서는 일정한 간격으로 콘크리트 면에 각재를 대고 두께 9.5mm 석고보드 2겹을 설치하도록 되어 있다. 각재는 석고보드를 고정시키기 위해 필요한 것으로 스터드(Stud)라고 한다. 목재의 경우 가로세로 45mm 내외의 각재나 아연과 알루미늄의 합금인 경량철재를 통상 450mm의 간격으로 설치한다.

문틀의 폭이 240mm이며, 두께는 45mm로 되어 있으며, 석고보드를 설치하게 되면 문틀이 전체 폭보다 적어지게 되어 모양이 이상하게 된다. 이것을 보완하기 위하여 문선몰딩이라는 것을 설치하여 문

[그림 4-27] 무늬목과 무늬목을 붙인 문틀
(무늬목은 나무결이 살아나도록 대패 등으로 나무를 깎아 종이처럼 제작한 재료로
목재에 본드 등의 접착제를 바른 후 다리미나 인두로 열을 가하여 접착함)

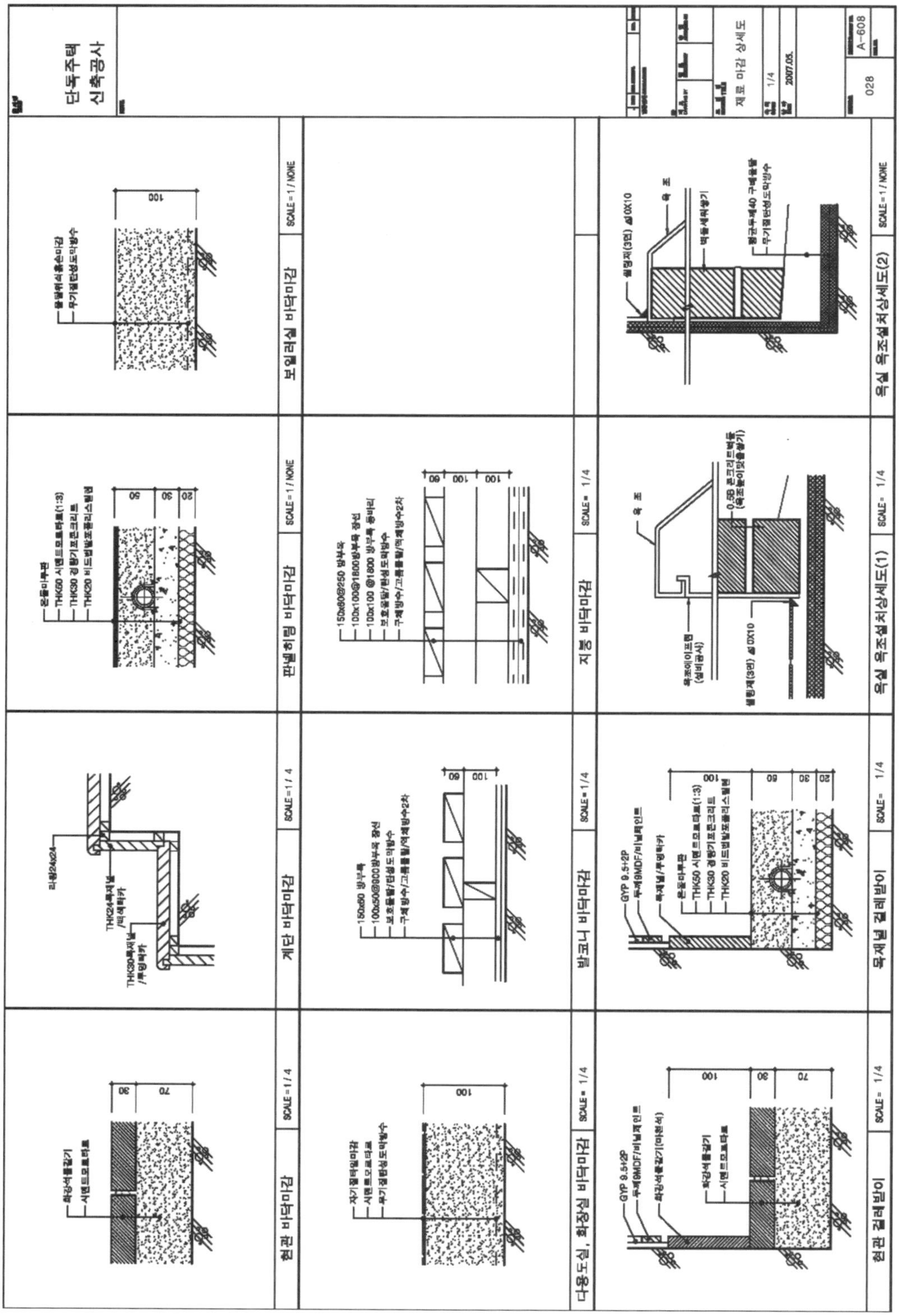

[그림 4-28] 실내재료 마감단면 상세도

틀이 벽체 두께보다 크거나 같아 보이도록 장식을 한다. 고급의 주택이나 고급의 건축물일수록 이러한 요소들이 많아지게 된다. 도면에서 볼 수 있는 것과 같이 문틀 옆에 라왕이라고 하는 목재에 문틀에 사용된 것과 같은 무늬목을 붙여 중후하게 보이도록 의도한 것이다. 그리고 투명한 칠을 하게 되는데 도면에서 칠의 두께는 너무 얇아 표현되지 않는다.

건축물의 뼈대역할을 수행하는 콘크리트 이후에 사용되어지는 재료를 일반적으로 마감재료라고 한다. 실내재료 마감 단면상세도에서 나타난 내용을 살펴 보면, 구조 부분인 콘크리트 부분의 표현을 간략하게 표현하였으며, 마감재료 부분을 절단하여 바라본 모습으로 일반 도면의 축척을 확대하여 재료의 명칭과 규격, 접합 또는 조합방법, 마감의 형태, 순서 등을 상세하게 표현하였다.

[그림 4-29] 계단과 발코니 목재 설치 장면

[그림 4-30] 판넬히팅 위에 대리석 붙이기 및 타일 붙이기

1. 기둥 및 보 일람표

건축물을 구성하는 뼈대의 역할을 수행하는 가장 중요한 건축부재로 기초, 기둥, 보 등의 3가지 요소가 있다. 이러한 3가지 요소 이외에 슬래브, 계단, 옹벽 등이 있지만 건축물의 전체 골격을 유지하고 건축물의 자립을 유지하는데 위 3가지 요소가 가장 기초가 된다고 할 수 있다. 이 중 기초는 그 형식이나 크기 등이 기둥과 보의 크기와 다르게 구성되는 특징이 있다. 예를 들면 기초의 형식에 따라 독립기초, 온통기초, 복합기초, 줄기초 등 종류도 다양하고 그 크기도 다양하다. 따라서 기초에 대한 구조도면은 주로 구조평면도와 함께 별도로 작성되는 경우가 많다.

기둥 및 보 일람표에 나타난 내용을 살펴보면 우선 구조평면도에서 보였던 기둥의 C1, 보의 G1, B1 등의 부호를 기억해야 한다. 기둥 및 보 일람표상에 나타난 부호는 평면도상에서 표기한 부재를 세부적으로 표기한 것이다. 따라서 이 일람표와 구조평면도와 상호 교차하여 도면 읽기를 해야 하며 일람표상에 나타난 치수와 구조평면상에 나타난 치수와 비교하여 상호 차이가 없는지 살펴 보아야 한다. 설계도가 정확하게 작성되어야 하지만 사람이 작도하는 것이라 실수가 있을 수 있으며, 이러한 실수는 건축물의 안전에 막대한 영향을 미칠 수 있기 때문에 항상 주의깊게 검토해야 한다. 또한, 이러한 구조부재의 규격이나 철근의 수량 등은 전문가의 구조계산이라는 확인을 걸쳐 작성되기 때문에 구조계산서를 확인하여 구조계산서와 일치하도록 작성되었는가도 확인해야 한다. 참고로 그림에 나타난 기둥 및 보 일람표는 일반적 구조부재의 일람표를 설명하기 위하여 구조평면도와 다른 프로젝트의 사례를 예로 들었다.

도면의 순서가 보 일람표가 우선 표기되었으나 관례상 기둥 일람표를 먼저 설명하도록 한다. 일람표상에 표기된 부호는 부재의 이름이며, 기둥을 수직부재라 하고 기둥에서의 '단면'이라 함은 기둥을 일정 높이(약1.5m)에서 절단하여 내려다 본 형상을 표기한 것이다. 또한, 보는 수평부재로서 지지되는 기둥과 인접한 부분을 '단부', 기둥과 기둥 사이의 중간부분을 '중앙부'라 정의하며 이를 절단하여 바라본 형상을 표기한 것이다.

기둥의 형태는 기둥의 단면을 뜻하며, C1의 경우 크기가 가로×세로 : 400×600이며, 기둥의 중앙부를 제외한 양측면으로 동그란 점같이 표기된 것이 건축물의 무게를 견디어내는 주요 철근, 즉 주근을 나

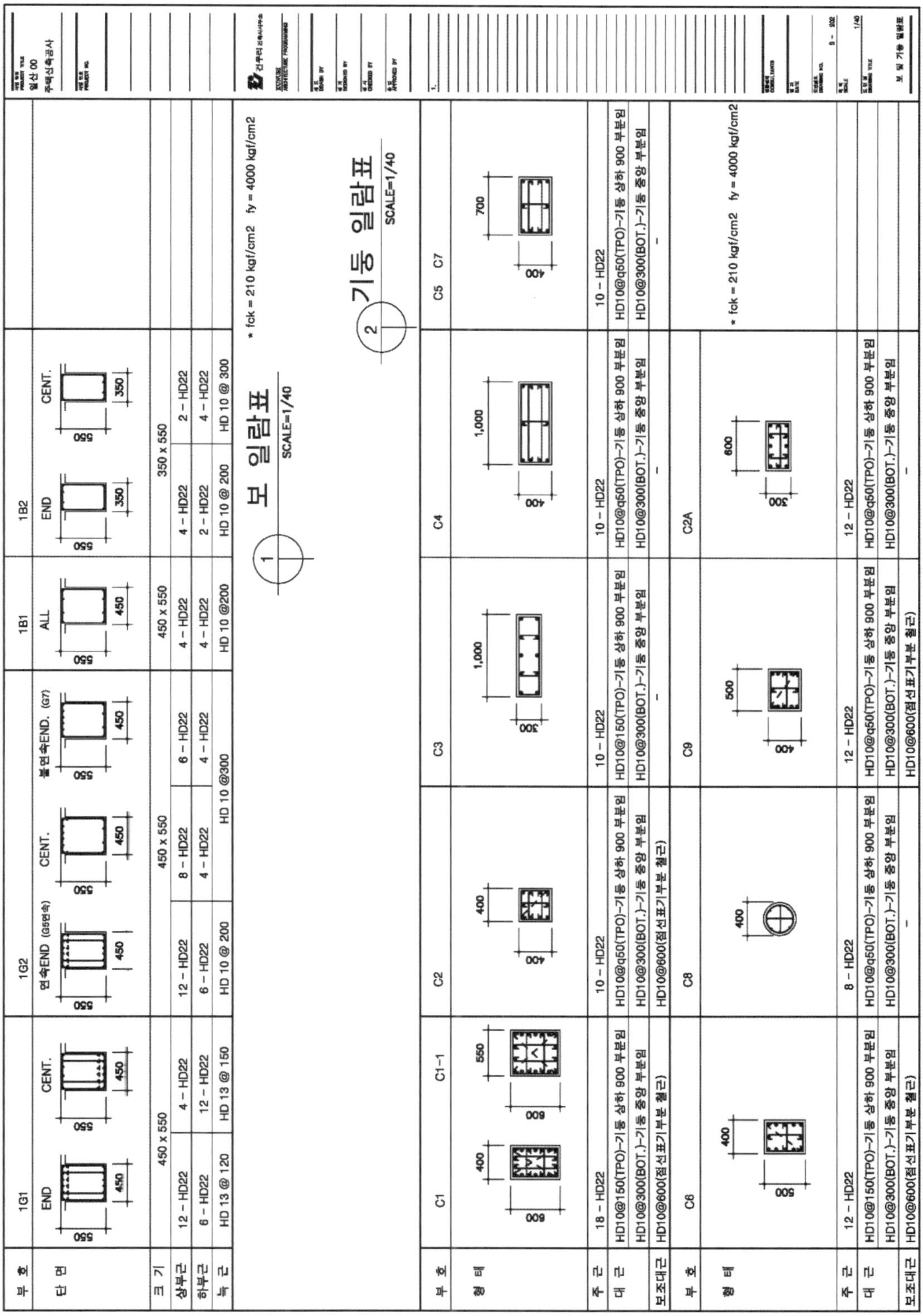

[그림 4-31] 기둥 및 보 일람표

타낸 것이다. 철근콘크리트 구조에서 철근은 잡아당기는 힘, 즉 인장력에 강한 저항력을 가지며, 콘크리트는 압박하는 힘, 짓누르는 힘인 압축력에 강한 저항력을 가지고 있다. 그리고 철근과 콘크리트는 열에 의한 늘어나고 줄어드는 팽창력(탄성계수라 함)이 비슷하여 서로 잘 달라붙는 성질을 가지고 있다. 쉬운 말로 하면 궁합이 아주 잘 맞는다고 하겠다. 기둥은 양측면으로 인장력이 발생하고 중앙부위는 압축력만 작용한다. 따라서 압축력이 작용하는 중앙부는 철근이 필요 없고 인장력이 발생하는 양측면에만 철근이 필요한 것이다.

C1의 주근에서 '18−HD22' 라 표기된 것은 고강도 철근 22mm 규격을 18개 설치하라는 의미이다. C2는 고강도 철근 22mm 규격을 10개 배치하라고 되어 있다. 대근이라는 것은 철근이 전후좌우로 벌어지거나 변형되는 것을 방지해주는 역할을 하는 철근을 말한다. 대근의 역할을 쉽게 설명하면 여러분의 손가락으로 수직으로 세워 아무 물체나 지그시 누르게 되면 일정한 힘이 넘어가게 되면 손가락이 힘을 못 견디고 구부러진다. 여기에 실로 손가락을 아래 부분부터 위 부분까지 칭칭감고 다시 눌러 보면 아까보다 훨씬 큰 힘에도 손가락이 구부러지지 않는 현상을 볼 수 있다. 바로 이 실과 같은 역할을 하는 것이 대근이다.

대근에서 'HD10@150(TOP.)−기둥 상하 900부위임' 이라고 표기된 것은 고강도 철근 10mm 규격을 150mm 간격으로 설치하며 기둥을 3등분하여 상부, 즉 해당층의 바로 위층 바닥에서 아래로 900mm 내려온 부분과 해당층의 바닥에서 900mm 올라온 부분까지를 말하는 것이다. 'HD10@300(BOT.)−기둥 중앙부분임' 이라고 표기된 것은 기둥의 상하 양측 각각 900mm를 제외한 가운데 부분을 말하는 것으로 고강도 철근 10mm 규격을 300mm 간격으로 설치하라는 의미이다.

보조대근은 기둥의 가운데 대각선으로 점선으로 표기된 것으로 기중의 주철근이 대각선으로 벌어지거나 변형되는 것을 방지하는 역할을 하는 철근으로 대근과 같이 해석한다. 도면의 우측 하단에 표기된 'fck=210kg/cm^2' 표기는 콘크리트 압축강도를 단위cm^{2}당 210kg에 저항할 수 있는 콘크리트를 사용하라는 의미이며, 'fy=4000kg/cm^2' 의 표기는 철근의 허용인장 강도규격으로 인장강도를 단위cm^{2}당 4000kg에 저항할 수 있는 철근 사용하라는 표기이다.

보 일람표에서 1G1, 1B2 등은 1층에 있는 큰 보 1번, 1층에 있는 작은 보 2번이라는 표시이며, 단면의 형태를 보면 'T' 자 형태로 가로 부분은 슬래브, 아래로 내려온 부분이 보인다. 보통 보는 슬래브와 함께 구성되며, 여기서 보의 길이가 중요한데 기둥에서 기둥까지의 거리(SPAN이라고 함)가 보의 길이가 된다. 'END' 라고 표기된 것은 보의 길이를 4등분하여 그 중 1/4부분에 해당하는 길이부분 중에

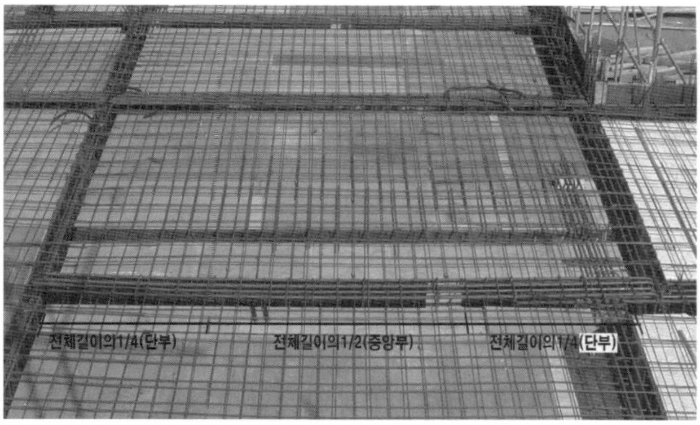

[그림 4-32] 보 배근 및 주요 부분명칭

[그림 4-33] 보(Girder)

서 기둥에 가까운 부분으로 일반적으로 단부(端部)라고 한다. 그리고 'CENT.' 라고 표기된 부분은 보의 나머지 길이에 해당하는 중앙부분의 보 길이의 1/2에 해당하는 부분을 중앙부(中央部)라 한다. 기둥과 마찬가지로 둥근 점처럼 표시된 것이 주철근이고, 아래로 그려진 선이 늑근(갈비뼈 형태와 같은 철근이라하여 붙여진 이름임)이 배치되어 있다.

1G1을 살펴 보면, 그 크기가 가로×세로 = 450×550이며, 상부근은 보의 상단부에 해당하는 철근을 말하는 것으로 기둥에 가까운 단부(端部)에는 '12－HD22' 라고 표기된 것은 고강도 철근 22mm를 12개 설치하라는 의미이며, 중앙부에는 상부에 '4－HD22' 는 고강도 철근 22mm 4개 설치하라는 의미이다. 하부근은 상부근과 거의 반대이다. 즉, 철근이 인장력에 강하기 때문에 인장력이 단부의 경우 상부에서 발생하여 단부(端部)는 상부 철근이 많고, 하단근이 적으며, 중앙부에는 인장력이 하부에 발생하여 하부 철근이 많고, 상부근이 적게 설치된다. 이것은 보가 건축물의 무게를 견디는 속성에 따라 구조계산에 의하여 결정된 것으로 일반적으로 기둥과 가까운 단부(端部)에서는 상부에 철근이 많이 설치되며, 중앙부(中央部)에서는 하부에 철근이 많이 설치된다. 또한, 늑근은 보가 수직으로 잘라지려는 성질(전단력이라고 함)에 대하여 저항하는 역할을 한다.

수직으로 잘라지려고 하는 것은 기둥에 가까운 부분인 단부(端部)에서 크게 발생하기 때문에 늑근을 살펴 보면 단쿠에서 고강도 철근 13mm를 120mm 간격으로 설치하고, 중앙부에서는 13mm 고강도 철근을 150mm 간격으로 설치하도록 되어 있다. 1G2의 경우 단면에서 '연속 END(G5연속)' 라고 표기된 것은 G5보의 단부철근 배근을 그대로 연속해서 배근하라는 의미이다. '불연속 END(G7)' 라고 표기된 것은 G7과 연결은 되지만 철근은 G7의 철근과 그 숫자가 다르다는 표시이다. 즉, G7보의 철근은 1G2 불연속 END와 철근의 수량이 다른 것이다. 1B1의 경우 'ALL' 이라고 표기된 것은 보 전체 길이에 대하여 배근이 모두 동일하다는 의미이다.

2. 기초, 슬래브, 옹벽, 계단 일람표

기초의 형태나 세부적인 규격은 구조평면도에 표기되는 경우가 많다. 그리고 이들 부재의 명칭 또한 구조평면도와 비교하여 살펴 보아야 한다.

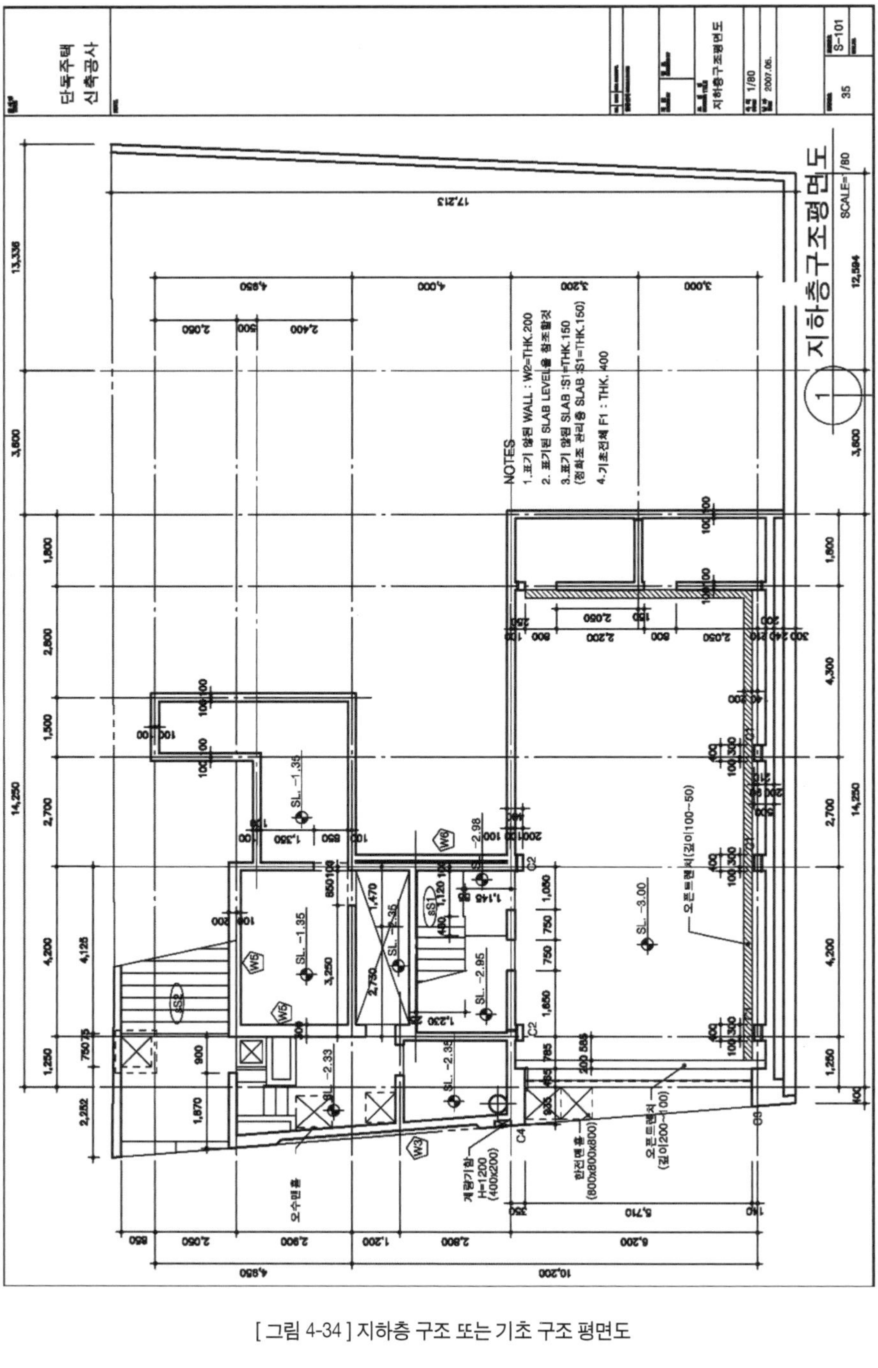

[그림 4-34] 지하층 구조 또는 기초 구조 평면도

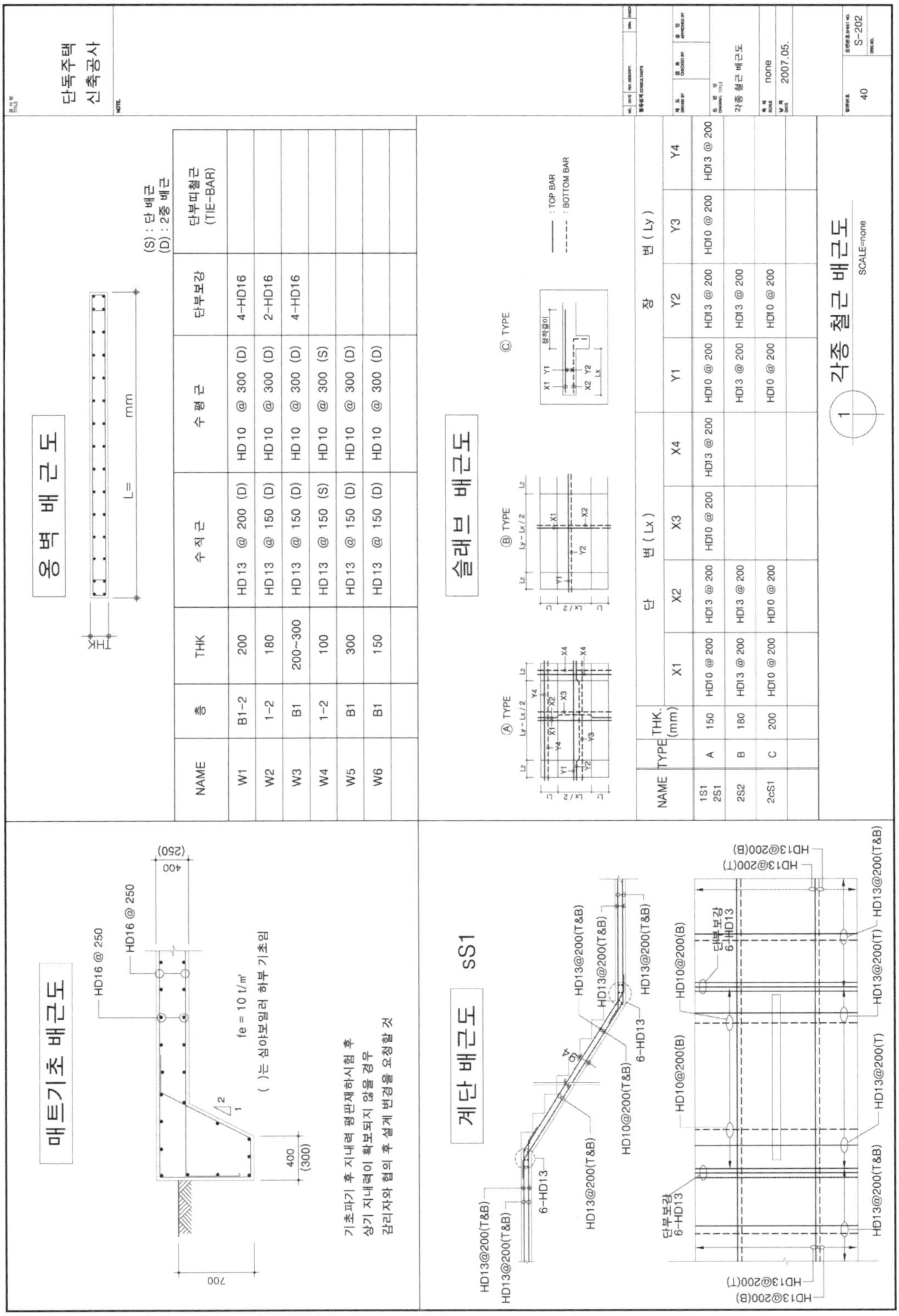

NAME	층	THK	수직근	수평근	단부보강	단부띠철근 (TIE-BAR)
W1	B1-2	200	HD13 @ 200 (D)	HD10 @ 300 (D)	4-HD16	
W2	1-2	180	HD13 @ 150 (D)	HD10 @ 300 (D)	2-HD16	
W3	B1	200~300	HD13 @ 150 (D)	HD10 @ 300 (D)	4-HD16	
W4	1-2	100	HD13 @ 150 (S)	HD10 @ 300 (S)		
W5	B1	300	HD13 @ 150 (D)	HD10 @ 300 (D)		
W6	B1	150	HD13 @ 150 (D)	HD10 @ 300 (D)		

NAME	TYPE	THK. (mm)	단변 (Lx) X1	X2	X3	X4	장변 (Ly) Y1	Y2	Y3	Y4
1S1 2S1	A	150	HD10 @ 200	HD13 @ 200	HD10 @ 200	HD13 @ 200	HD10 @ 200	HD13 @ 200	HD10 @ 200	HD13 @ 200
2S2	B	180	HD13 @ 200	HD13 @ 200			HD13 @ 200	HD13 @ 200		
2cS1	C	200	HD10 @ 200	HD10 @ 200			HD10 @ 200	HD10 @ 200		

[그림 4-35] 기초, 옹벽, 슬래브, 계단 배근도

지하 및 기초 평면도에서 볼 수 있듯이 기초는 온통기초(MATT 기초)이다. 기초가 건축물의 전체 바닥을 기초로 하는 형식이며, 그 두께가 400mm이며, 철근은 상부 철근과 하부 철근을 가로세로 모두 고강도 철근 16mm, 간격 250mm로 설치하도록 되어 있다. 기초의 끝 부분은 동결, 즉 겨울철에 땅이 얼었다 녹았다 하는 영향으로부터 벗어날 수 있도록 그 어는 부분 이하가 되도록 'ㄱ' 자 형태로 설치하도록 하였으며, 세부적인 사항을 표기하여 놓았다. 기초에서 'fe=10t/m²' 라고 표기된 것은 땅의 단단하기를 표시한 것이다. 땅이 단단해야 건축물이 기울거나 가라앉지 않는다. 따라서 땅의 단단하기가 1m²의 면적에 10톤의 무게를 지탱하여 가라앉거나 기울어지지 않을 정도의 단단하기를 갖는 땅이어야 한다는 의미로 땅의 단단하기를 나타내는 용어를 '지내력' 이라 한다.

[그림 4-36] 매트 기초 배근 및 독립기초 배근

옹벽(철근콘크리트벽체) W1은 지하층에서 2층까지 올라가는 벽체이며 두께가 200mm로 철근이 수직으로 고강도 철근 13mm를 간격 300mm, 수평으로 고강도 철근 10mm를 간격 300mm로 각각 안쪽과 바깥쪽으로 2단으로 배근한다는 표시이다. 높이의 1/4부분에 해당하는 바닥에서 위쪽으로 고강도 16mm 철근을 4개 설치하도록 되어 있다. 계단 및 슬래브의 배근은 실선은 상단부 철근을 표시한 것이며, 점선은 아래쪽에 배근하는 철근을 표시한 것이다. 특히 슬래브의 경우 슬래브의 형식에 따라 배근하는 방식이 각기 다르다. 슬래브는 철근의 고정방식에 따라 그 종류가 다양하다.

여기에 표시된 슬래브의 경우 A, B, C의 3가지 유형으로 구분하였다. A형은 2방향 슬래브라하여 4변이 각각 보나 옹벽에 고정되는 형식으로 슬래브의 가로 길이와 세로 길이의 비율이 2배에 못 미치는 슬래브를 말한다. 이 슬래브의 철근은 짧은 변길이의 1/4의 길이에 해당하는 부분을 단부라 하여 이 단부의 4변 모두에 철근을 상부와 하부로 철근을 배근하며, 나머지 1/2에 해당하는 부분은 단부에서 오는 상부근을 절곡하여 하부로 향하게 하고 상부근은 배근하지 않고 하부에만 철근을 배근하는 방식을 갖는 슬래브이다.

B형은 4변이 보나 옹벽에 고정되며, 가로와 세로의 비율이 2배를 넘는 슬래브로 1방향 슬래브라 한다. 이것은 상부근과 하부근을 단부와 중앙부 구분없이 상부근과 하부근을 모두 동일하게 배근하는 방식을 말한다.

C형은 고정되는 부분이 1변만 고정되는 차양과 같은 형식의 슬래브를 말하며, 캔틸레버 슬래브라고 한다. 이것은 주근을 상부에만 배근하며 공사의 편의 때문에 하부근을 배근하는 슬래브이다. 슬래브에서 주로 힘을 받는 철근인 주근은 단변방향의 철근이 주근이다.

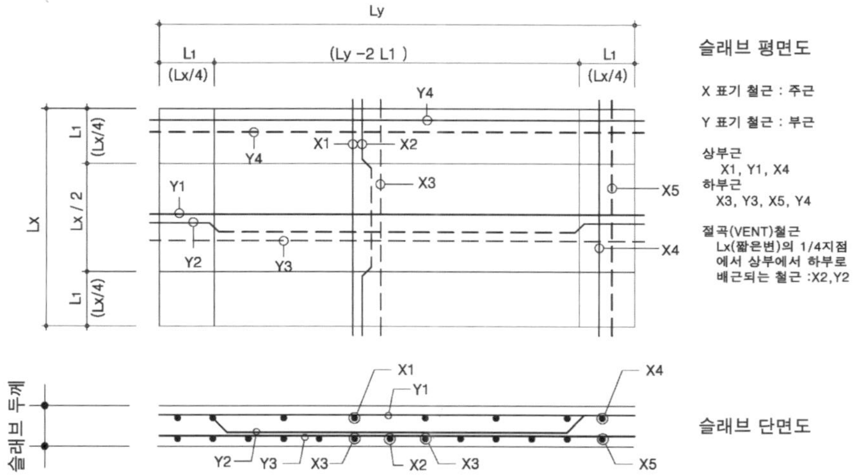

[그림 4-37] 슬래브 구조도

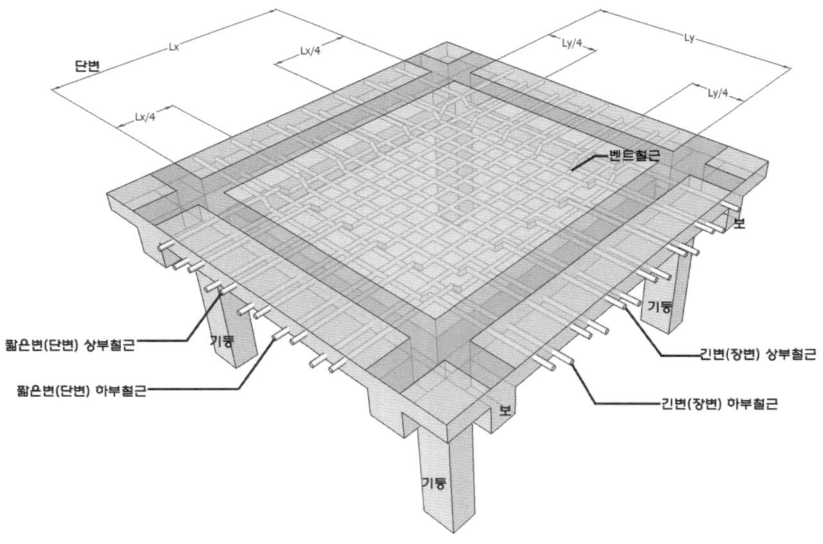

[그림 4-38] 슬래브 바닥 철근 배근 상세도

4-3 골구도

골구도는 구조체를 일정한 방향으로 절단하여 표기한 도면으로 구조 평면상에 나타난 형태를 단면으로 입체화한 도면으로써 바닥의 높낮이, 보나 슬래브, 옹벽 등의 두께를 나타내며, 이들 부재의 결합관계를 나타내는 도면에 보(girder, beam)나 기둥의 경우 세로 부분의 철근 배근 등을 표현하기도 하는 도면이다.

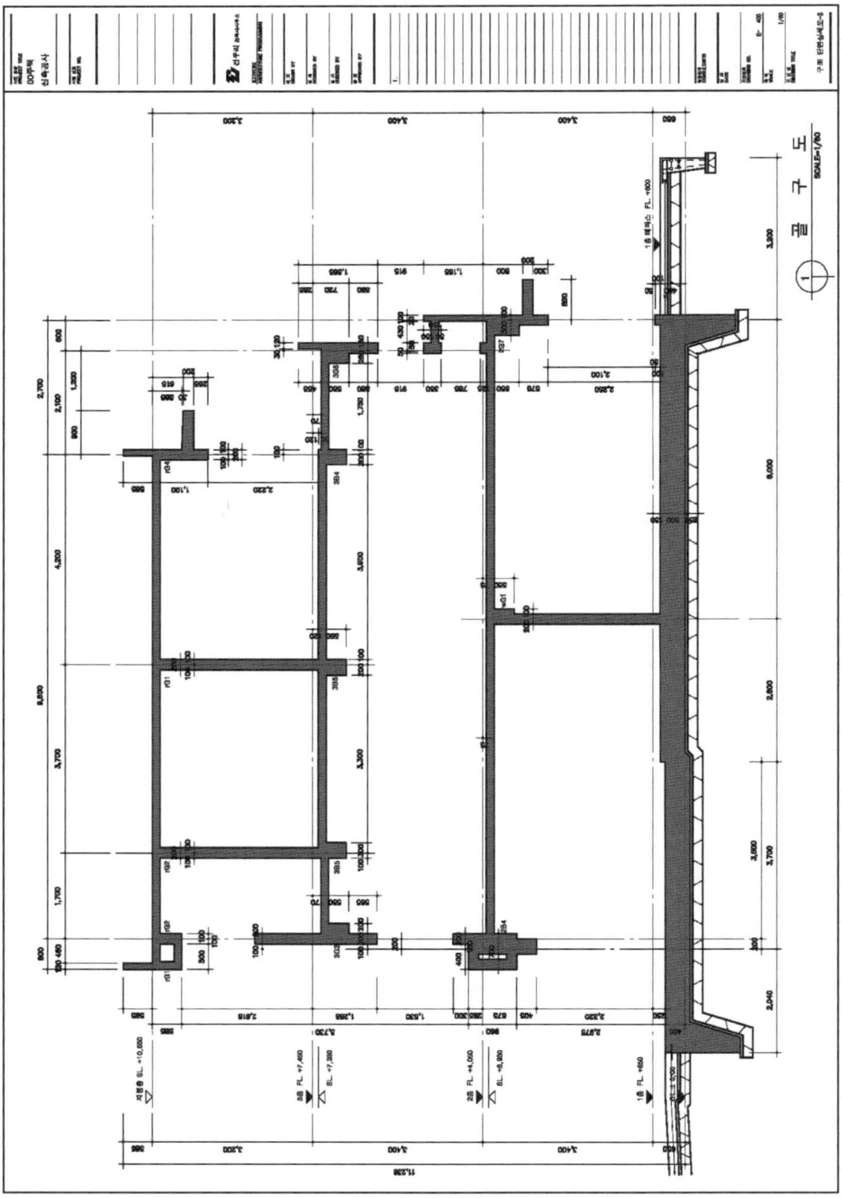

[그림 4-39] 구조 단면도(골구도)

4-4 구조 상세도

구조 부분을 축척을 확대하여 세부적으로 표현한 도면으로 평면 부분의 상세도와 단면 부분의 상세도, 입체도를 확대한 상세도가 있다. 출입구 바닥 상세도는 구조 평면도상에서 표기하기 어려워 생략한 부분을 확대하여 표현한 것이다. 현관으로 진입하기 위한 계단을 확대하여 철근의 배근방법과 계단폭, 치수 등을 표기한 것이다. 점선으로 표기한 부분은 철근이 2중으로 배근되는 것의 아래 부분에 해당하는 철근을 표기한 것이다. 아래 부분에 평면 부분을 절단한 단면도가 첨부되어 있다. 나머지 표기된 도면 내용은 지붕과 대문의 상세도는 구조 부분의 단면을 확대하여 표기한 상세도이다.

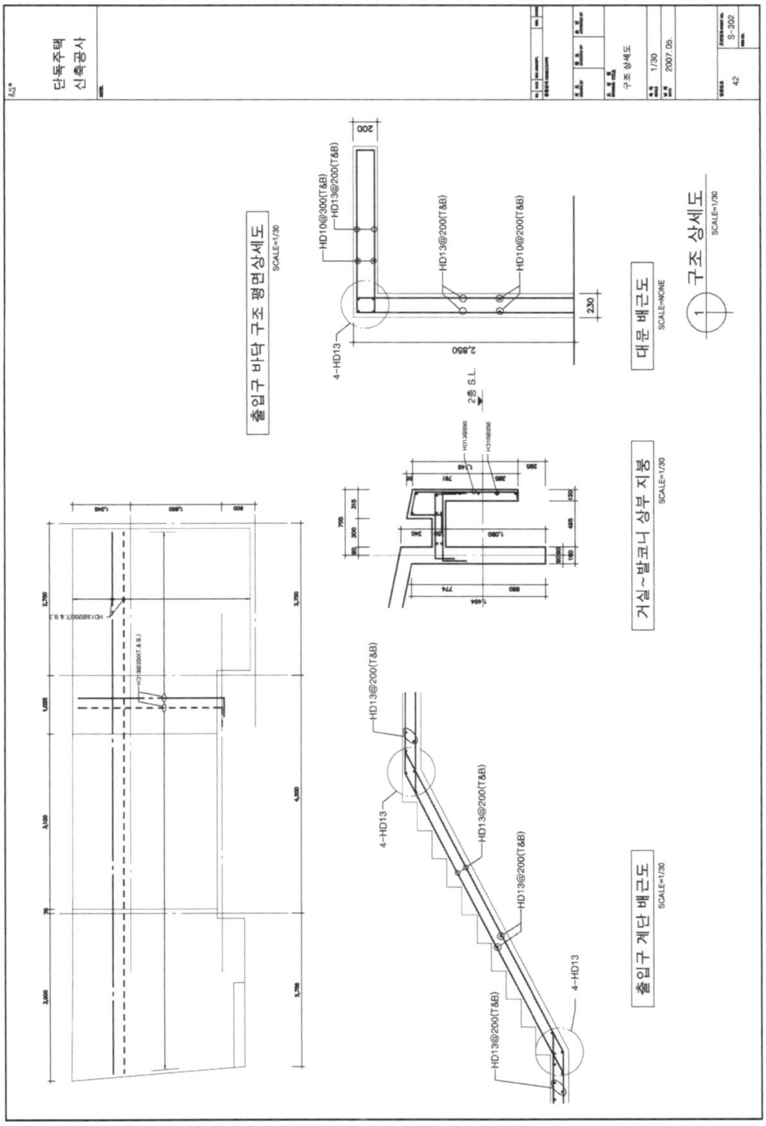

[그림 4-40] 구조 부분 상세도

4-5 설비도면

설비도면에는 기계설비도면, 전기설비도면, 소방설비도면 등이 있다. 일반적으로 기계설비도면에는 급수 및 배수와 관련한 위생설비, 냉방 및 난방설비, 공기조화설비 등이 포함되며 이들을 설비도면의 협의의 개념으로 활용하고 있으며, 전기설비도면의 경우에는 통신, 조명관련 전등, 유선방송 등을 다루며 이들을 보통 전기도면이라고 명칭한다. 소방설비도면은 전원이 필요한 부분을 전기부분 소방, 기계와 관련된 부분을 기계설비 소방으로 구분하여 분류한다.

설비와 관련된 도면을 이해하기 위해서는 제도표시기호 등에서 규정해 놓은 것들 중 설비도면(기계 및 전기·소방)에서 활용하는 표시기호, Symbol 등의 약속된 표현방법을 숙지해야 한다.

1. 기계설비도면

기계설비도면에는 위생설비, 냉방 및 난방설비, 공기조화설비, 기계소방설비 등이 있다. 주택과 같은 소규모 건축물에서는 공기조화설비나 소방관련 설비가 생략되는 경우가 많다. 공기조화설비나 소방관련 설비 등은 대형의 건축물로 사람들이 많이 모이는 건축물에 적용하는 시설이다. 물론, 소규모의 주택과 같은 경우에도 사용할 수는 있지만, 경제적인 이유로 설치하지 않으며 법적으로도 강제로 설치하도록 의무화되어 있지 않기 때문이다.

기계설비 개요에는 이 주택에서 사용하는 기계장비에 대한 제원과 도면에 표기된 내용을 설명하는 표시기호 등에 대한 설명, 그리고 도면의 구성 순서를 나타내고 있다. 이 주택에서 사용하는 기계장비는 위 목록표에 나타난 것처럼 가스보일러 1대, 펌프 2대, 심야전기 보일러 1대, 심야온수 탱크 1대, 물탱크 1대 등을 설치하도록 되어 있다.

위생배관은 수도에서 인입된 물을 필요한 장소, 즉 보일러실, 화장실, 주방, 다용도실 등에 적절히 공급할 수 있도록 계획하고, 또한 온수를 사용할 경우 온수의 공급방법, 화장실 등에서 사용한 물을 버릴 수 있도록 하는 배수방법 등에 대하여 표시하고 있는 도면이다. 위생과 관련된 도면으로 위생계통도가 있으며, 이것은 건축물의 단면상에 나타난 급수관 및 배수관의 전체적인 구성 관계를 표시한 도면이다. 그리고 위생관련 평면도가 있으며 이것은 해당층의 평면상에 나타나는 각종 기구(변기, 세면기, 씽크대 등)와의 연결 상태, 배관의 경로, 배관의 종류와 지름, 연결방법 등을 표시한 도면이다. 이러한 도면 또한 표시기호를 숙지하고 있어야 한다.

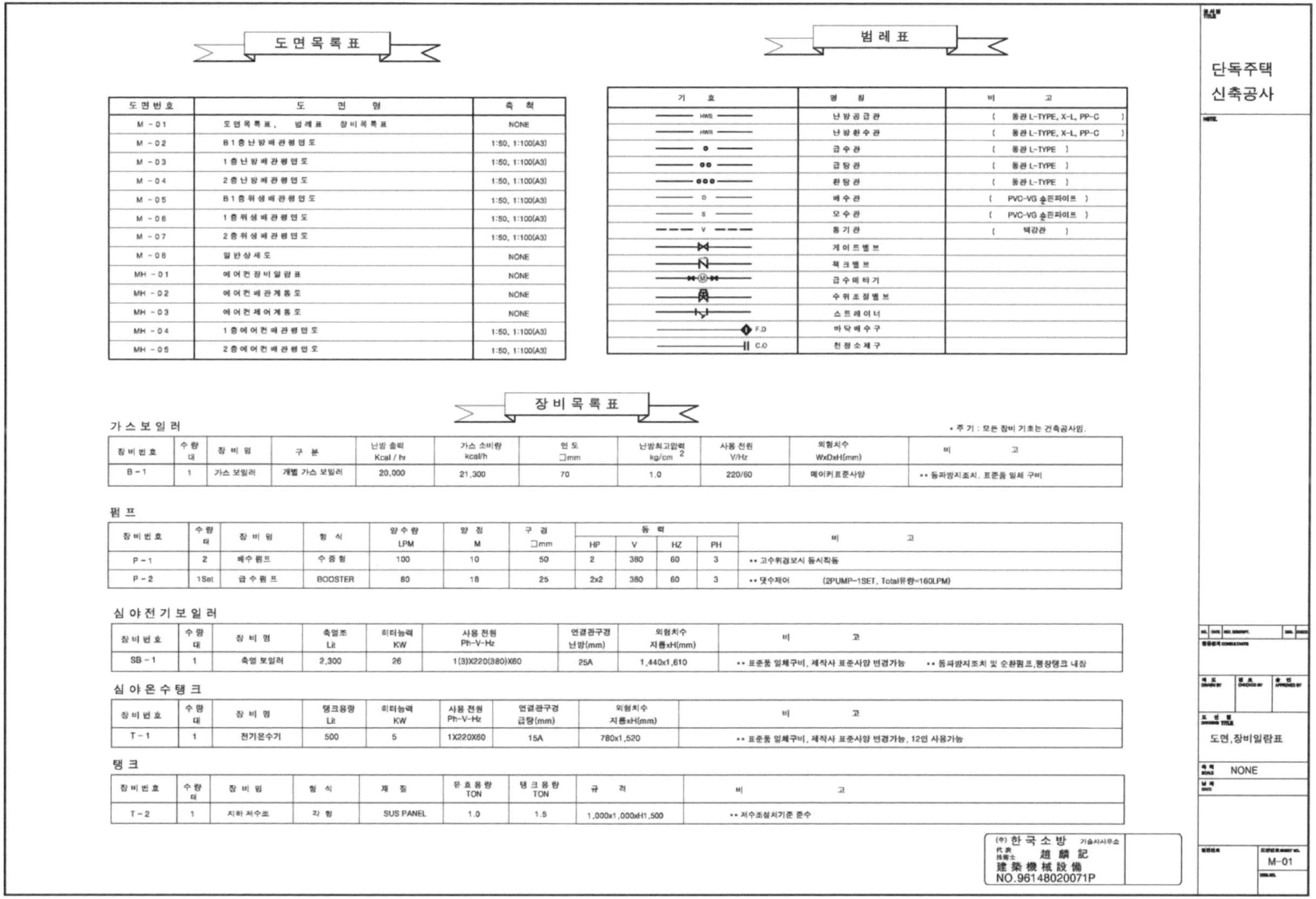

단독주택 신축공사

도면목록표

도면번호	도 면 명	축 척
M - 01	도면목록표, 범례표 장비목록표	NONE
M - 02	B1층난방배관평면도	1:50, 1:100(A3)
M - 03	1층난방배관평면도	1:50, 1:100(A3)
M - 04	2층난방배관평면도	1:50, 1:100(A3)
M - 05	B1층위생배관평면도	1:50, 1:100(A3)
M - 06	1층위생배관평면도	1:50, 1:100(A3)
M - 07	2층위생배관평면도	1:50, 1:100(A3)
M - 08	일반상세도	NONE
MH - 01	에어컨장비일람표	NONE
MH - 02	에어컨배관계통도	NONE
MH - 03	에어컨제어계통도	NONE
MH - 04	1층에어컨배관평면도	1:50, 1:100(A3)
MH - 05	2층에어컨배관평면도	1:50, 1:100(A3)

범례표

기 호	명 칭	비 고
HWS	난방공급관	(동관 L-TYPE, X-L, PP-C)
HWR	난방환수관	(동관 L-TYPE, X-L, PP-C)
●	급수관	(동관 L-TYPE)
●●	급탕관	(동관 L-TYPE)
●●●	환탕관	(동관 L-TYPE)
D	배수관	(PVC-VG 숏핀파이프)
S	오수관	(PVC-VG 숏핀파이프)
V	통기관	(백강관)
	게이트밸브	
	체크밸브	
	급수메타기	
	수위조절밸브	
	스트레이너	
F.D	바닥배수구	
C.O	천정소제구	

장비목록표

• 주기 : 모든 장비 기초는 건축공사임.

가스보일러

장비번호	수량 대	장비명	구 분	난방출력 Kcal / hr	가스소비량 kcal/h	연도 □mm	난방최고압력 kg/cm 2	사용전원 V/Hz	외형치수 WxDxH(mm)	비 고
B - 1	1	가스 보일러	개별 가스 보일러	20,000	21,300	70	1.0	220/60	메이커표준사양	•• 동파방지조치. 표준품 일체 구비

펌프

장비번호	수량 대	장비명	형식	양수량 LPM	양정 M	구경 □mm	동력 HP	V	HZ	PH	비 고
P - 1	2	배수펌프	수중형	100	10	50	2	380	60	3	•• 고수위경보시 동시작동
P - 2	1Set	급수펌프	BOOSTER	80	18	25	2x2	380	60	3	•• 댓수제어 (2PUMP-1SET, Total유량=160LPM)

심야전기보일러

장비번호	수량 대	장비명	축열조 Lit	히터능력 KW	사용전원 Ph-V-Hz	연결관구경 난방(mm)	외형치수 지름xH(mm)	비 고
SB - 1	1	축열 보일러	2,300	26	1(3)X220(380)X60	25A	1,440x1,610	•• 표준품 일체구비, 제작사 표준사양 변경가능 •• 동파방지조치 및 순환펌프,팽창탱크 내장

심야온수탱크

장비번호	수량 대	장비명	탱크용량 Lit	히터능력 KW	사용전원 Ph-V-Hz	연결관구경 급탕(mm)	외형치수 지름xH(mm)	비 고
T - 1	1	전기온수기	500	5	1X220X60	15A	780x1,520	•• 표준품 일체구비, 제작사 표준사양 변경가능, 12인 사용가능

탱크

장비번호	수량 대	장비명	형식	재질	유효용량 TON	탱크용량 TON	규격	비 고
T - 2	1	지하 저수조	각형	SUS PANEL	1.0	1.5	1,000x1,000xH1,500	•• 저수조설치기준 준수

(주) 한국소방 기술사사무소
代表 技術士 趙麟記
建築機械設備
NO.96148020071P

도면, 장비일람표
NONE
M-01

[그림 4-41] 기계설비 개요, 표시기호 및 장비(기구) 목록표

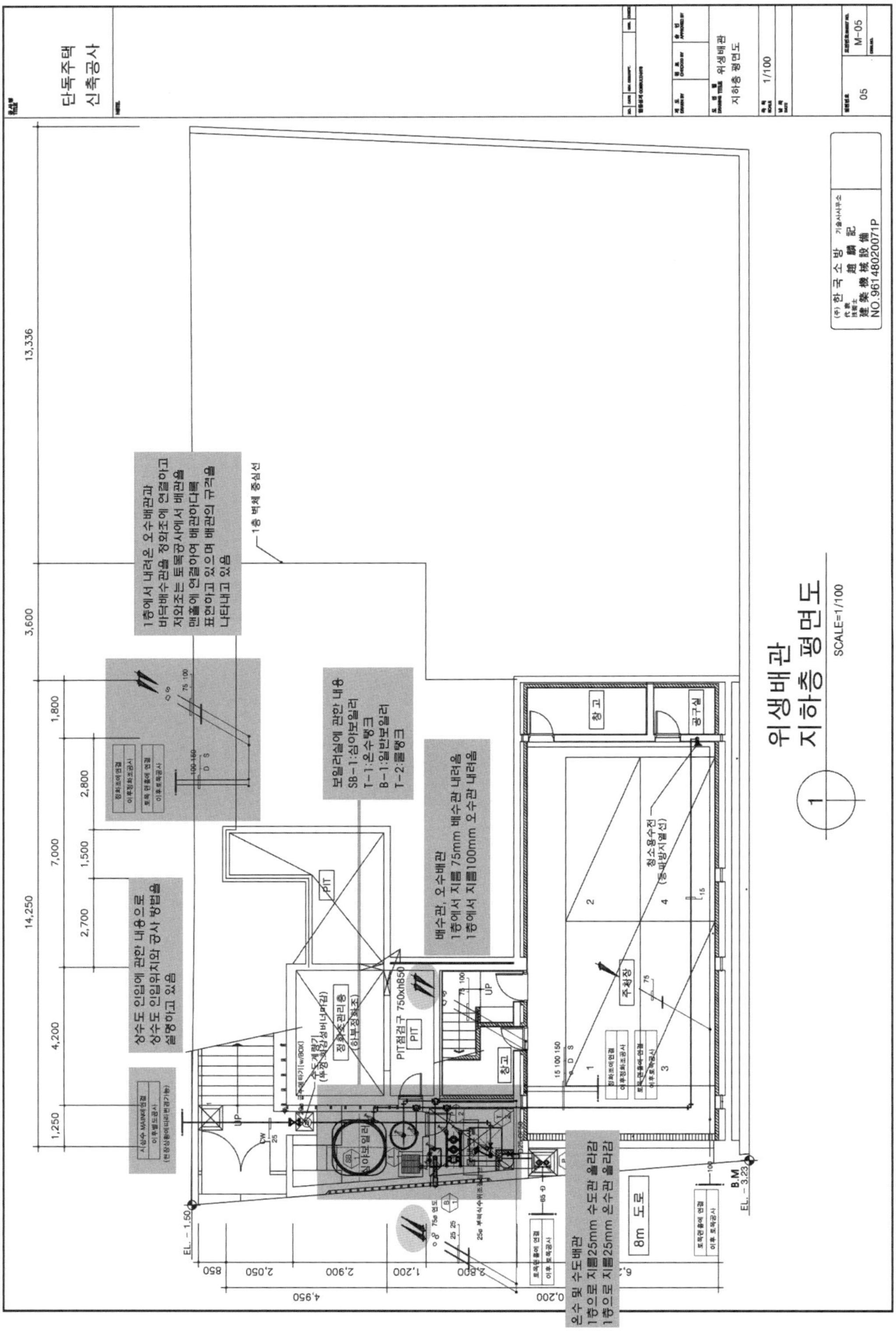

[그림 4-42] 지하층 위생배관 평면도

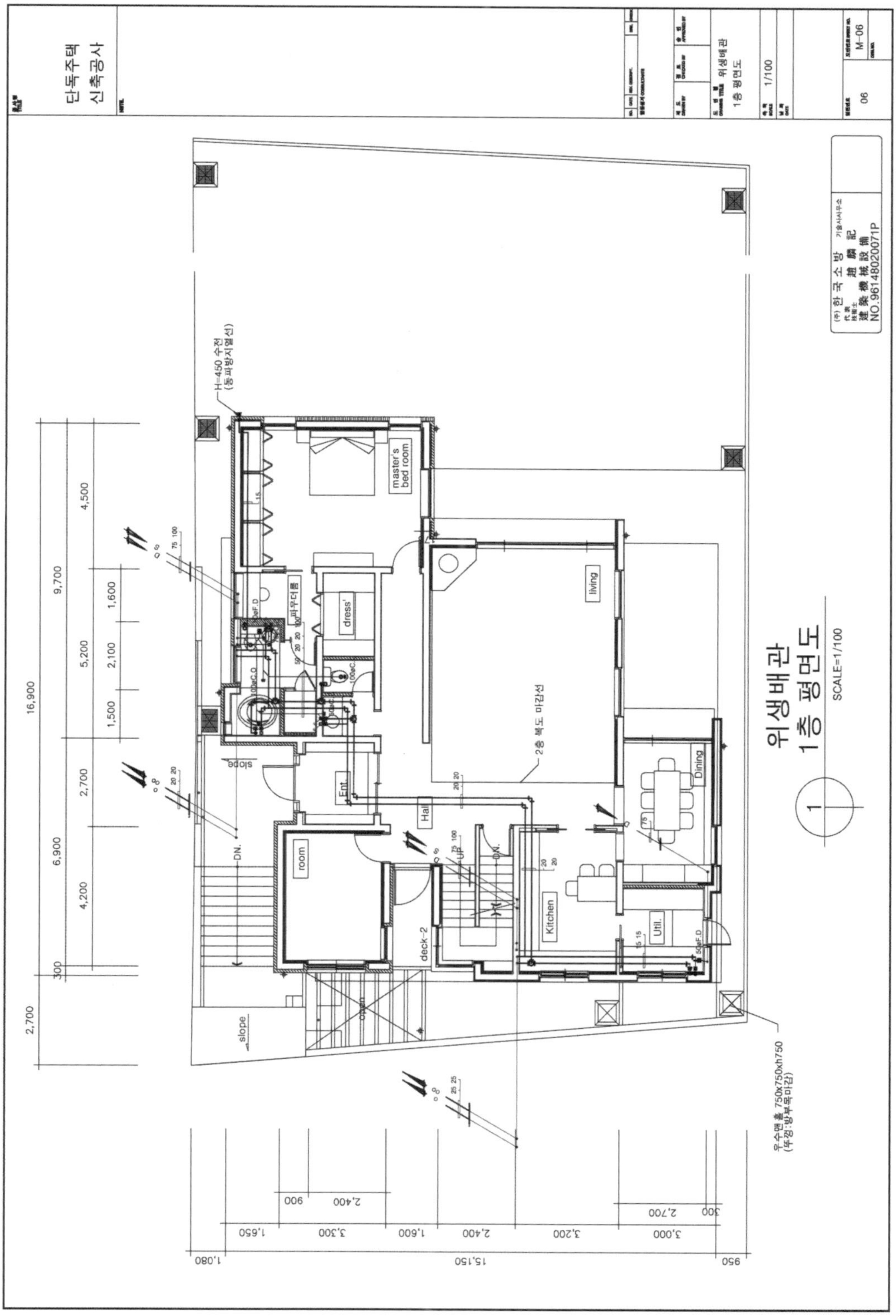

[그림 4-43] 설비도면의 위생배관 평면도

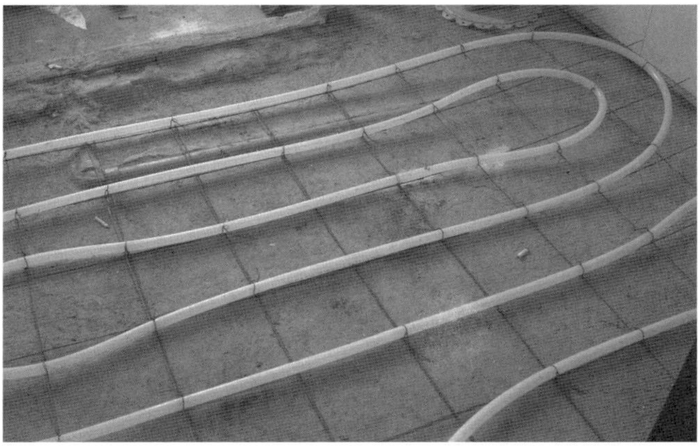

[그림 4-44] 온수배관 파이프 시공장면

주택과 같은 소규모 건축물에서 기계설비 중 가장 중요한 사항은 물을 사용하는 부분과 냉방 및 난방에 관한 부분이라 할 수 있다. 위생관련 부분은 앞서의 사례로 설명을 하였고, 냉방 및 난방부분은 4계절이 뚜렷한 우리나라의 계절적 특징에 따라 냉방과 난방이 동시에 필요한 설비이다. 특히, 난방의 경우 다른 나라와 달리 우리나라만의 고유한 온돌식 난방방식이 사용되고 있다. 이 방식은 과거 아궁이에서 불을 지펴 구들을 덥히던 방식에서 보일러를 통하여 온수를 생산하고 파이프에 이 온수를 공급하여 온수의 열원으로 구들을 덥히는 방식의 난방방식으로 일종의 복사난방방식이라고도 한다.

온돌에 의한 난방방식의 장점과 단점에 대한 설명은 생략하고 도면에 의한 온돌 구성방식을 설명하도록 한다. 온돌을 구성하기 위해서는 보일러, 온수 배관파이프, 온수 분배기, 온도조절기 등이 필요하다. 보일러는 물을 덥히는 역할을 하고, 덥혀진 온수를 파이프로 보내어 구들을 덥히게 된다.

또한, 각실에 온수를 보내거나 차단할 수 있는 분배기가 있다. 분배기는 이러한 역할 이외에 파이프 내에 공기가 차서 온수의 흐름이 원활하지 않을 경우 공기를 빼내는 역할도 수행한다. 그리고 온도조절기는 주요 실내의 벽체 등에 설치되어 실내의 온도를 감지해 실내의 온도를 표시하여 주며, 실내의 온도가 덥거나 차가울 경우 보일러의 가열온도를 높이거나 낮출 수 있도록 제어하는 역할을 한다.

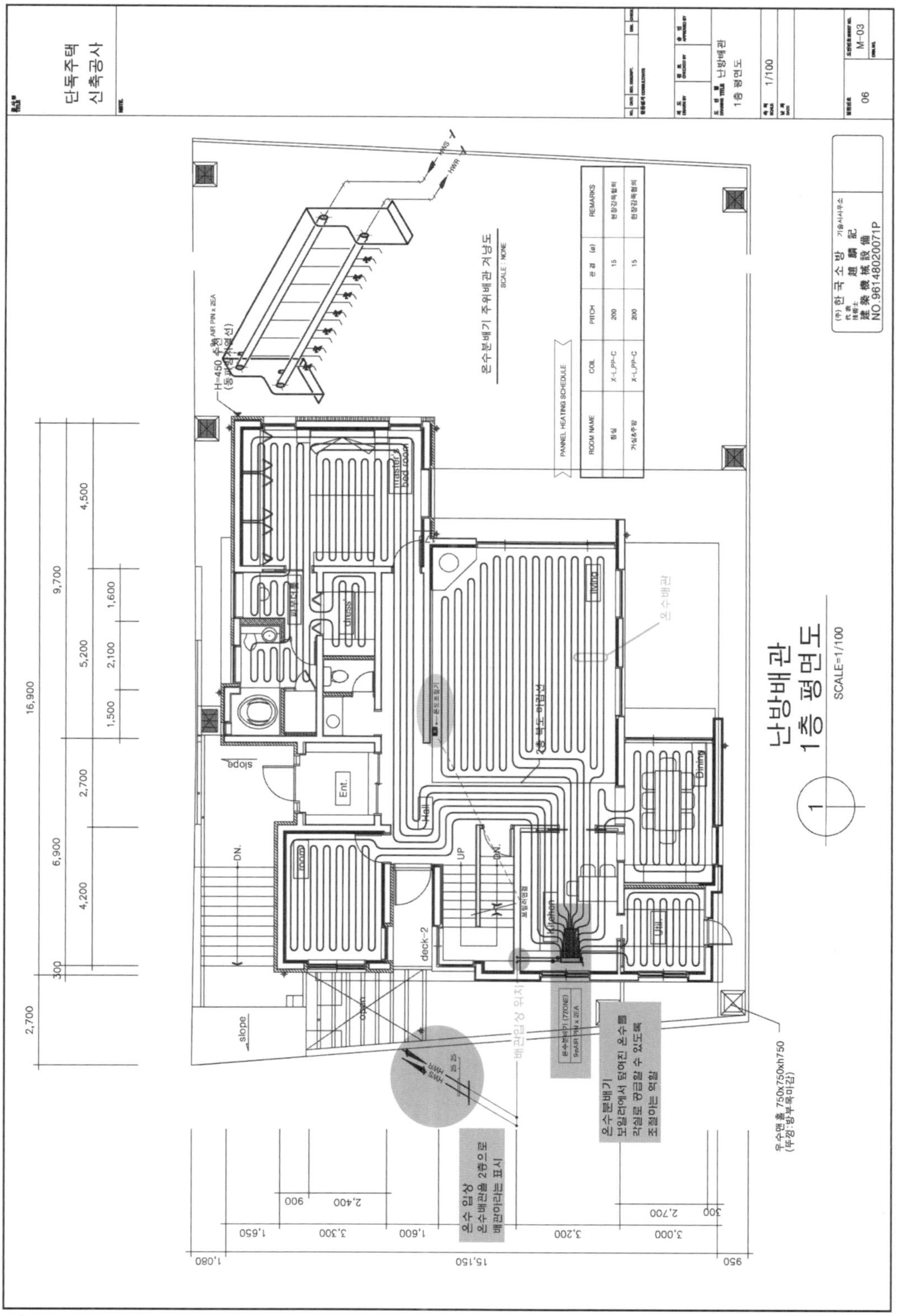

[그림 4-45] 난방배관(온돌) 평면도

2. 전기설비도면

전기설비에는 앞서 언급한 것과 같이 일반 전기부분의 전력과 관련된 전열설비, 조등과 관련한 조명설비, 정보통신설비, 전기소방설비 등이 있다. 전기설비와 관련한 도면의 표시기호가 기계설비 도면

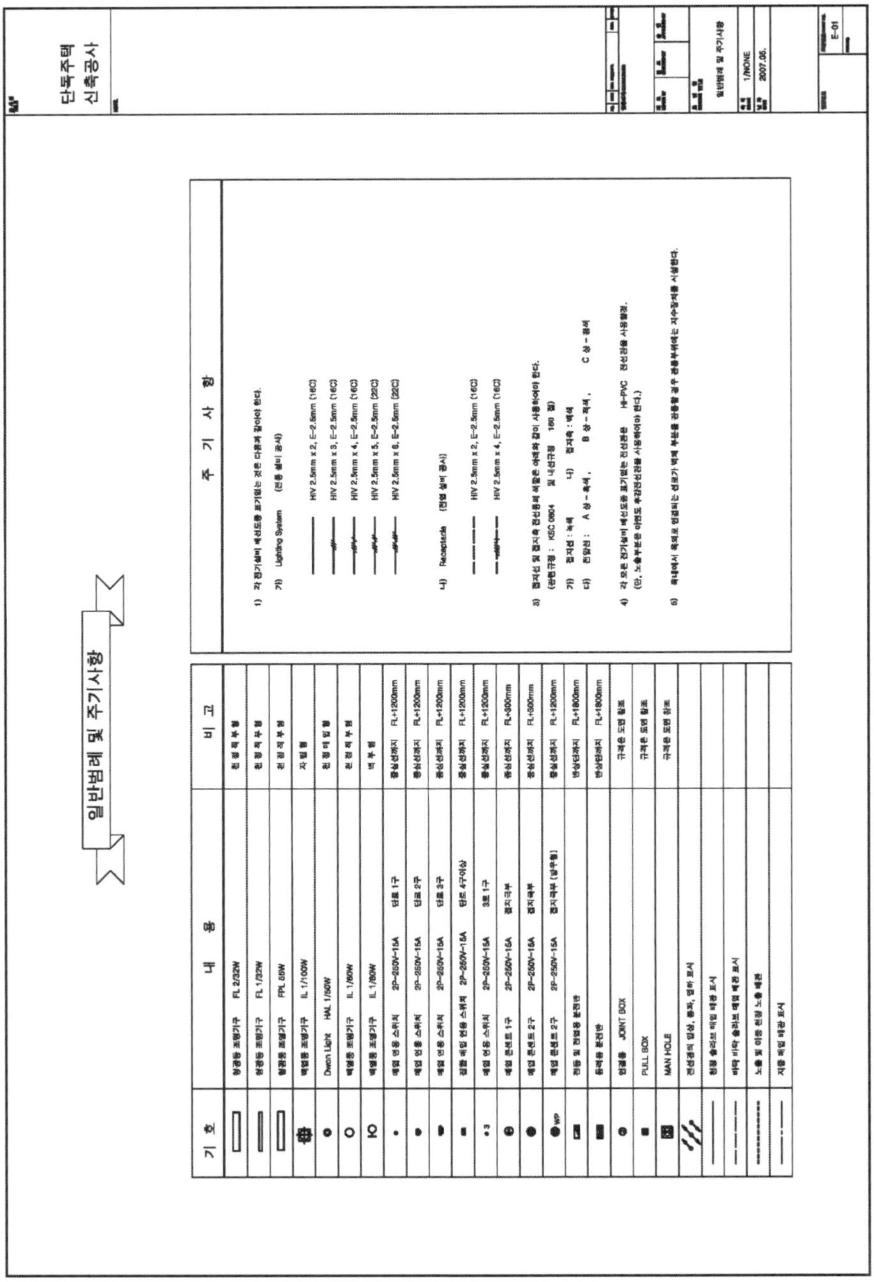

[그림 4-46] 전기도면 도면표기 및 범례도

에서 설비의 개요도에 표기되었던 것과 같이 일반적 전기표시기호, 제원, 공사와 관련한 도면에 표기된 전선 등의 규격을 포함하는 도면이 있다. 여기에 포함된 표기 내용을 숙지해야 전기설비도면을 이해할 수 있다. 특히, 콘센트, 전화코드 연결 콘센트, 기계설비에서 표기한 파이프의 입상과 입하의 표기방법과 동일한 전선의 상부층으로 올라가는 입상과 아래층으로 내려가는 입하 표기, 전등의 종류에 따른 표기방법, 전선의 수량, 전선의 배관을 바닥 콘크리트 슬래브에 매설하는지, 노출하는지 등에 대한 방법 등이 기술되어 있어 전기설비도면의 이해를 위하여 반드시 숙지를 해야 한다.

전기설비도면에서도 전기의 공급과 각종 기구와 관련하여 전체전인 사항을 표시한 도면이 있다. 이것을 전기계통도라 한다. 계통도에는 전력관련 계통도와 통신관련 계통도, 그리고 전기소방관련 계통도 등이 있다.

전력관련 계통도를 살펴 보면, 전기의 인입과 계량기의 위치, 각 층별 분전반의 위치 및 개소수, 전체적인 전선의 연결 등에 대한 제원의 내용이 표기된다. 전기설비도면에서 전력과 관련된 도면으로 전기를 분배해 주는 역할을 수행하는 분전반의 전선 연결 방법을 표시한 분전반 결선도라는 것이 있다. 분전반은 전기를 영역별로 분할하여 관리할 수 있도록 제어하는 역할을 한다.

* CABLE SCHEDULE

NO	FROM	T O	CABLE SCHDULE
Ⓐ	한국전력	W.H.M(일반)	CV 35°/1Cx4 (FEP □50)
①	W.H.M(심야)	P-B	CV 25°/4Cx1, E-10° (42C)
②	W.H.M(일반)	LP-B	CV 16°/2Cx1, E-6° (36C)
③	LP-B	LP-1 LP-2	HIV 10°x2, E-4° (22C)

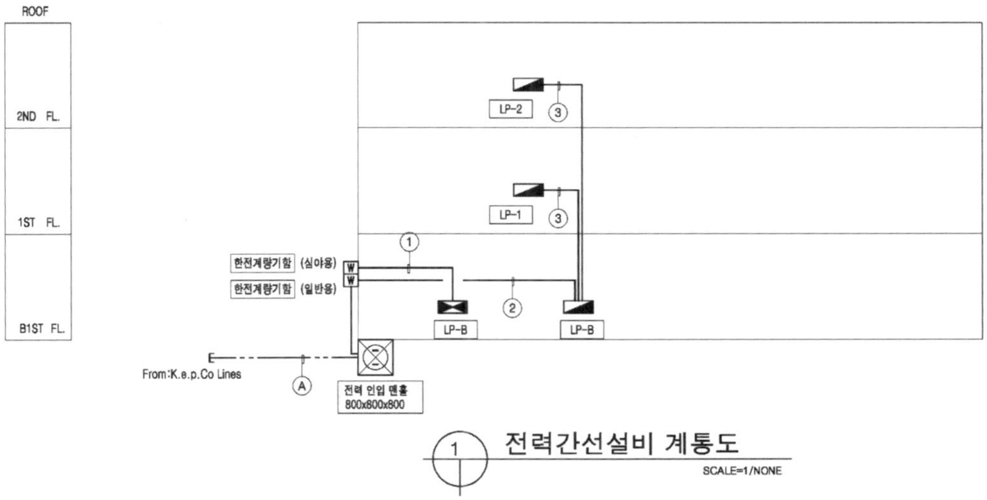

[그림 4-47] 전력계통도

그래서 필요에 따라 안방만 전기가 안 들어오게 할 수 있게 하거나 지하층만 안 들어오게 한다거나 할 수 있도록 분전함에서 전선의 연결을 나누어 놓는다. 그렇기 때문에 전기도면에서 핵심적 역할을 한다고 할 수 있는 도면이며, 여기에 전기가 과부하가 발생하거나 누전, 화재 등이 발생하면 자동으로 전기를 차단하는 스위치가 설치되며, 이러한 역할은 퓨즈가 담당한다.

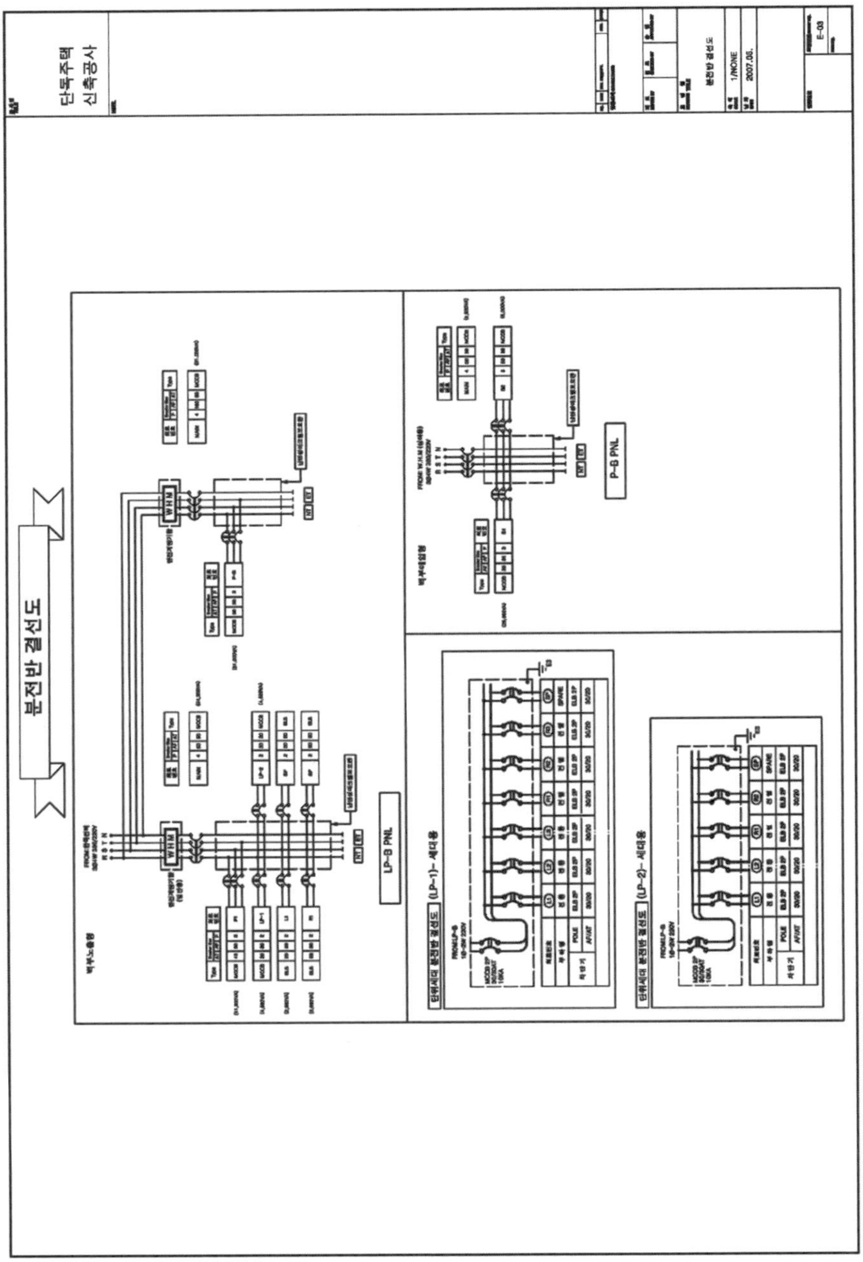

[그림 4-48] 전기 분전반 결선도

전열설비라 함은 전력을 공급하는 콘센트의 배치가 그 대표적인 사례라 할 수 있다.

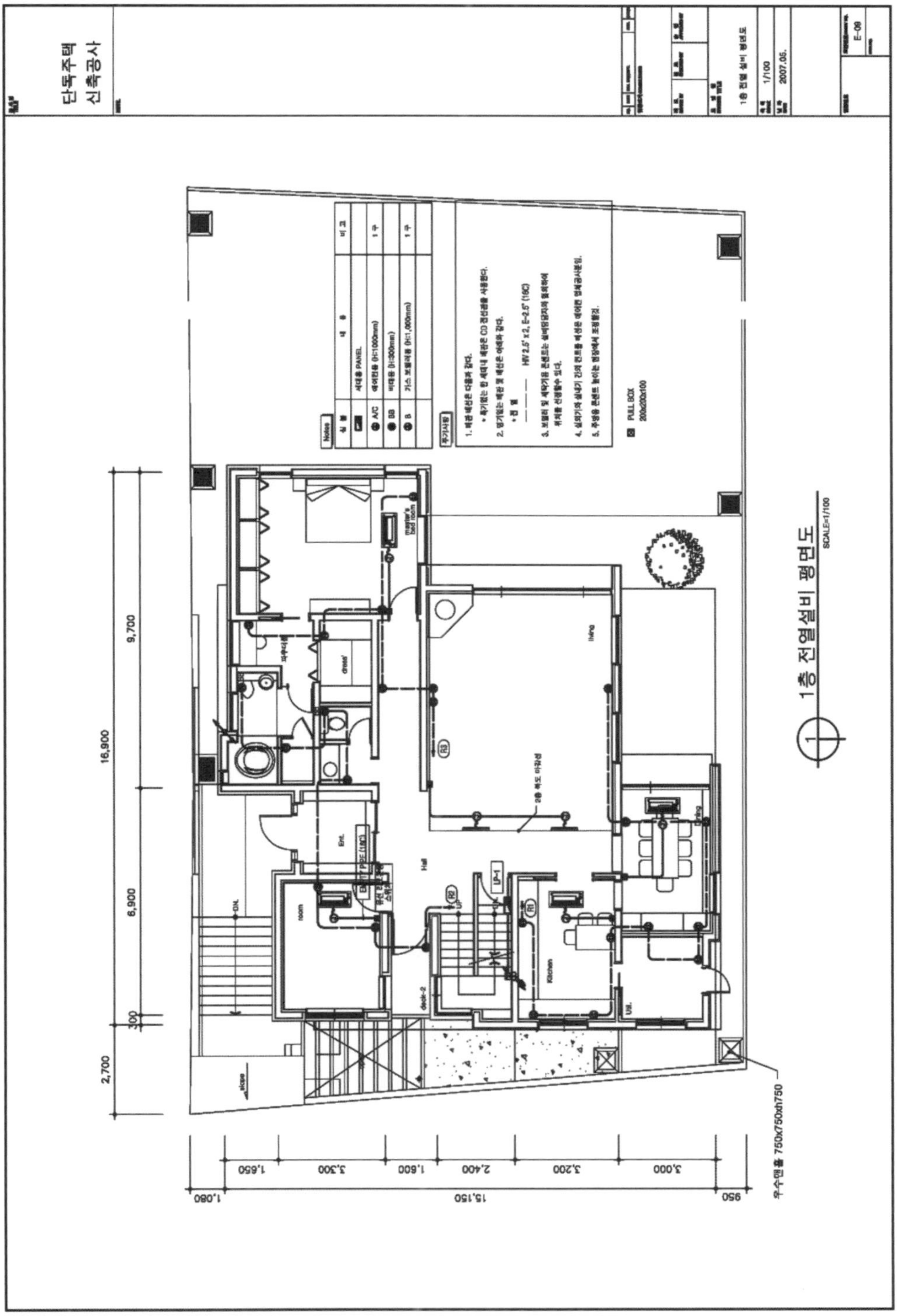

[그림 4-49] 전열설비 평면도

이 주택의 전열설비의 표시사항은 크게 2가지로 특징지을 수 있다. 그 중 하나는 일반 콘센트에 대한 표시이며, 나머지 하나는 냉방과 관련된 에어컨에 공급하는 전기에 대한 표시이다. 전선의 입상, 즉 2층으로 전선이 올라가는 표시와 반대로 지하로 내려가는 표시는 설비도면의 파이프 입상, 입하와 동일하다. 그리고 도면의 옆에 표기된 주기사항을 비교하여 살펴 보아야 한다.

콘센트는 1구, 2구 등이 있으며, 분전함의 위치, 콘센트의 위치 등이 가구나 다른 시설물에 가리지 않는지 살펴 보아야 하며, 설치 높이 등도 중요하다. 주기에 표현된 내용은 분전함 표시와 에어컨용 콘센트를 바닥에서 1m 높이에 설치하도록 되어 있으며, 화장실 비데용 콘센트는 바닥에서 300mm, 가스보일러용 콘센트도 바닥에서 1m 높이에 설치하도록 되어 있다. 그리고 주기에 콘센트가 1구인 것을 표기하여 놓았다. 주기 내용에는 전선관을 CD(주름진 호스 형태의 배관)관을 사용하도록 하였으며, 나머지는 일반적 내용이다.

전등평면도는 바닥에서 천정을 올려다 보고 그린 도면으로 이해하여야 한다. 이 도면에서는 전등과 전등에 연결되는 전선의 제원, 전등의 제원, 스위치의 위치 등이 중요하다. 따라서 이러한 부분을 중심으로 도면을 이해하여야 한다. 전등은 1차적으로 설계자의 의도에 따라 모양을 결정하게 되지만 이후 건축주와 협의하여 변경될 수 있으며, 주택에서는 건축주의 요청에 따라 변경되는 경우가 많다. 그리고 대부분의 건축재료가 그 종류가 다양하고 선호도에 대한 개인적 견해가 달라 변경되는 경우가 많지만 전등의 경우, 디자인과 가격 등의 변화폭이 심하다고 할 수 있다.

전기설비도면의 일반사항에서 표시한 주기 내용을 숙지하고 보면 전등과 전등을 연결하는 선에 빗선이 그려져 있는 것을 볼 수 있다. 이것은 전선의 수량을 표시한 것이다. 그리고 알파벳 'a, b, c, d, e' 등의 표시는 스위치 연결방법을 표시한 것이다. 즉, 'a' 라고 표기된 전등은 'a' 스위치에서 전등을 켰다 껐다 할 수 있는 것이라는 표현이다. 등기구는 직부등은 일반 천정에 설치되는 백열등을 나타낸 것이고, 다운라이트는 천정 속에 매입되어 조명기구를 바로 밑에서가 아니면 보이지 않도록 설치된 조명기구이다. 그리고 브라켓은 벽에 까치발 형태로 설치된 조명등을 표현한 것이다.

정보통신도면은 전화용 콘센트의 설치, 인터넷을 위한 콘센트 설치, 유선 또는 무선 방송과 관련한 TV용 콘센트의 설치 등에 관한 사항을 표기한 도면이다. 이 도면상에 나타난 입상과 입하의 내용은 다른 전기도면과 동일하며, 전열설비의 콘센트와 유사한 특징을 가지고 있다. 일반적으로 이들 콘센트의 표시는 하나로 묶어 표시되는 경우가 일반적이고 그림에 표기된 정보통신도면에도 하나로 묶어 표기하였다. 정보통신설비도면은 그 표시 내용이 많지 않아 비교적 단순하다. 도면에 표기된 'T & TV' 라

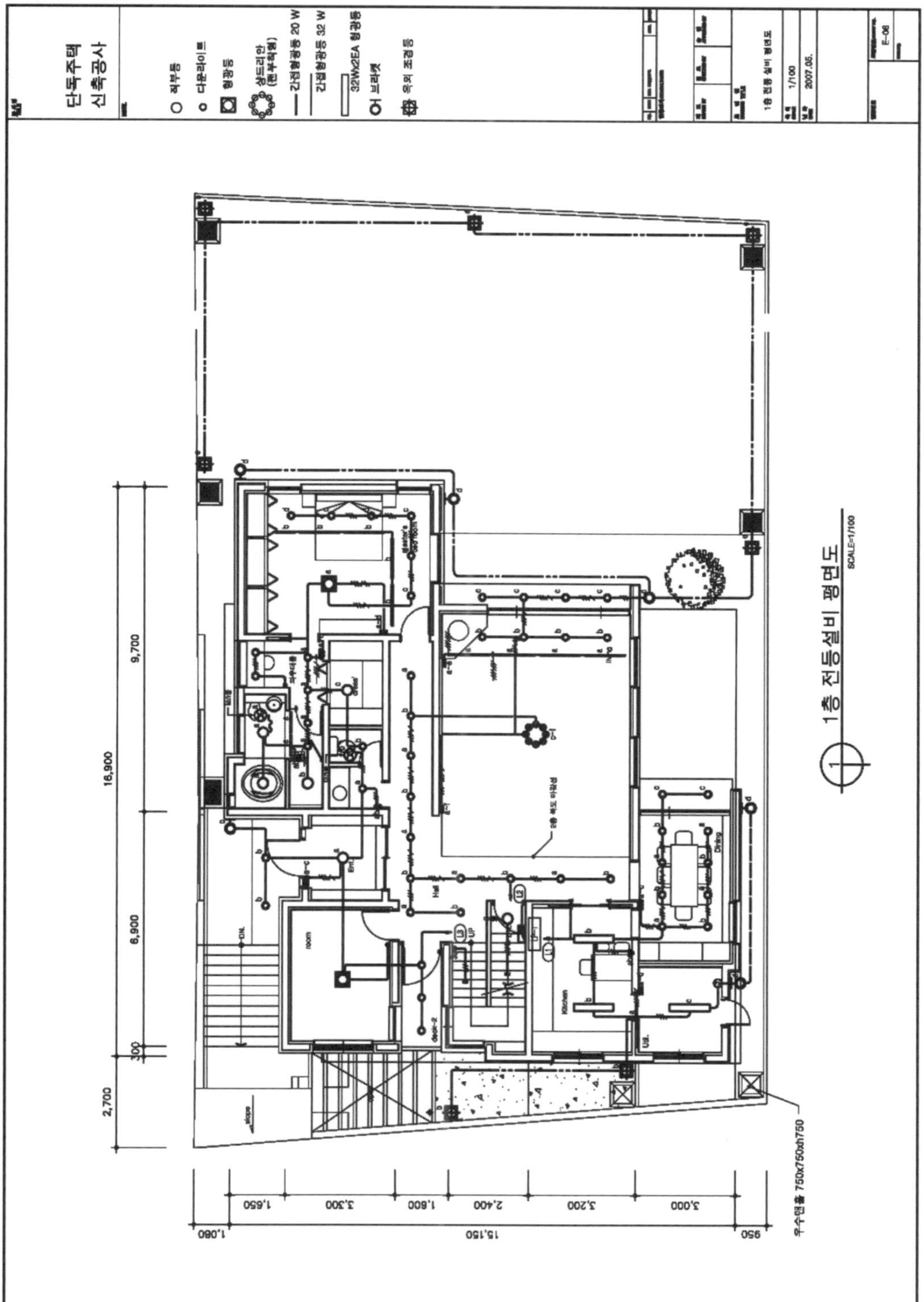
단독주택
신축공사
직부등
다운라이트
형광등
간접형광등 20 W
간접형광등 32 W
32Wx2EA 형광등
브라켓
옥외 조경등
1층 전등설비 평면도
SCALE=1/100
1/100
2007.05.
E-06
18,900
9,700
6,900
2,700
300
1,080
15,150
950
1,650
3,300
1,600
2,400
3,200
3,000
우수맨홀 750x750xh750
Kitchen
Dining
Hall
room
deck-2
UP
slope

[그림 4-50] 전등 평면도

고 표기된 것은 전화와 TV용 콘센트를 설치하라는 표시이며, 'T' 라고만 표시된 것은 전화용 콘센트만 설치한다는 의미이다. 계단의 문옆에 보면 통신용 단자함이 설치되어 있다. 이것을 'NOTE' 에 표기하고 있다. 그리고 'TV' 에는 유선방송설비용 콘센트가 동시에 설비되어 있어야 한다. 이러한 전화, TV 등의 콘센트는 설치 높이가 일반적으로 바닥에서 450mm 높이가 되며, 특정한 가구나 장소는 상황에 따라 달라질 수 있다. 그래서 전화 콘센트나 TV 콘센트 등을 설치할 때, 가구를 설치할 것인가 등의 상황을 미리 예측하여야 한다.

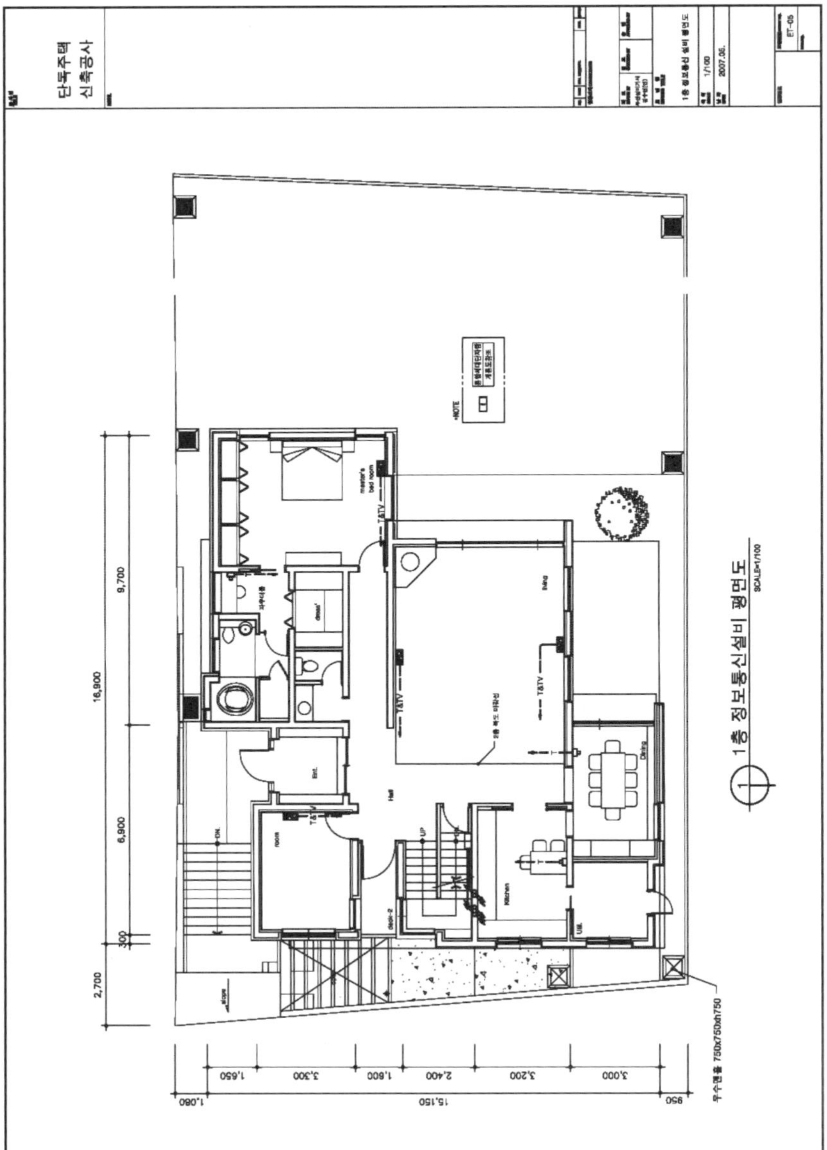

[그림 4-51] 정보통신설비도면

부록. 도면을 보기 위한 기본 법률 상식

건축법과 도면

법의 규정은 최대, 최소의 기준을 정하여 공익을 확보할 수 있도록 개인의 권리를 일정부분 제한하는 것이 일반적이며, 건축에서도 건축물의 면적, 높이, 건물간 이격거리, 사용재료 등의 세부적인 사항을 제한하고 일정 기준을 준수하도록 규정하고 있다.

건축법은 우리나라의 헌법을 기준으로 제정된 법률로 헌법 - 건축법(법률) - 건축법시행령(대통령령) -시행규칙(국토해양부령) - 조례(지방자치단체령)의 위계를 갖추고 있으며 법률의 적용방법, 효력, 법률간의 위계 등은 일반적인 법률의 적용방법과 동일하다.

건축물의 건설과정은 계획을 담당하는 건축가는 대지가 갖는 특성과 건축주의 요구, 그리고 자신의 건축적 철학, 이념, 디자인 능력, 디자인 컨셉 등을 종합하고 법률에서 정하는 기준을 준수하여 건축물을 계획하게 되며, 이에 대한 적법성여부에 따라 인허가 관청의 승인, 착공, 준공, 사용 등의 과정으로 건축물은 완성되어진다.

이 때, 적법성의 여부를 판단하기 위한 법률적 용어와 도면 등에서 사용되어지는 표현방법은 다음과 같이 간단하게 요약할 수 있다.

지역, 지구

국토의 계획 및 이용에 관한 법률에서 국토의 효율적 이용을 목적으로 우리나라 전국토를 도시지역, 관리지역, 농림지역, 자연환경보전지역 등의 4개 지역으로 구분하고, 여기서 도시지역을 주거지역, 상업지역, 공업지역, 녹지지역 등의 4개지역, 관리지역을 보전관리지역, 생산관리지역, 계획관리지역으로 구분하여 관리하도록 규정하고 있다. 일반적으로 도시지역의 법규 규정사항이 많으며, 각각의 지역에 따라 적용하는 법규의 규정이 다르다.

건폐율

건축개요를 살펴보면 건폐율이라는 용어가 있다. 건축법에서 정하는 건폐율은 대지면적에 대한 건축면적의 비율($\frac{\text{건축면적}}{\text{대지면적}} \times 100\%$)로 이 규정은 대지 내에서 공지를 확보하기 위하여 제정된 규정이다. 대지에 건물을 꽉 들어차게 건축하게 된다면 옆집과 옆집 사이에는 빈공간이 없어 벽에 창문을 설치할 수 없어 환기도 어렵고, 빛도 들어올 수 없을 뿐만 아니라 화재 등의 비상의 경우에 피난이 곤란하여 대형 사고로 이어질 수 있다.

이러한 폐단을 방지하기 위하여 일정한 비율로 공지를 확보하여 건축하도록 하는 규정이 필요하게 되었으며, 이러한 규정이 바로 건폐율이다. 이 건폐율과 함께 등장하는 용어가 '대지면적'과 '건축면적'이다.

대지면적은 일반적으로 알고 있는 집을 짓기 위한 땅의 면적이고, 건축면적은 전문적인 용어로 간단히 풀이하면 하늘에서 건물을 내려다 보았을 때, 가장 많이 돌출된 부분의 건물면적을 말한다.

예를 들자면, 1층이 300m^2, 2층이 150m^{2}일 때, 2층의 75m^{2}가 1층보다 돌출되어 있다면, 이 건축물의 건축면적은 1층 300m^{2}에 2층 돌출된 부분인 75m^{2}을 더한 375m^{2}가 된다.

즉, 건축면적은 1층, 2층의 면적을 더하는 것이 아니라 가장 많이 돌출된 부분의 면적의 합계를 말한다. 이외 건축면적 산출방법에 관하여 세부적인 사항은 건축법에서 따로 정하고 있으며 국토의 이용 및 관리에 관한 법률에서 각각의 지역적 특성을 고려하여 건폐율에 대한 규정달리 정하고 있다.

따라서 건축물의 건축면적은 법률에서 정하는 규정 이하로 계획되어지고, 건축개요의 도면에서 건폐율의 규정을 준수하였음을 나타낸다.

용적률

건축법에서의 용적률이란 건폐율과 함께 대지면적에 대한 건축물의 면적을 제한하는 규정으로 대지면적에 대한 건축물의 연면적의 비율(건축물의 $\frac{\text{연면적}}{\text{대지면적}} \times 100\%$)을 말한다.

한필지의 대지위에 건축할 수 있는 건축물의 연면적(지하층과 지상층 중에서 주차장의 용도로 사용되는 부분의 면적은 제외)의 합계를 규정하기 위하여 만들어진 규정으로 건축물의 용적(연면적)을 제한하기 위한 규정이다.

즉, 300m²의 토지가 용적률 200%에 해당한다면, 그 토지 위에 지을 수 있는 건축물 바닥면적의 합계가 200평을 넘어서는 안된다는 의미이다. 건폐율의 규정과 같이 용적률도 각각의 지역적 특성을 고려하여 국토의 계획 및 이용에 관한 법률에서 그 기준을 따로 정하고 있다.

용적률을 산정하기 위한 연면적은 건축물의 전체 연면적에서 지하층과 지상의 주차용으로 사용되는 부분의 면적을 제외한 것으로 지상의 연면적을 제한하는 규정이다. 건폐율과 마찬가지로 건축개요의 도면에서 법률에서 정하는 용적률의 기준을 준수하고 있음을 나타낸다.

높이 제한 요소

1) 도로 사선 제한

도로의 개방감을 확보하기 위하여 도로너비에 대하여 일정 비율을 초과하여 건축하지 못하도록 규정한 법률로 통상 도로너비의 1.5배를 초과하지 못하도록 규정하고 있다. 그림의 사선부분 이하로 건축하여야 한다.

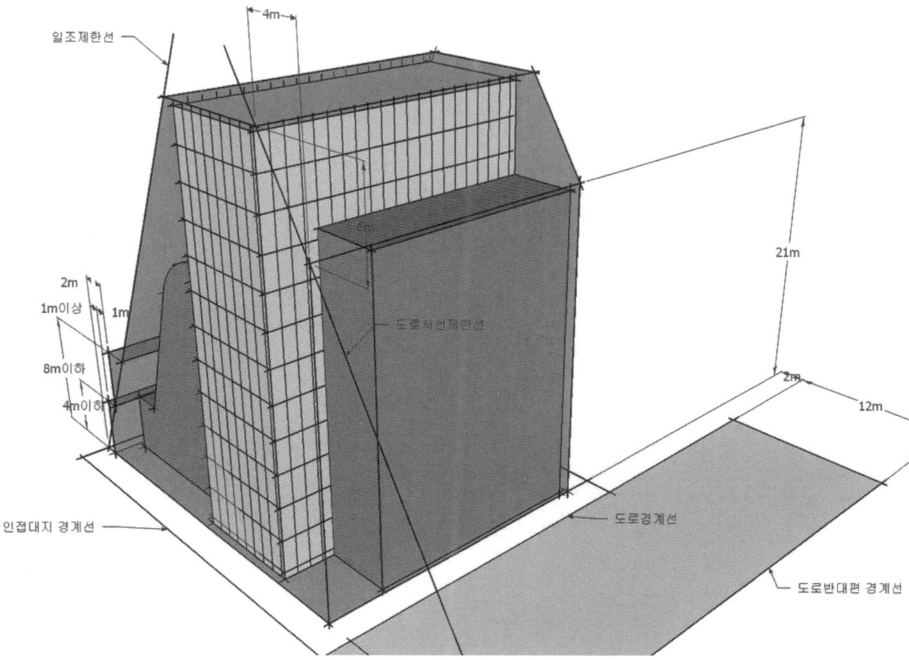

도로에 의한 높이 제한과 일조권 높이제한 적용방법

2) 일조권 제한

건축법에서 도시지역의 주거지역에서 일정한 시간동안 햇빛을 받을 수 있는 권리를 확보하여 일정 수준 이상의 주거환경을 확보하기 위하여 일조를 확보할 수 있도록 규정하고 있으며, 관련 규정에 따라 건축물의 각 부분을 정북방향의 인접대지 경계선으로부터 다음에서 정하는 거리 이상 띄어 건축하도록 하고 있다.

1. 높이 4미터 이하인 부분 : 인접대지 경계선으로부터 1미터 이상
2. 높이 8미터 이하인 부분 : 인접대지 경계선으로부터 2미터 이상
3. 높이 8미터를 초과하는 부분 : 인접대지 경계선으로부터 당해 건축물의 각 부분의 높이의 2분의 1 이상
4. 다세대주택의 경우 채광을 위한 창문(창 넓이가 세대당 0.5제곱미터 이상의 창) 등이 있는 벽면에서 직각방향으로 인접대지 경계선까지의 수평거리는 1.5미터 이상

이외 세부사항이 규정되어 있다.

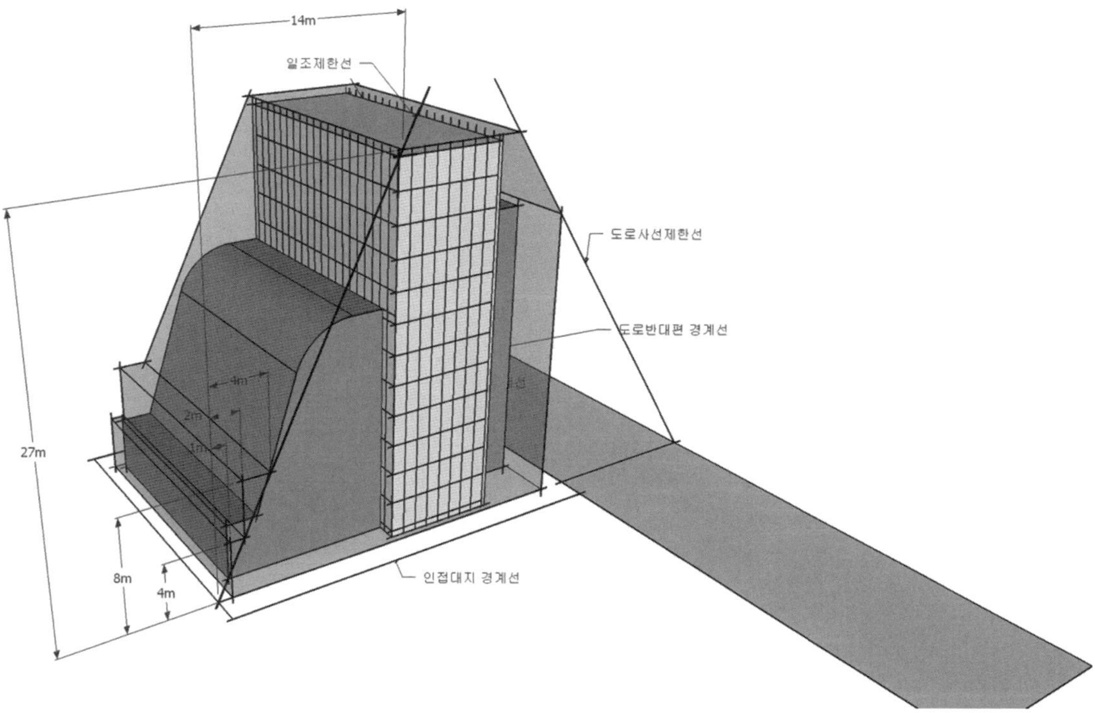

일조권 적용방법

건축과 관련된 법령의 제한, 규제 사항인 일조 및 도로사선 제한 등을 배치도나 대지 종횡 단면도상세서에 나타내며, 인접대지 경계선으로부터 건축물을 이격하여야 하는 거리 규정, 주차, 조경, 장애인 편익시설, 재료 등과 관련된 내용이 포함된다.